U0174865

山 野 拾 零

胡锦矗 主 编

魏辅文 张泽钧 侯万儒 副主编

科 学 出 版 社

北 京

内 容 简 介

20世纪70年代至今，笔者致力于大熊猫保护生态学的研究，寻踪足迹遍布大熊猫分布的各大山系，培养的人才已成长为科研、教学和保护精英。本书是作者对科研启蒙、成长、发展、成熟和结果的回顾。全书包括巴山河谷；巴山蜀水；国际合作；各山系生态观察站；寻踪山野珍奇异兽；科学研究靠人才，人才发展靠动力六个部分。

本书语言朴实、内容详尽，字里行间浸润着笔者锲而不舍、淡泊名利、无私奉献的精神。本书不仅可作为生物多样性研究和保护人员的参考书，更是一本值得收藏和品味的案头书。

图书在版编目(CIP)数据

山野拾零 / 胡锦矗主编. — 北京：科学出版社，2020.4
ISBN 978-7-03-064769-6

Ⅰ.①山… Ⅱ.①胡… Ⅲ.①生物资料-研究 Ⅳ.①Q-9

中国版本图书馆 CIP 数据核字 (2020) 第 055445 号

责任编辑：张 展 孟 锐/责任校对：彭 映
责任印制：罗 科/封面设计：墨创文化

科学出版社出版
北京东黄城根北街16号
邮政编码：100717
http://www.sciencep.com

成都锦瑞印刷有限责任公司印刷
科学出版社发行 各地新华书店经销

*

2020年4月第 一 版 开本：787×1092 1/16
2020年4月第一次印刷 印张：14
字数：330 000

定价：168.00 元
（如有印装质量问题，我社负责调换）

编委会

序

　　大熊猫体色黑白，憨态可掬，在全世界林林总总的野生动植物种类中引人注目。它不仅是我国特有的珍稀濒危物种，也是世界自然保护的象征，在我国政治、经济、文化及外交等领域中发挥着重要的作用。大熊猫在分类上属食肉目，消化肠道仍保留着肉食动物的特征，但在食性上却特化为以竹为生，由此衍化出在形态、生理、行为、生态、遗传、进化等方方面面的适应性调整，构成了该物种具有独特科学研究价值的基础。在目前全球野生动物的研究中，大熊猫生态学研究无疑成为一门"显学"，吸引了国内外大量的科研工作者，并不断有重要的创新性研究成果涌现。

　　胡锦矗先生无疑是这门"显学"最重要的奠基人。20世纪70年代中期，胡先生牵头承担了我国第一次大熊猫调查在四川部分的工作，随后在卧龙自然保护区组建了"五一棚"大熊猫生态观测站，并在80年代初与世界自然基金会合作，由此拉开了当代野生大熊猫生态学研究的序幕。随后，胡先生又带领研究团队在大熊猫分布的其他山系建立了生态观测站。在40余年的研究生涯中，胡先生发表了有关大熊猫的研究论文200余篇，出版著作10多部，获得国家级及省部级科研奖励近20项。这些研究成果确立了当代野生大熊猫保护生物学的框架体系，促进了我国野生大熊猫就地保护事业的蓬勃发展，在此过程中，还为国家和社会培养了大量的高层次科技人才，他们中的大多数已成长为我国各行各业的科研精英，诚可喜可贺也！

　　《山野拾零》这部书，语言朴实，娓娓道来，且图文并茂，是作者人生与科研生涯的凝练与回顾。在流淌的文字之间，既有个人成长的艰辛，又有收获的喜悦；既有切实的人生体味，又有知识分子"未敢忘忧国"的浓厚家国情怀。阅读该书，既可一窥野生大熊猫生活的神秘世界，了解其遗世独立的行为方式，也可在修身、处事等方面予人以丰富的人生启迪。真乃开卷有益！

　　"老骥伏枥，志在千里"，胡先生在耄耋之年，仍时有佳作问世，体现了他对一生事业的追求与执着，堪为学界之楷模。

　　是为序！

郑光美 院士
北京师范大学
2017.11.24

前　言

胡锦矗先生是世界著名的大熊猫研究专家，出生于四川开江县，1957 年于北京师范大学生物系脊椎动物学研究生班毕业后被分配到南充师范学院（现西华师范大学）从事教学和科研工作。参加工作初期，先生参加了《四川省志·地理志》的编写和长江水产资源调查；组织了四川省东部地区动物区划调查研究；主持了四川省珍稀动物资源调查。20世纪 70 年代中期，先生组建了大熊猫研究团队并全身心地投入野外大熊猫的研究，70 年代末期在卧龙自然保护区组建了"五一棚"大熊猫生态观测站；80 年代初开始与世界自然基金会的专家夏勒（G. B. Schaller）博士合作研究大熊猫，在四年多的时间里，先生的足迹遍及卧龙自然保护区"五一棚"大熊猫研究区域的原始森林腹地，开展了深入细致的研究工作，并于 1985 年以第一作者身份与 Schaller 博士等合著出版《卧龙的大熊猫》，中文版和英文版同时在中国和美国发行。这是世界历史上第一部关于野生大熊猫生态研究的学术专著，由此掀起了全世界人民关注和研究大熊猫的热潮。此后，先生又在岷山建立了白熊坪生态观测站，在凉山建立了大风顶、在相岭建立了冶勒等生态观测站，对大熊猫生态生物学进行了长期、系统且深入全面的研究，其研究成果处于国际领先地位。先生先后主持和承担国家自然科学基金项目、国家重点攻关项目等国家级及省部级重点科研项目50 多项；获国家科技进步奖 1 项，省部级奖 18 项；发表关于大熊猫的论文 200 余篇；出版专著 28 部，主要专著有《卧龙的大熊猫》《大熊猫传奇》等；编写出版了《大熊猫、金丝猴、梅花鹿、白唇鹿、小熊猫、麝文献情报》；首次推出了《华夏珍宝——大熊猫》多媒体光盘，建立了"大熊猫全文数据库"，为相关科学研究提供了重要的文献资料。

在西华师范大学 70 多年的历史中，先生是中国保护大熊猫研究中心的第一任主任（1983）、首个动物学硕士点的领衔导师（1984），从事教学和科研工作 60 余年，连续指导硕士研究生 30 余年，在学术界驰名中外：国家科学技术委员会（现科学技术部）授予"国家级有突出贡献的中青年专家"称号（1986）、获"全国优秀教师"称号（1989）、享受"国务院政府特殊津贴"（1991）、获曾宪梓教育基金会一等奖（1993）、四川省政府授予"四川省动物学科学术带头人"　称号（1994），以及世界自然基金会（World Wide Fund for Nature，WWF）授予的"自然保护杰出贡献奖"最高荣誉称号（2007）、"斯巴鲁野生动物保护奖"（2008）；应邀接受中央电视台科教频道（CCTV-10）《大家》栏目专访（2008），应邀接受日本唯一的公共广播电视台 NHK 专访（2011）。

自 1984 年以来，先生为国家培养了硕士及博士一百余人，以及其他高层次专业人才数十人。他们有的成长为生态环境部工作人员，有的成长为中国科学院动物研究所、高等院校的科研精英和教学骨干以及农林医师等。

作为恢复高考后的首届大学本科生，我们 77 级学生有幸聆听了先生亲自执教的"脊椎动物学"课程。先生学养深厚,有精深的专业功底和广博的人文学识,讲起课来旁征博引、环环相扣,跌宕起伏、行云流水,循循善诱、洞察秋毫,先生精辟的讲解使我们全班60个同学犹如久旱遇甘露的禾苗如饥似渴地获取知识,我们往往是刚刚上完一次课就期盼下一次课的到来。虽然时过40年,但先生与我们在一起的情景时常浮现在眼前。先生待人宽厚、性情平和,对学生亦师亦友,对同行晚辈大力提携、鼎力扶持,在业内享有广泛的美誉。我们能成为先生的学生是缘分,是幸运,更为此感到自豪。

大熊猫既是我国的国宝,也是人类所拥有的自然历史遗产。世界自然基金会早在1961年成立时就确定了以大熊猫为会徽会旗,并将其作为保护自然界一切濒危物种的象征。为什么先生会结缘于大熊猫的研究?是什么背景与动力促成先生成为大熊猫生态生物学研究的奠基人?是什么让他成为研究成果处于国际领先水平的顶级专家?我问过先生,先生也没有给出一个明确的答案。通过编纂先生的《山野拾零》这本书,在反复阅读了这部书稿后,似乎有了答案:是先生儿时的爱好、兴趣与梦想;敏锐的洞察力;坚忍不拔、锲而不舍、努力进取、勇于探索、追求真理的精神;实事求是、不断创新的科学态度;热爱自然,探索自然的奥秘,用科学研究成果推动社会的进步与发展,利用自然资源造福人类的博大胸怀和决心以及只讲奉献不图回报的人格品质。同时,先生具有完成大熊猫生态生物学研究这样国际重大课题的深厚的学术与技术功底,加上先生对研究工作的竭智尽忠,成就了这位国际公认的德高望重的大熊猫研究专家。可谓是造因得果!

《山野拾零》这部书,文字不多,书中没有口号性的语句,更没有华丽的词语,先生以朴实的语言详尽地记述了他一生的成长、求学、研究、艰辛、磨难,大自然的熏染与启迪,恩师的引领与教诲,同学、学生、同事和亲人的信任与支持,国家的重托与资助,研究理论和研究方法的积淀,勇往直前的毅力,情操的陶冶,人生观和价值观的形成以及取得成就的经历与感受。

通过品味《山野拾零》,我们可以在道德修养、精神境界的提升,奋斗目标的确定,人生观和价值观的树立及做人与做事的准则等方面得到启迪与教化。

很荣幸多年来陪伴在先生身边工作、学习和生活,此生无憾。

谢谢先生!

侯万儒

2017 年 11 月

目　　录

第一章 巴山河谷

幼时听父辈说我们的祖籍不在四川，而在湖北，至今还普遍流传着"湖广填四川"的说法。回顾这段历史，在元、明、清三个朝代先后更迭之时，曾发生过持久的战争动乱，加之瘟疫肆虐，蓬蒿蔽野，致使昔日丰饶的"天府之国"人烟断绝。以我现今籍贯开江县为例，明末崇祯十二年(1639 年)，那时开江县(明朝称新宁县)全县约有 1 万人。清朝四川战乱频发，从康熙经雍正、乾隆到嘉庆开始提出四大政策，激励移民垦殖，经过几代人的迁入，开江县到光绪末年(1895 年)才增至 20 多万人口(现今人口总数约为60 万人)。

曾祖辈先居于永安乡胡家沟，后翻过猪脑山，沿新宁河谷，迁至距离永兴乡河畔不远处一个小山岗上的村庄。我们是民国初年从湖北秭归县由长江通水路过三峡，转小舟楫逆行至四川省开县，再翻过大巴山南麓，穿过川东平行峡谷，到达开江县。这段跋山涉水、影响深远的经历，包含着颠沛流离、背井离乡、生离死别的悲痛。先辈们的艰难垦殖、山野创业守成的艰辛历史给我儿时的心灵留下了深刻的印痕。

移民历史距今虽有 100 余年，但祖籍的民风、民俗和方言等，仍保留于今时的开江，印象最深刻且最能唤起儿时记忆的是以当时流行的湖北方言为基础的开江方言(开江话)，其最能代表开江方言的一般特色，如"什么"〔方言为"么(mo)子"〕，"吃饭"〔方言为"契(qi)饭"〕，"哪儿去"(方言为"哪儿咳")，"来了"(方言为"来呱了")。由于方言的特性，不少语言并不契合现代汉语的语音规范，如"飞"与"灰"难分而把"飞机"说成"灰机"，把"黄"姓说成"房"姓等。移民的历史印记和方言的遗传基因也注入了我的精神血液之中。

第一节 大自然的启迪

我出生在开江县永兴乡，地处大巴山东段南麓向东南过渡的平行峡谷，境内地势四周高，地貌以山地丘陵为主，仅中部较低，有少量谷间平台与平坝汇集成小型盆地，北部最高海拔为 1375 米。在几千万年前，大自然的伟力赋予了巴山的神奇与灵秀，海拔 1000多米的天池山的黑天池，经龙王堂的凉水井涌出一股明澈如玉、清冽可鉴的山泉，从崇山峻岭间弯弯曲曲奔泻而下，形成新宁河。人们就依河建了县城，名曰新宁县。经千百年历史的变迁至民国建立，古老的中华民族开始从传统社会向近现代社会跨越，诸多旧制亟待变革，其中县名重复，就是其一，千百年间"新宁"一名，竟分别在广东、湖南和四川三省重复出现。当时的中央政府决定只保留湖南的新宁县，广东的新宁县后改名为和平县。

我的家乡由县议会一位议员提议以"开江"为名，因县城邻近新宁河畔，故多人附议，且引经据典，指出古有"开明有象，江汉鳖灵"之说，取其开头二字，名曰"开江"，借此名承载的丰厚历史文化底蕴，激励开江的子孙后代开凿新宁河流域文明并将其发扬光大。

新宁河的弯曲处海拔降到 1000 米以下，形成了一串河谷平台，初为太和乡（现灵光乡）、新太乡，流到中流的平坝则建立了永兴乡。我的家乡在距永兴乡约两公里处，位于河谷一个小山岗上的村庄——胡家院。山岗圆浑，高不及 50 米，屋后有不少树木，印象最深的是一棵大的夜花树（合欢树），树旁不远处为一缓降的斜坡，长满青草，儿时常从上坡往下滚，酷似现代的滑梯，或到房前的田野玩泥弄草，欢乐无穷，我就这样度过了无忧无虑的童年。

7 岁多，我随父搬至距永兴乡 1 公里的八庙，父亲经营酿酒及养猪业，以供我们兄妹读书。旧时崇尚风水文化，县城有城庙，乡有乡的庙宇，势必有依。八庙是属永兴乡的庙，距乡镇仅 1 公里，依山傍水，正合"风水师"讲的人文与地理环境协调一致。四周崇山峻岭，地下藏有矿产资源，地表郁郁葱葱，一层高一层低，一层矮一层密，森林、灌丛、草坡、青山、绿水，高高低低，错落有致，更有各种嘉花瑞草、珍禽奇兽，充实其中。林中深茂处栖有虎、豹、熊、麝等各种珍兽；灌丛中有长尾雉、金鸡、竹鸡等珍禽，更有画眉等百鸟鸣啾；草丛中有取之不尽的药材和千姿百态的花草；绿水中有大鲵、鳖和各种上游下窜的游鱼（图 1-1、图 1-2）。物华天宝，实属大自然的馈赠。

图 1-1　豹

图 1-2　勺鸡

孔子曰："知者乐水，仁者乐山。"儿时的我还是无知的野童，无知缺识，只是喜山爱水。由于自幼生长在河畔，善水性，故常于河中玩水和捕鱼，也逐渐领悟了"近水知鱼性"的妙趣。

到深潭石隙可捉大的鲶鱼和鲤鱼，浅的沙滩可摸鲫鱼，夜间燃着竹篙照明，诱捕喜光的静水鱼，山洪暴发时捕捞清水小溪的蹿水鱼，孟夫子的话最能传达我儿时的"鱼"乐——"鱼，我所欲也"。

山也有无穷的乐趣，因为青山孕育了绿水，不仅成为不少动物的乐园，也能让我尽情地享受"近山识鸟音"的美妙。这里物华天宝，空气清新，气候宜人，四季流水淙淙，幽静安宁，充满着诗情画意，呼唤着人们对大自然的悠然神往，勾起无限的乡愁。

年少时，我在本乡读初小，亲近的是山丘。寒暑假回到农村，与儿时放牛的朋友骑在牛背上，漫游于田间河谷；有时随爱打猎的姐夫打野鸡、捉斑鸠；尤喜喂小斑鸠，将油菜籽含入口中，小斑鸠会在口中取食；有时还能在灌丛中听到竹鸡有节奏地鸣唱。我也曾喂过小竹鸡，据说喂这小家伙需要保暖，因此，我要求母亲缝过小袋，将小竹鸡放入小袋中，挂到我胸前，让它感受到我的体温。我哥哥爱喂鸽子，我则爱看它一天的作息，观察它什么时候在高空飞翔、饮水、取食。鸽每年要产两枚鸽蛋，若偷取一枚，它将补充一枚，但多次则不灵。每年清明节，我爱随家族里的大人爬两小时猪脑山，祭奠那里由鄂徙川的曾祖辈，以寄哀思。

由于少时过度迷恋山野，贪耍好玩，常逃学于山野，我初小时成绩很差，也留过级，但青山绿水的灵秀、鸟兽鱼虫的妙趣，都给了我最深刻的心灵启迪，预示了我终身的专业定位和生命追求。

第二节　影响人生的恩师

影响我勤奋学习的第一人，是我三伯父的长子锦万兄，他于20世纪30年代毕业于湖北一所高等专科学校，从教于开江县城小学，知道我初小荒于学习，成绩很差，便建议我父亲，由他带我去县城寄宿读高小。

旧时开江县有北、南、西三所学校，锦万兄在南校任教，他却把我介绍到北校就读。北校为旧时文庙的东半部改建(西半部改建为县立初中)，学校管理很严，不准学生外出校门，早晚都要上自习。通过两年高小学习，功夫不负有心人，全县会考，我获得了第二名(图1-3)。

全县那时只有县城唯一一所初中，会考前十名一律保送入初中学习(图1-4)。学校管理与毗邻的北校小学一样，甚至更严，校风学风都很好，时任校长是曾孟久先生，他是影响我一生最深的又一恩师。

图1-3　左为作者小学时期

图1-4　左一为作者初中时期

曾孟久（1893～1977 年），1921 年毕业于国立成都高等师范学校（现四川大学）数理科，曾五次担任开江中学校长，我读书时是他第四次任开江中学校长，他治校严谨有方，严格教学纪律，形成了良好的学风。每日清晨他是全校最早起床的，不仅到学生宿舍验查，还带领学生早操，监督学生自习。有趣的是，他还常隐藏于学生自习的后排，监督学生学习情况。他注重德、智、体、美全面发展，受陶行知教育思想的影响，终身注重实践教育，且身体力行。他自己在教学一线教数学三角。他很重视抓教师队伍，对每一个教师都亲自考核，如果不行，到下学期就不再聘任该教师。他不畏权势，以致五进五出开江中学，毫不在乎。他对学生既严格又循循善诱，他很勤俭，处处以身示范，与学生在同一食堂吃饭，平时一身中山装，光头，坚持晨练太极拳和洗冷水浴，关心学生健康以及修身养性做人，"勤活动，均劳力，慎寒暖，节饮食"。我从初一年级到毕业，一直跟他学太极拳，洗冷水浴，得益于恩师的教诲，养成了良好的生活习惯和做人准则。

图 1-5　作者高中时期

开江初中毕业后，曾校长由于受到排斥也离校，受聘于省立万县中学，随曾校长到省立万县中学的还有教国文的杜庆朴老师。初中毕业后，我们有 4 个同学由开江翻过两座由大巴山发出的分支——一为明月山，另为铁凤山，在省立万县中学读高中，继续接受曾校长的教育（图 1-5）。省立万县中学是抗日战争后在铁凤山下淘河坝建立的，依山傍水。学校有一个小堤，堤下形成一个小瀑布，早晨我除了继续打太极拳外，还在瀑布下冲冷水浴，遵循良师教导，严谨学习，诚实做人，强健身体，提高素质，终身受益。

1950 年，重庆北碚由教育家晏阳初所办的乡村建设学院改为川东教育学院，我考入了这个学院的教育行政系。这个学院也在依山傍水的磨滩水电站上的河畔，每天早晨我都在河中游泳。1952 年，全国院系调整，该院水利系并入重庆大学，其他系科主要并入西南师范学院（现西南大学）（图 1-6）。我们被并入到教育系，读到大三时，由于教育系主要培养中师教育学和心理学的师资，而在中学当时不缺这两个学科的师资，迫使原教育系除一、四年级外，二、三年级全部转系到全校其他各系，我被转入生物系。我们转到生物系的人较多，为此专给我们办一个班，只学有关生物的课程。当时生物系主任是施白南教授，他于 20 世纪 30 年代毕业于北京师范大学生物系，曾在西部科学院负责动物部，中华人民共和国成立后为西南师范学院首任系主任，治学严谨，教学有方，重视实践，是我最尊敬的师长之一。我从他那里学到了很多动物学知识，特别是野外工作的实践能力。他曾在凉山进行过野外考察，后深研鱼类学，为我国著名鱼类学家。我毕业后虽在南充工作，但他所开展的科研项目，如《四川省志·地理志》动物部分、鲟鱼调查等，都任用我为他的助手，故于我的成长，施老师是助我奠定基础的长辈、恩师，我永远不会、也不可能忘记。

我 1955 年于生物系毕业后，施老师推荐我报考北京师范大学动物研究班。这个研究班招收了来自北京师范大学、华东师范大学、东北师范大学、华南师范大学和西南师范大学等高校的学生共 15 名，分两个专业，即脊椎动物专业和无脊椎动物专业，主要培养高等师范院校这两个专业的教师。我被录取到脊椎动物专业，该专业共 8 名学生（图 1-7），导师为武兆发教授,学部委员(现中国科学院院士),20世纪30年代留学美国,并获博士学位,曾在美国从事动物学、比较解剖学和组织胚胎学等多门学科教学,尤以切片组织学最著名。他博学多才,特别重视让学生打好坚实的基础,尤其重视培养学生实践能力。因此,他聘请的教师也各有所长:兽类学是动物研究所夏武平教授,鸟类学是动物研究所郑作新学部委员,鱼类学是北京师范大学包桂濬教授,比较解剖学是郭毓彬教授。当时周总理向青年提出了"向科学堡垒进军"的口号,故我们在读期间除了听学校各有所长的专家讲课,还听了来自全国各地专家的学术报告。研究班基本上每周都得听一次学术报告,大大地拓宽了眼界,活跃了学术思维,增长了课外知识。除课堂教学、听学术报告,每门课都很重视实践,如参观北京动物园,对北京市的几个大规模鸟市进行调查,参加北京郊区老师调查鸟类的工作和标本制作,到北京颐和园、香山观察鸟类,参加黄渤海的鱼类实习等多项实践活动。

图1-6　左一为作者大学时期　　　　　　图1-7　二排居中为作者研究生时期

1957年毕业后,我被分配到四川南充师范学院(现西华师范大学)从事脊椎动物专业的教学。1984年以来,我一直从事脊椎动物资源保护专业的研究和有关的科研项目,受益匪浅。与南充师范学院生物系的同事们一起采集制作的四川省鱼类、两栖、爬行、鸟类和兽类的各类标本种类数量占全省总数的80%以上,因此南充师范学院脊椎动物标本室在全国高校内具有一定知名度。研究工作中,以鸟兽类的研究,尤以大熊猫等珍稀动物的研究工作为代表,为全国培养了一批骨干,早为国内动物学界所熟知。我能有这些业绩,无不源于各时期恩师的教育陶冶,诸公蔼然仁厚的品格、博大渊深的学识都令我终生难忘。

第三节　毕业前夕

毕业分配前,与北京师范大学联系进人的单位不少,每个同学都考虑了去向,我当时知道北京石家庄师范学院(现河北大学)和天津师范学校(现天津师范大学)缺脊椎动物专业师资，而天津师范学校另有同学被录取，所以我拟去石家庄。毕业前，北京市应届毕业的大学生、研究生曾在中山公园举行了一次大会，会上周总理做了报告，并号召同学们到祖国最需要的地方去。因此，同学们的志愿都填写的是服从分配，愿意到最需要的地方去。就在这时，曾在我本科毕业的母校任教的施白南教授回到北京师范大学，希望我回母校做他的助手，我自然是非常乐意的。

当时毕业生分配要先到各省接待处报到，然后接受派遣，与我一同回四川报到的还有一个女同学，结果该女同学被派遣到西南师范学院，我则被派遣到校址在南充的四川师范学院。1956 年四川师范大学一分为二，本科迁至成都并继续沿用该校名，专科则留在南充，校名更名为南充师范专科学校，并于当年成立了生物系。我从接待处听闻刚成立的生物系需要人，便立即赶往南充师范专科学校报到，之后我被分配到生物科脊椎动物教学小组。首届（1956～1959 年）生物科的学生正赶上学习脊椎动物学。因我刚到，此课前半部分由一位曾在中学教动物学的知名老教师杨老师授课，了解到我在北京师范大学教学实习时曾给学生讲过鸟类这一纲，便把此教学任务分配于我。

当年我给这一年级上课仅此一纲，但因 1959 级老教师只任无脊椎动物这一门课，故他让我任脊椎动物这门课，并派 1958 年由西南师范学院分配来的邓其祥协助，1959 年邓其祥参加"南水北调"调查队，另一女同志陈鸿熙（1956 年毕业于西南师范学院）送北京师范大学进修动物生态学。1958～1959 年，我除了给生物科上课，还为南充师范专科学校改为南充师范学院后的本科生讲授脊椎动物这门课，再加上当时提出大办学的理念，生物系还招了工农学员和师资培训班，因此，这一年我实际是给四个不同年级同时讲授脊椎动物学。

同年，西南师范学院又分配一位叫余志伟的老师来从事脊椎动物教学，他被派到华东师范大学进修鸟类学。从 1960 年开始，我只负责教本科生，邓其祥返校负责教专科生。由于生物系是刚成立的新系（原四川师范学院无此系），教学仪器虽可购买，但标本只能买一些必需的，其余的主要靠我和邓其祥利用星期天到郊区以及寒暑假到四川盆地各山区采集制作。同时，我还与近郊和远程野外实习的学生一起尽可能多地采集各类脊椎动物标本，使学生能获得更多的野外观察的知识与技能。

从 1960 年开始，全国进入经济困难时期，1961～1962 年最甚。在这期间，我进了四次水肿病医院，所谓进院治疗并未吃药，只是每人每月分配 30 斤粮（职工配额为 19斤）和一斤肉（职工配额为半斤）。每次进水肿病医院治疗 40～50 天水肿消除后出院。出院约 1～2 月又肿，反复 4 次，到 1963 年经济恢复，我的水肿病也就再也没有复发。在三年困难时期，我们教学和野外收集、采集标本制作也从未停止。至 1963 年，我母校的恩师施白南教授接受了《四川省志•地理志》动物部分的编写工作，邀我作为他的助手，到四川东部各地区和高校收集高等动物的资源。经学校同意，我离开学校一年，先到西南师范学院生物系和地理系查资料，做出计划再到四川东部万县（现重庆市万州区）、江津、绵阳、南充、内江、泸州、宜宾、涪陵和雅安各地的学校、合作社的收购站以及防疫站等地方收集资料，然后到四川省志办公室（成都莲池路）查阅地、县志，最后汇编成四川省脊椎动物名录分布，经一年多的编写，完成了《四川省志•地理志》中"动物地理区划"初稿。因为这一工作，我有幸参加了 1964 年在北京召开的中国动物学会成立 30 周年纪念学术会议，并代表施白南老师向大会做了题为《四川动物区划》

的报告(此报告收入《中国动物学会三十周年学术讨论论文集》,由科学出版社出版)。

1964 年返校后,我又接受了四川省科学技术委员会(现四川省科学技术厅)"四川省东部地理区划"的科研任务。这时参加科学院组织的"南水北调"的邓其祥已返回学校,余志伟、陈鸿熙等进修人员也都一一返校。教务处和系行政极其重视该项科研,特为其组织了一个办公室,除动物组的教工外,还抽调了部分其他教研组的人员。同时,据了解,重庆市中药研究院曾在 50 年代进行过药用动物调查,调查队中有一个主要成员叫陈恩渝,他采集过很多关于大型动物的资料数据,故特聘他参加我们的调查队。

这次调查是在 1963 年参加《四川省志·地理志》动物部分编写过程中所收集资料整理的基础上重点了解现状,因此共分两组:室内组重点调查涪陵、万县、达县(现达州)、绵阳、雅安、乐山和宜宾等盆地周缘山区的合作社收购站(那时各专区、县、乡都有专职收购站)收购的动物(主要是皮张、角、骨等附产品),并查阅历年的收购账细目录,了解历年收购各种动物的动态,按资源类型分为珍贵稀有动物,毛皮、革、羽用动物,渔猎动物,药用动物,其他有益动物和疫源有害动物等六类进行调查分类整理;野外组主要到涪陵的金佛山、川东北万县专区(1970 年,"专区"改称为"地区")的巫山、城口的大巴山、达县专区万源市的大巴山主峰、南江的米仓山、宜宾专区的古蔺县、叙永县的川南大娄山系和乐山的相岭山系进行采集,并请了当地的猎户携带猎狗进行捕猎和座谈访问。这些工作集中在 1964~1965 年,1966 年进行总结并编写结题报告。

第四节 四川动物资源地理区划

我们通过调查发现,就脊椎动物而言,四川有 1100 余种,占全国总数的 40%以上,其中鸟兽种类数量几乎为全国的一半,有的为我国稀有珍贵的动物,如大熊猫、金丝猴、黑颈鹤、中华鲟等;有的动物的数量多,经济价值也大,如林麝、黄鼬;有的数量众多,但只有一般经济价值,如松鼠、雉鸡等;有的数量较少,但经济价值较大,如水獭、豹等;有的具有开发利用前途,但尚未得到关注,如野兔、野猪等;有的有一定危害,如狼、鼠类。这些资源动物,可分为三个部分进行介绍。

一、资源

类型:按照上述分类选出资源动物,再按它们对人类的经济意义,可归纳为六大资源类型。

1. 珍贵稀有动物

根据国家林业局规定的一、二、三类保护动物(1983 年《中华人民共和国野生动物保护法》规定为一、二类动物),一类有大熊猫、金丝猴、牛羚、黑颈鹤等 10 种;二类有小熊猫、藏羚羊、马鸡、天鹅、大鲵等 16 种;三类有水鹿、斑羚、猕猴、兰马鸡、红腹锦鸡等 28 种。

2. 毛皮、革、羽用动物

该类动物种类很多，共计有 121 种，占全省资源动物种类总数的 22% 以上。全省年产野生动物毛皮 60 万张（最高年产可近 100 万张）；绒用和饰用如羽毛约 100 千克（其中包含家禽），麂皮 85000 多张（包括小鹿、赤麂和毛冠鹿），藏羚羊皮年产 8000 余张，斑羚皮年产 8000 余张。绒用和饰用的鸟类，主要是鹭类、鸭类、雉鸡类、鹰鹑类等 32 种。此外，如猪、黄鼬和貉等毛皮的针毛拔出，可制笔和刷等文化生活用品。

3. 渔猎动物

几乎全部资源动物都可作肉用，故四川省渔猎动物多达 188 种。

4. 药用动物

药用动物种类较多，加上民间广为采用的种类，共计达 166 种（不包括无脊椎动物）。其中最引人注意的药材首推麝香和鹿茸。产麝香的麝主要有林麝和马麝，最高年产高达 24300 两（1 两＝50 克）（1954 年）。1952～1977 年，四川省共产 408000 两，产量之大，不仅冠绝全国，亦为世界罕有。产出鹿茸的鹿类有马鹿、白唇鹿、水鹿、梅花鹿，年产鹿茸 18000 余两。其他还包括鸟类雨燕等的巢（土燕窝）、爬行类乌龟的龟板、两栖类蟾蜍的蟾酥等。

5. 其他资源动物

其他资源动物包括其他有益的动物，不仅表现在农、林、牧、副方面，也表现在卫生保健方面，用途多样，种类较多，多达 209 种。例如兽类中的食虫类、翼手类等，主要以昆虫为食，消灭了不少有害的昆虫，鸟类更是不少害虫的天敌，爬行类、两栖类和鱼类也有不少种类消灭了水生昆虫及其幼虫。

6. 自然疫源疾病及有害动物

这类动物共有 61 种，如狼、豺和鼠类。

二、各专区、自治州资源动物的分布

1. 绵阳专区（现绵阳市、广汉市及广元市部分地区）

绵阳专区兽类有 57 种，鸟类有 105 种，爬行类有 15 种，两栖类有 11 种，鱼类有 72 种，共计有 260 种，主要分布于平武、北川和青川，其次为绵竹、安县、旺苍和广元。珍贵稀有动物有大熊猫、金丝猴等 26 种，毛皮、革、羽用动物有 59 种，渔猎动物有 59 种，药用动物有 92 种，有益动物有 99 种，有害动物有 29 种。

2. 南充专区（现南充市、广元市和广安市部分地区）

南充专区共有资源动物 286 种，其中有兽类 37 种，鸟类 137 种，爬行类 13 种，两栖类 9 种，鱼类 90 种，主要产地是苍溪、阆中、仪陇，其次为岳池、广安和营山。珍稀动物有 9 种，毛皮、革、羽用动物有 55 种，渔猎动物有 131 种，药用动物有 87 种，有益动物有 127 种，有害动物有 24 种。

3. 达县专区(现达州市)

达县专区共有资源动物 286 种，其中兽类有 56 种，鸟类有 129 种，爬行类有 14 种，两栖类有 11 种，鱼类有 76 种。主要产地为万源、南江和巴中，宣汉和平昌其次。珍稀动物有 13 种，毛皮、革、羽用动物有 67 种，渔猎动物有 118 种，药用动物有 94 种，有益动物有 183 种，有害动物有 31 种。

4. 万县专区(现重庆市万州区)

万县专区共有资源动物 310 种，其中兽类有 69 种，鸟类有 124 种，爬行类有 15 种，两栖类有 12 种，鱼类有 90 种，资源动物以城口、巫山、巫溪为最丰富，其次是开县、奉节、云阳。珍贵稀有动物有 15 种，毛皮、革、羽用动物有 61 种，渔猎动物有 130 种，药用动物有 106 种，有益动物有 140 种，有害动物有 35 种。

5. 内江专区内江市及自贡市

内江专区及自贡市共有资源动物 240 种，其中兽类有 24 种，鸟类有 127 种，爬行类有 11 种，两栖类有 7 种，鱼类有 71 种，境内多为丘陵地带，垦为良田，资源动物以农田动物和水产动物为主。

6. 江津专区及重庆市(现重庆市部分地区)

江津专区及重庆市共有资源动物 226 种，其中兽类有 38 种，鸟类有 75 种，爬行类有 14 种，两栖类有 7 种，鱼类有 92 种，主要产区为江津、合川、綦江、巴县(今重庆市巴南区)和长寿，其次为永川和璧山。珍稀动物有 8 种，毛皮、革、羽用动物有 49 种，渔猎动物有 15 种，药用动物有 79 种，有益动物有 109 种，有害动物有 24 种。

7. 涪陵专区(现重庆市涪陵区)

涪陵专区共有资源动物 288 种，其中兽类有 51 种，鸟类有 121 种，爬行类有 17 种，两栖类有 8 种，鱼类有 91 种，主要分布于南川、武隆、黔江、石柱和酉阳，其次是秀山和涪陵。珍稀动物有 14 种，如华南虎(武隆)，毛皮、革、羽用动物有 36 种，渔猎动物有 15 种，药用动物有 32 种，有益动物有 128 种，有害动物有 30 种。

8. 宜宾专区(现宜宾市、泸州市)

宜宾专区共有资源动物 263 种，其中兽类有 45 种，鸟类有 99 种，爬行类有 17 种，两栖类有 10 种，鱼类有 92 种，主要是产于古蔺、叙永、珙县、兴文等地的山地动物及江安、纳溪和合江等地的鱼类资源。珍稀动物有 23 种，毛皮、革、羽用动物有 39 种，渔猎动物有 125 种，药用动物有 83 种，有益动物有 98 种，有害动物有 29 种。

9. 乐山专区(现乐山市及眉山市)

乐山专区资源动物共有 306 种, 其中兽类有 69 种, 鸟类有 129 种, 爬行类有 18 种, 两栖类有 16 种, 鱼类有 74 种, 主要是产于小凉山、大相岭等地的山地动物, 低山、丘陵的农田动物和青衣江、大渡河及岷江等地的水产资源动物。珍稀动物有 22 种, 毛皮、革、羽用动物有 60 种, 渔猎动物有 112 种, 药用动物有 96 种, 有益动物有 37 种, 有害动物有 29 种。

10. 凉山彝族自治州

凉山彝族自治州资源动物共有 200 种, 其中兽类有 61 种, 鸟类有 79 种, 爬行类有 14 种, 两栖类有 14 种, 鱼类有 32 种, 主要是产于大凉山、越西、美姑、小凉山、雷波、小相岭及冕宁等地的山地动物以及江河等地的水产资源动物。珍稀动物有 25 种, 毛皮、革、羽用动物有 56 种, 渔猎动物有 67 种, 药用动物有 53 种, 有害动物有 28 种。

11. 雅安专区(现雅安市)

雅安专区资源动物共有 289 种, 其中兽类有 77 种, 鸟类有 140 种, 爬行类有 16 种, 两栖类有 14 种, 鱼类有 42 种, 主要是产于邛崃山脉、宝兴、天全、大相岭、洪雅、小相岭、石绵等地的山地动物及青衣江、大渡河等地的水产资源动物。珍稀动物有 31 种, 毛皮、革、羽用动物有 75 种, 渔猎动物有 97 种, 药用动物有 110 种, 有益动物有 140 种, 有害动物有 31 种。

12. 西昌专区和渡口市(现凉山彝族自治州及攀枝花市)

西昌专区和渡口市资源动物共有 207 种, 其中兽类有 61 种, 鸟类有 92 种, 爬行类有 13 种, 两栖类有 8 种, 鱼类有 33 种, 主要是分布于横断山脉中段的山地动物和金沙江、雅砻江、安宁河及邛海等地的水产资源动物。珍稀动物有 24 种, 毛皮、革、羽用动物有 55 种, 渔猎动物有 70 种, 药用动物有 87 种, 有益动物有 104 种, 有害动物有 32 种。

13. 温江专区与成都市(现成都市)

温江专区与成都市资源动物共有 257 种, 其中兽类有 57 种, 鸟类有 95 种, 爬行类有 15 种, 两栖类有 10 种, 鱼类有 80 种, 分布于盆地、西北高山峡谷、山地、平原及河流等区域。珍稀动物有 24 种, 毛皮、革、羽用动物有 48 种, 渔猎动物有 112 种, 药用动物有 81 种, 有益动物有 105 种, 有害动物有 29 种。

14. 甘孜藏族自治州

甘孜藏族自治州共有资源动物 200 种, 其中兽类有 69 种, 鸟类有 110 种, 爬行类有 6 种, 两栖类有 6 种, 鱼类有 9 种, 主要分布于青藏高原辽阔的高原、河谷、沼泽、湖泊和广阔的草甸。珍稀动物有 34 种, 毛皮、革、羽用动物有 51 种, 渔猎动物有 68 种, 药用动物有 87 种, 有益动物有 103 种, 有害动物有 31 种。

15. 阿坝藏族自治州(现阿坝藏族羌族自治州)

阿坝藏族自治州共有资源动物 215 种,其中兽类有 87 种,鸟类有 94 种,爬行类有 11 种,两栖类有 6 种,鱼类有 17 种,主要分布于西北青藏高原、高山峡谷、起伏的丘状宽谷、草甸、河流、湖泊等地。珍稀动物有 41 种,毛皮、革、羽用动物有 79 种,渔猎动物有 70 种,药用动物有 99 种,有益动物有 91 种,有害动物有 39 种。

三、地理分布

根据四川省陆栖脊椎动物区系的区域差异及其对自然环境的适宜情况,结合资源动物的组成与分布状况,可将四川省划分为古北及东洋两界,包括 3 区及 7 个动物群。四川动物地理区划图如图 1-8 所示。

0 级古北界

00 级中亚亚界

Ⅰ级青藏区半干旱、半湿地、干旱地区

Ⅱ级青海藏南亚区森林草甸及草甸草原

Ⅲ级

1　川西北高原地带高寒高原灌丛草甸动物群

2　川西山原地带高寒山原针叶林、灌丛、草甸动物群

3　盆地西缘高山深谷动物群

4　川西南横断山脉动物群

0 级东洋界

00 级中印亚界季风区南部

Ⅰ级西南区横断山脉区

Ⅱ级西南山地亚区山地草甸及山地森林

Ⅲ级

Ⅰ级华中区中北亚热带湿润地区

Ⅱ级西部山地高原地区落叶阔叶林亚热带农田动物群

Ⅲ级

5　盆地丘陵常绿阔叶林地带亚热带农田动物群

(1)盆地东部平行岭谷亚带亚热带动物群

(2)盆地西部平原、中部方山浅丘亚带亚热带动物群

6　盆地北缘低山地带亚温带及热带森林农田动物群

7　盆地南缘中低山地带亚热带森林农田动物群

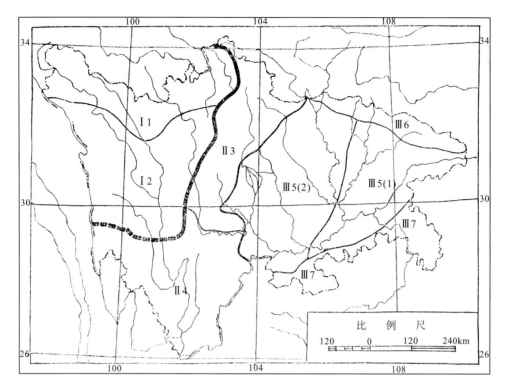

图 1-8　四川动物地理区划图

　　1957～1966 年，除了繁重的教学任务，我还要忙于收集各类高等动物标本以及从事科研工作，在此期间，我基本做到了心无旁骛，全身心投入到工作中，始终保持着饱满的工作热情和充沛的精力，因此增长了不少知识和阅历。

第二章 巴山蜀水

第一节 鱼类资源调查

兴修水利要"三救"(一救:水路交通中船如何通过。二救:水坝建成后淹没区的群众要如何搬迁安居。三救:洄游的鱼类如何逆流而上)。"救鱼"的问题在党的领导下由长江水产研究所牵头,号召了四川水产学校、西南师范学院(现西南大学)、南充师范学院、四川农学院(现四川农业大学)、重庆师范学院(现重庆师范大学)和长寿渔场等单位,并抽调动物学老师和有关员工组成了四川省长江水产资源调查队。业务指导由西南师范学院施白南教授负责,我代表南充师范学院参加,并出任施白南教授的助手(图2-1)。调查区域从巫山长江段上游至金沙江下游。调查内容为水产资源调查和鲟鱼专项调查。中华鲟是洄游的大型鱼类,为我国特产,生长于东海,性成熟后要从东海返回长江,经三峡逆流而上,途经泸州至屏山长江上游,于金沙江下游一段流域择选产卵场地,产卵、受精、孵化,幼鱼又逐渐下游经过三峡出上海回到东海成长。

图 2-1 水产资源动物调查研究(左一为作者,中为施白南教授)

水产资源调查主要是调查川江的珍贵鱼类，如大型的白鲟、中型的长江鲟(达氏鲟)、大型的胭脂鱼、倒刺鲃、岩鲤(青波)、鳊鱼、裂腹鱼、铜鱼、长吻鮠等珍稀名贵鱼类。

我们的工作是解剖中华鲟，了解其性成熟的形态特征，调查产卵场的生态水域特征；催情产卵、人工授精主要由水产所、水产学校和渔场负责。

捕捉鲟是在江面水下布设索钩，可谓"牵一发而动全身"，在它们上游途中，若是碰上钩被挂住便会因滚动而碰上多个鱼钩，波翻浪滚，而后被拉上岸，这种办法只是轻微地伤及皮肤，不会伤及内脏，不会影响鲟鱼的正常生长。取下索钩，用索从口腔穿过喷水孔拴住，然后对捕获的成体鲟鱼催情，使雌鱼产卵，雄鱼排精，进行人工授精后释放回江中。

四川省长江水产资源调查队在宜宾租用了一个渔业生产队，他们每月的工资照旧发放。由他们带上捕鱼网(分上下两层)捕捉不同水层的鱼。捕获出水的鱼，经我们仔细筛选后，留下待考察的鱼，其余全部放归。主要工作是通过解剖了解它们在不同季节卵巢和精巢的发育情况及性成熟的特征(解剖和外形)，同时还要观测其繁殖场地的生态环境。工作方式是从屏山的雷波县新市镇金沙江上段沿江捕捞，筛选出所需研究鱼类并在船上及时解剖。调查队只有用餐和夜间休息时才停留江岸，白天都在船上工作，约一周时间由金沙江下游经长江沿途过宜宾、合江、泸州、江津、重庆，然后收拾好渔船、渔具，我们则改乘运木材的汽轮返回新市镇。就这样每月约反复三次，便完成了所研究的鱼类一年四季生长发育的资料收集。

1972~1973年，除给72级工农兵学生上一期课和春节假期，其余时间我皆于船上工作。总结时，我负责编写关于鲟鱼的产卵场生态环境的报告，鲟鱼的解剖主要是长江鲟，我又负责写了神经系统的解剖报告。1974年，我接受了对四川珍稀动物进行调查的工作，水产资源调查则由我院邓其祥老师接替。

这次水产资源调查后，我在1978年全国科学大会上获得了奖状及表扬，倍感荣幸。

第二节　珍稀动物调查

20世纪70年代初，我国走出国门到美国参加世界乒乓球比赛，并获得了冠军，至此掀起了一场"乒乓球外交"热潮，毛主席称之为"小球推动了大球"。1971年，美国乒乓球代表团访问我国。当时，以美国为首的西方世界将我国拒之于外交大门之外。1972年，美国总统尼克松访华，外交封锁被打破，美国获赠一对大熊猫，他们把大熊猫带到美国，掀起了一股世界范围的"熊猫热"，憨态可掬的大熊猫瞬间赢得了世界各国人民的喜爱，至此之后，英、法、日领导人相继访华，并纷纷向我国请求赠送大熊猫。周总理指示林业部应对大熊猫等珍稀动物进行一次调查。同时，周总理还特别强调，对待大熊猫一定要像对待国宝一样。

因为我在20世纪60年代前曾在四川进行过野生动物地理区划调查研究，也曾与四川省林业厅联系，被允许进入盆地周边山区进行过野生动物调查，收集了有关资料，又于1972年后在长江流域进行过水产资源调查。所以，林业厅特邀我加入他们的调查队伍，并由我负责收集相关资料，对调查人员进行培训。调查队伍则由他们发函要求加入的四川大学、四川农学院、重庆博物馆、重庆师范专科学院(现重庆师范大学)的动物学老师及有关人员，加上各县有关林业人员组成。

林业部要求，必须在 1974 年开始进行调查，于是我于 1973 年底提前离开了水产资源调查队。有道是"预则立，不预则废"，机遇偏爱那些有准备的人，在这一年的春节前后，我全身心地投入到有关大熊猫、金丝猴等珍稀动物的历史文献和生态学资料的收集工作中，夜以继日，乐此不疲，为培训调查队提前做好准备。1974 年 3 月下旬，春风和煦，阳光明媚，此时的成都正值大好春光，我满怀兴致抵达成都，暂住于林业厅招待所。

到四川省林业厅报道后，一位主管造林处(当时尚无保护处，野生动物隶属于该处管)的副厅长，知道了我们一行人大多是来自高校的教师后，责备该处：怎么能让这样一批人逃离现实斗争躲在世外桃源呢？他迟迟不肯带领我们到卧龙去现场培训调查队，致使我们滞留在招待所足足有半月，此时才切身体会了"欲渡黄河冰塞川，将登太行雪满山"的茫然无措。面对这一突发事件，我们当真是束手无措，该怎么办？还是林业厅主管业务的胡铁卿(后为保护处的处长)有办法，他当机立断，向他们主管业务的正厅长韩正夫汇报了我们被困成都的具体情况。韩厅长听完胡铁卿的汇报后，立即找了这位主管的副厅长，并向他指出，1972 年后，应该相信各推荐单位的党的组织，既然人家是通过单位派来的，应当相信其单位。这位副厅长虽在思想上有些固执，但组织观念还是很强的，他立即表示同意韩厅长的意见，接着就派胡铁卿到厅里安排车把我们送到卧龙自然保护区。持续了半月的问题，终于解决了。

一、卧龙培训

卧龙在 20 世纪 30 年代以前属羌族土司的一支部落，俗称瓦司国，瓦司辖现汶川县的卧龙、耿达和草坡三个乡。卧龙的皮条河是一条很长的河，发源于四姑娘山，流入岷江，河道险阻，九弯十曲，就像卧藏的一条龙，正如李白诗云："蜀道难，难于上青天。上有六龙回日之高标，下有冲波逆折之回川。"昔日来往于成都做木材生意、种植及贩卖鸦片的客商，皆从都江堰出发，途径三江乡跋蟠龙山或牛头山的两条山间小道，曲折蜿蜒，百步九折，步行至卧龙乡，约需一周的时间。这些古道现已被灌丛竹林所掩蔽，但仍然留下了依稀的旧道痕迹。到这里进行科学考察的，最早仅有寥寥可数的一些西方人，他们都是沿着这条崎岖的羊肠小道进入山下的卧龙。这里人烟稀少，树影婆娑，百鸟争鸣。据 1904 年霍西(A. Hosie)最早统计，在皮条河谷卧龙居住的村民仅 46 户，有 4 个客店。1908 年春季又有西方最有名的植物学家威尔逊(E. Wilson)沿着牛头山的小径到卧龙进行植物考察，还见到了不少大熊猫在采食竹笋时留下的粪便。他们从那里穿过一层又一层的山谷，越过 4400 米的巴郎山垭口进行植物考察，对那里丰富的植物资源颇感兴趣，认为该处是"中国西部木本植物最丰富的地方"。20 世纪 40 年代，四川大学许光瓒等组成的一支动植物考察队依然是由牛头山进入卧龙关。当时时局动乱，土匪横行，他们不得不打着何本初(阿坝的军阀)的旗号，被称为何本初考察队。但当地的土匪见考察队雇请了不少农民工挑着担子木箱，以为是钱财和鸦片，便将他们的东西横扫一空，并将他们蒙上眼睛东转西移，让他们受了不少皮肉之苦。最后还是何本初解救了这支考察队。

卧龙地区指进入卧龙的羊肠小道到了海拔 6250 米的四姑娘山脚下，沿皮条河有一弯弯曲曲的河谷，旁边有九个山丘，远看酷似一条巨龙，从卧龙关，直伸到沙湾（保护区管理）下约 10 公里处。"巨龙"的头俯卧于卧龙关，欲饮尽皮条河的清泉，其尾则绕着沙湾。

1949 年后，国家需要开发卧龙的森林资源，于 1961 年沿皮条河修筑了一条公路过巴郎山垭口直到小金县，使"蜀道"变成了通衢。此河谷流水急湍，碧绿清澈，经过大小阴沟峡谷，两岸悬崖峭壁上的短尾猴（藏酋猴）呼唤不停，河水东流不停，奔向岷江汇成巨流。两岸猿声啼不住，轻舟已然悠悠晃晃经过了万重山。

卧龙自然保护区始建于 1963 年，是我国最早建立的保护区之一，早期仅沿卧龙关以上约 2 万公顷。1974 年，经第一次大熊猫调查后，该林区被定为大熊猫广泛分布的区域，经四川省林业厅申请，报请林业部，经国务院批准，将保护区由原 2 万公顷扩大 10 倍，即 20 万公顷，并同时决定将原在该地建立的"红旗森工局"省局企业搬迁至上游松潘县。该保护区于 1980 年加入了"世界人与生物圈"保护区网。1985 年，经国务院批准，该保护区成为国家级重点保护区，以保护大熊猫及其生态系统，并直属国家林业部管辖。

保护区地处四川盆地向青藏高原过渡的高山峡谷地带，西北最高峰为 6250 米，是邛崃山脉的主峰，经年积雪不化。皮条河从保护区中心穿过，西北方为四姑娘山、钱粮山，平均海拔为 5000 米左右；东南部稍低，除个别山峰海拔超过 4000 米外，大部分都在 4000 米以下。

保护区除皮条河，北有正河，南有西河。1965～1974 年，除皮条河流域的塘坊、三圣沟和英雄沟三地建立了伐木场进行过大规模森林采伐，北南两河流域的大片区域仍为原始森林。皮条河采伐过的迹地，经过 30 多年的自然更新和人工造林，除村民活动区域，其他区域已被绿色次生林所覆盖，仍显郁郁葱葱，一片生机盎然。

二、调查队培训

1974 年 4 月中旬，我们进入卧龙，开始备课。由于多数学员是林业系统的职工，虽具有中学文化水平，但缺乏动物学的基础知识。经商议，我们决定集中培训两周时间，主讲内容以大熊猫为主，附带讲解金丝猴、扭角羚、四川梅花鹿、小熊猫和鬣羚等其他珍稀动物，介绍它们的分布、栖息环境、生活习性、食性及食物基地、繁殖，同域分布的伴生动物，天敌以及调查方法等。毕竟实践是检验真理的唯一标准，知识是否准确掌握，还是要通过必要的实践活动，由此增加感性知识，加深对知识的理解。

讲课结束后，森林管理局带领我们到尚在采伐的英雄沟伐木场进行了一次踏查。英雄沟是皮条河的一条支沟，深谷两岸壁峰直立，直插云霄，峭壁的石隙中灌木丛生，一抹顽强的绿色向天地彰显着它的生命力，两岸峭壁上还生长着苍老林木；溪流急湍，山峦重叠，一层层瀑布与山水洞石，颇似一幅天然的水墨画。我们沿着开辟的陡峭索道，穿过四级隧道，古语有云"一步一景"，于我们而言，却是每过一个隧道，即可见一景，最后一个隧道，尚有泉水渗出，人们称为水帘洞。水流沿着峭立的岩壁飞泻而下，顿时抛洒万斛珍珠，水花四溅，到了冬季，飞流的泉水便形成了冰柱，颇似晶莹剔透的水晶宫。过洞以后，河谷豁然开朗，采伐前，这里曾是茂密的原始森林，采伐后有一些稀疏的母树，以待林木更新。但陡峭处和海拔 3100 米以上尚未采伐，主要为高山冷杉林，林下箭竹长势良好，是大熊猫的栖息地，也是他们的美味"食堂"。与大熊猫相伴而生的还有金丝猴、扭角羚等珍稀动物。

随着大片森林被采伐，留下的灌丛竹林成为红腹锦鸡、红腹角雉、血雉和雉鸡等鸡类的乐园。

林场里有一个酷爱狩猎的医生。他告诉我每当月白风清时，采伐的残存迹地在夜间常有野兽和野鸡出没。我们选择了农历十五月圆风静的夜间，到林场后山，去了解据称有不少动物活动的情况。由于是采伐的迹地，伐后倒下的树木很多，行走于倒树灌丛之间，月色朦胧，斑驳的树影印在崎岖的路上，脚下一滑，碰巧踩上了脱落树皮的倒树，扭伤了脚踝，一瘸一拐地回到林场，敷上药，无奈夜间依旧红肿，第二天只得回到管理局继续治疗。

5 月初，林业厅正式通知全省有大熊猫分布的县市林业局挑选人员，加上卧龙红旗森工局营林处部分工人和该局的篮球队员，共计 40 多人，正式参加培训，并成立了四川省珍稀动物调查队，队长由林业厅负责管理野生动物的副厅长宫同阳负责，林业厅保护处长胡诗秀兼任政委，我为副队长负责业务，林业厅胡铁卿为副队长负责联络，汶川县林业局李局长负责后勤。

5 月中旬正式上课，当时我脚伤尚未恢复，跛着脚上课，按准备的内容，与学员所了解的有关情况进行互动讲解，使学员了解大熊猫在各山系怎样选择栖息地、所需要的隐蔽条件、竹子生长情况、饮水的水源、活动情况以及繁殖情况，有哪些干扰因素和天敌等。

调查的主要任务是数量统计，用数量统计的材料分析环境质量和大熊猫种群的发展趋势与动态规律。然而就大熊猫而言，它们生活在各山系的数量十分稀少，20 世纪 30 年代以前一些外国狩猎者到我国狩猎大熊猫，据他们估计约 10 公里才有一只大熊猫（据美国，塞尔登，1943）。大熊猫过着独栖生活，对人畏惧，隐藏于无人涉足的荒野竹林，很难见到，即使偶然碰上，也是一晃而进入密林，消失得无踪无影。加上它们多在晨昏和夜间活动，统计其数量的难度可想而知。

根据我们所掌握的资料，大熊猫的食物是营养很差的竹类，它们每天必须采食大量的竹子才能维持其基础新陈代谢。此外，每天还要保证一定时间休息，并排出大量的粪便。除粪便外，它们会留下采食竹子的痕迹和休息时留下的卧穴，我们可以根据这些蛛丝马迹间接地进行数量统计。

在进行数量统计时，一定要以它们排出的 1～3 天的新鲜粪便为指标。在踏查时，我观察到新鲜粪便的特征是：若吃竹叶其粪便为暗绿色，吃竹茎则粪便为草绿色，粪便表面裹有一层黏液，十分光滑，色泽鲜亮，无异物附着或蛛丝黏结，而陈旧粪便表面色暗而无光泽，并有异物黏结，有白色菌丝；打散粪便嗅闻有竹子气味为新鲜粪便，有发酵的气味为陈旧的粪便。此外，还可根据大熊猫采食竹子留下的竹桩、竹梢和剥弃的竹皮分析其新鲜程度。大熊猫是独栖动物，在野外活动时彼此之间有一定的距离，同时由于大熊猫数量稀少，两年才繁殖一胎，在一定范围的空间内同龄的个体很少。因此，从不同年龄的大熊猫粪便可以看出，所咬切竹子的咬节长短不一，牙齿磨损程度随年龄增长而变大，对竹茎的咬嚼撕裂强度随年龄增长而变弱，竹叶呈小片、中片、大片留在粪便中。例如，三岁以下的大熊猫粪便的咬节平均为 20～30 毫米，咀嚼较细，叶呈碎片；三岁以上的大熊猫粪便的咬节逐渐增至 35～39 毫米，咀嚼程度逐渐变弱，竹茎有丝状、条状、块状，竹叶有碎片、小片、中片、大片；进入老年，臼齿已磨损一半(约 5 毫米)，粪便的咬节增至 40 毫米以上，若食竹茎，咬节碎度很差，只是将其压扁，若食竹叶，则多呈大片甚至整片。

大熊猫常在黎明前开始活动，休息地多选择在一棵大树下。卧穴一夜后，常在卧穴旁留下 20 团左右的粪便，若留下粪便 10 团左右，多为午间休息所留下。因此，我们在进行调查时，应注意大树下是否有新鲜卧穴，若夜宿卧穴相距较远则为另一只。

在确定调查路线时，先要走访当地居民，大概了解哪座山曾发现过大熊猫，然后根据五万分之一的地形图，依照它们每天必饮水的生活习性和采食生境的地形皆为较平缓、或山脊或小支流的规律，寻找它们采食和粪便的踪迹，沿山脊而上，沿溪流河谷而下，或沿溪流河谷而上，沿山脊而下，回环曲折地继续追踪粪便、食物残痕，进行综合分析，而后确定当天所调查的大熊猫的数量。

我们于 5 月底结束培训讲课，6 月开始实习。地点选在之后建立的"五一棚"观察站内的东侧原草地。由于我脚扭伤尚未痊愈不能带领学员，就由重庆博物馆的陈克先生带领，他长我 10 多岁，当时已经 55 岁了。

学员们在实习中对发现的粪便和大熊猫留下的踪迹进行了分析，以确定新陈度，还对同区域分布的金丝猴、扭角羚和林麝的粪便进行识别。此外，学员们还发现了大熊猫的天敌之一——豹，它咬死了一只约一岁零八个月的大熊猫亚成体。

三、大熊猫调查

1974 年 6 月，结束了培训后，从原调查队精选了 20 名学员组成了正式的调查队(图 2-2)，其余学员则各回各县，待以后调查所属县区时，再参加该县的调查。

图 2-2　四川省珍稀动物资源调查队合影(第一排左起第五个为作者)

我们调查的第一个县是卧龙保护区所在的汶川县。该县属阿坝藏族自治州(现阿坝藏族羌族自治州)管辖。调查前除了先了解该县历史文献外，还对当地居民进行了走访，然后进行整体规划，设置调查路线，随后按小分队形式进行。

该县位于岷江中上游，为邛崃山脉的东麓，是四川盆地西北向青藏高原过渡的高山峡谷地带，最低海拔800余米，最高海拔四姑娘山为6250米。全县面积为4084平方公里，当时人口约有十万人。每条河尚有大小20余条支流，由于长期侵蚀切割，两岸山峦对峙，河床狭窄，水流清澈湍急，但河源开阔，坡度平缓。我国东部温湿气候经四川盆地可经境内三条河流进入邛崃山脉东麓，使当地气候温暖湿润，很适合高山竹类生长，为大熊猫生存提供了良好的气候条件和丰富的食物资源。

该县卧龙和草坡两个地方大熊猫分布较多，是我们重点调查的区域。我们首先调查的是卧龙保护区。境内山脉由西向东分别为四姑娘山(图2-3)、巴郎山、正沟梁子、牛头山、寒风岭、老鸦山、蟠龙山和天台山等一系列高山，河流两岸群山耸立，悬崖峭壁，雪峰千仞，流水侵蚀强烈，时急时缓，山谷飞瀑直泻。李白描写庐山瀑布"飞流直下三千尺"，仿佛也是对这里的真实写照。山间云雾翻滚，飘荡弥漫，由谷底轻漫至山脊，气象万千。乔木层至少有三层，底层为幼树，浓绿晶莹，隽秀犹如画卷；中间层长而纤细，亭亭玉立；上层粗大苍劲挺拔，矗立冲天，郁郁葱葱，直拨苍穹，遮天蔽日。林间阴暗潮湿，云雾缭绕，想来蓬莱仙境也不过如此吧。更有藤蔓缠绕树上，或直伸出林或匍匐地表，十分壮观，令人惊叹！还有一种俗称的龙须草，伴生在树枝上随风飘扬，是金丝猴和林麝最爱食的美味佳肴。树干上有密密麻麻附生的绿色苔藓和蕨类植物，还有点缀着五彩的块状地衣，斑斓夺目。灌木层中各种杜鹃枝繁叶茂，在不同时令开着五颜六色的花朵，散发出沁人的芳香。在不同的海拔，更有一片片、一丛丛冷箭竹、短锥玉山竹、拐棍竹等翠竹，嫩枝绿叶，露珠滴滴，雨后笋出，应接不暇，都是大熊猫的美味

图2-3　四姑娘山

佳肴。草本层中奇花异草，应有尽有。大熊猫饱食之后，或穿过如花似锦的杜鹃林、报春花丛，或穿过葱翠的芳草丛，踏着茸茸的地衣和苔藓，或走过厚厚的、软绵绵的铺满枯枝落叶的地表，在林间小径自由自在地漫游，偶尔在厚软的地面打个滚，憨态可掬，悠闲自在，惬意无比。

大熊猫喜爱活动的地形总是群山环抱的山谷、阶地、缓坡、开阔的沟谷泉源及山垭平台。这些地方地势平缓，土层肥厚，森林茂密，竹丛青翠，避风而恬静，空气清新，雨量充沛，气候温湿而稳定，潺潺流水不断。

在保护区内，大熊猫分布最多的是牛头山。1908 年，英国植物学家威尔逊曾在牛头山进行调查，不仅对那里丰富的植物资源感叹不已，同时还发现在茂密的灌丛中常有大熊猫穿行，他写道："不同的海拔和竹类，从六月到九月各种竹发出的竹笋层出不穷，其笋心呈白色，是良好的食物，大熊猫十分喜欢吃这些美味佳肴。"我们从保护区的沙湾出发，沿皮条河的公路行走了大约 1 公里，过河即进入牛头山，从陡峭山体中流出一支流——三村河，浩浩荡荡，河谷狭窄，沿河绵延着一条单行车路，与奔腾的河水相辅相成。车行约 1 小时，河谷豁然开朗，即到卧龙乡的三村。村中约有 20 户人家、村民百余人。我们雇请了 10 个民工，共 40 余人。每个调查队员，背着自己的衣物和睡被以及调查用具。大的帐篷、粮食、炊具等由民工负责。在民工中有一位女青年特别能吃苦，背着最重的炊具，在曲折的羊肠小道、茂密的灌木丛中默默穿行，毫不在乎的模样让气喘吁吁的队员们汗颜不已。

途中歇息时，民工采食一种似芹菜的羌活、独活的茎秆，这种野菜略带药味，水汁较多，能解渴。我们也学着采食，以代饮水。从海拔约 2000 米上行至 2500 米，平缓的山坡多被村民开垦种植玉米、土豆和大豆等作物，较陡的山坡已被村民作为薪炭林采伐，稍大的树木已不存在。海拔 2500 米以上出现陡坡，不少队员开始手脚并用，攀爬结合，成片的森林开始出现；海拔 2800 米处山坡开始变缓，森林更加茂密，林下竹林长势旺盛，偶尔还见得到一些陈旧的大熊猫粪便。这时已到正午，伴着林间呼啸的风，在大自然的怀抱里，大家取出随身带的干粮，开始了简便的午餐。饭后不久，天空出现滚滚乌云，黑压压的一片压下来，预示着狂风暴雨将至。于是我领着部分精干队员，疾步赶往花草地宿营地。

我们这支先遣队到达后，立即架搭帐篷，搭好后不久，雷声轰轰而响，大雨倾盆而下，咆哮着掠过这片山林，霎时间，山和树皆隐入这一片雷雨中，只剩下那乌云、大雨在山间肆意，在不及 10 米的能见度中，后继赶到的队员有的头披手绢，有的抱头狂奔，个个皆成了"落汤鸡"，感受着这片山林赠予我们的"见面礼"。

年约 50 岁的吴老头忙着给大家煮一锅饭，吃饭时，每人盛上一大碗，或立、或蹲、或坐床铺上，狼吞虎咽。晚上大家只好挤在一个帐篷内侧身而卧，若离开"方便"返回后就只能勉勉强强挤入睡觉。

第二天开始野外调查，调查之处是一片原始森林，无路可行，由向导手持快刀开路。我们分成四个小分队，朝着不同方向前进。每个小分队由一名熟悉山路的人领路，领路人中有一位是在营林处工作的周守德，他在卧龙已工作多年，一位是参加 1963 年成立保护区工作的彭家干，他曾是山里的猎手，另两位是当地的老猎人金老头和杨老头。

调查时需顺着兽径和有大熊猫活动的踪迹前进，行进中最辛苦的无疑是每队的向导。

因兽径多为羊肠小道，山路崎岖，灌木丛生，树枝下压，使得本就狭窄的兽径更显低矮，向导必须用刀开辟前路，一天下来竟比做农活还累。调查队如果发现大熊猫踪迹则一一记下，如果是粪便则测其直径、咬节长度和新鲜程度以及咀嚼情况，还要仔细观察附近环境及大树下是否有卧穴。调查结束后大家返回营地，首先每个小分队汇报当天的调查情况，然后再提出发现的问题供大家讨论。

每个小分队经过一周调查，已经熟悉了调查方法和内容，经过老猎人的介绍，也认识了不少同域分布的其他动物的踪迹。

在花草地的调查工作结束后，调查队又被分成 5 个小分队，其中有 4 个继续留在卧龙保护区调查，每个小分队都由 1 个熟悉业务的人带领，分别是四川大学毕业后在绵阳林业局工作的胡之勋、四川林学院毕业后在马边林业局工作的梅文政、在四川农学院工作的刘昌宇、在卧龙营林处工作的周守德。我则带领 1 个小分队离开卧龙到草坡进行调查。

经过两个月，4 个小分队在卧龙结束调查，发现整个卧龙保护区共有大熊猫 145 只（图 2-4、图 2-5），它们主要分布于皮条河南岸自西向东的正沟梁子、牛头山、寒风岭和蟠龙山的阴坡面（数量约占该地发现总数的 90%）。2500 以上地区仅有 9 只大熊猫，2500 米以下未发现大熊猫的新鲜踪迹。

图 2-4 岷山大熊猫 1　　　　　　　　　图 2-5 岷山大熊猫 2

大熊猫爱在较潮湿的小山脊阴坡面活动，坡向一般为西北向或正北向，它们的栖息地多在沟尾、宽谷河源地带、海拔 2800～3100 米的夷平地带，俗称二道坪、三道坪和四道坪，其坡度均在 30 度以下。海拔 2700～3000 米夷平带下的环山多为陡岩，少有大熊猫活动踪迹。

四、草坡调查

西方最早发现我国大熊猫的人是法国神父戴维,他于1869年在四川宝兴发现大熊猫。40年后,一个英国植物学家在卧龙也发现了大熊猫的踪迹,他对那里植物资源的丰富程度感叹不已,但对那里崎岖的山路却感到十分厌恶,他说:"整整花了一周时间才到达。"1916年,一支由德国人H. Wengold组建的斯朵兹纳考察队来到成都,经介绍,逆岷江而上到威州(现汶川县),然后顺着草坡河而上只需半天时间,就到了另一个大熊猫王国——草坡乡。比起当时到卧龙的艰险,到草坡容易多了。

这支考察队一到草坡,在访问中就购买到一只幼年的德国人称为"竹熊"的大熊猫。尽管他们对这只大熊猫进行了饲养,但由于缺乏适当的食物和饲养方法,这只大熊猫不久就夭折了。但不管怎样,Wengold成为西方第一个抱过并亲自喂过大熊猫的人。在这次考察中,他在草坡雇请了几个带着猎狗的猎民,至少猎杀获得了5件大熊猫标本,其中有3只雌性个体和1张带头骨的皮,还收购了1张毛皮。这些标本被德国柏林博物馆收藏。

1931年,美国费城自然科学院希望博物馆展厅里有镇馆的稀世动物,由此筹建了一支规模较大、由年轻的B. Dolan带领的探险队,沿着Wengold的足迹到了汶川。队里的E. Shaefer首先在距威州不远的新汶乡,猎获了一只年幼的雌性大熊猫,然后进入草坡,又获得了3只大熊猫标本,其中一只送给了南京自然博物馆,使其成为我国首家拥有大熊猫标本的博物馆。其余2只和1只幼体被做成了姿态逼真的标本,配上自然环境,组成一个美满的小家庭,在费城博物馆展出,成为西方展出大熊猫标本的第一家博物馆。

1934年,纽约自然博物馆的T. Sage在夫人的陪同下和W. Shelden组成调查队(图2-6),进入汶川草坡,他们最初的目的是想在那里猎杀获得4只鬣羚,后来才知道大熊猫这一神奇的物种,Sage写道:"这里还有更为激动人心的猎物吸引着我们,即大熊猫……这种几乎不为人知的动物,栖息在茂密的竹林中……这种动物外貌十分美丽,很稀少,要在这种起伏不平、竹丛覆盖的危险山坡上猎获这种动物极为困难……于是我们向草坡北方大熊猫产区出发,来到了足湾,在那里的一个农民家中发现了两张'白熊'皮。我们开始每天在足湾长满竹林的山坡攀缘,对于成功的信心,随着时间的流逝,开始降低。几个月只采集了大批鸟类和兽皮。"到12月初,他们攀山蹬岩,爬冰卧雪,毫无结果。Sage的夫人又受了伤。12月8日是他们追猎的最后一天,Sage决定充分利用这一天。他找了一只凶猛的猎犬,搜寻到中午11点时,猎犬突然叫起来。Shelden听到随行姓王的猎民喊着"白熊",随即听见Sage开了枪,但没有射中,又开一枪,同时Shelden也跟上,从上往下射击,两人同时开枪将大熊猫击中,击中后大熊猫向下坡滚去碰到一棵树停下来,这是一只老年的雌体,看上去正在哺育幼崽(图2-7)。解剖后他们把所需的器官和标本带回纽约博物馆,可以想象他们获取大熊猫的心情。Sage在日记中记叙:"我们看见并获得一只大熊猫这样稀奇的动物,当然感到难以相信……兴奋发狂。我们的随同也是如此。我们把剩下的子弹都用光了。我们像傻瓜似的乱跳、欢笑直到嗓子都嘶哑了为止。可那时哪知道幼崽才出生三个月,一直呼唤着他的妈妈,一直到离开这个世界。"40年后,Shelden已白发苍苍，他还整理了那次考察日记，于 1975 年撰写成了《大熊猫栖息地》。

图 2-6　Sage 夫妇与 Shelden（左一）

图 2-7　Shelden 猎杀的大熊猫

　　1936 年后，西方从我国野蛮猎杀大熊猫开始转到草坡去捕捉活体大熊猫到西方展出。最先将大熊猫带到国外的是美国撰写《女人与大熊猫》的哈尼克斯的夫人露丝。她于 1936 年 8 月，从草坡获得一只不到三磅重的幼体大熊猫，取名"苏琳"并带回美国，此事曾轰动一时，后苏琳定居于芝加哥动物园，但六个月后死于食道阻塞。1937 年露丝第二次去草坡，经过三个月的追踪跋涉，找到了两只幼体，一只在当地政府压力下放回，另一只带回了美国，取名"梅梅"。1938 年她第三次到中国捕捉熊猫，但未获得成功。但据说一周后一个随她捕捉的美籍华人杨昆廷还是捕获到了一只幼崽，可能是幼崽身体状况不佳，不久后就死了。

在草坡捕捉大熊猫最多的是一个叫 T. Smith 的英国人。他在草坡待了很多年，与当地地方官员和猎人都很熟悉，从 1936 年起先后共收购了活体大熊猫 12 只，其中有两只在送往成都的途中死亡，有两只在由成都出境的途中死亡，一只送给了重庆北碚平民公园展出，一只在上海兆丰公园展出，只有 6 只送往英国。他们所收购的大熊猫都送到成都华西大学(现四川大学华西医院)的传教士 Graham(中文名为葛维汉)的家中暂养，这期间他家几乎成了动物园，每天参观的人川流不息。

在调查草坡之前，由于该地与卧龙毗邻，除了查阅有关历史文献外，我们还从卧龙经耿达的龙潭沟，沿着一条弯弯曲曲的小道行走，实际是在草丛中艰难前行，不久鞋和裤腿都湿透了，湿答答地贴在腿上。沿途露水不断减少，本以为终于可以不再打湿鞋裤，却不想又赶上草坡上的旱蚂蟥和吸血螨，因此我们还必须随时注意这些吸血动物的袭击。行至山腰，时不时会遇到小溪"拦道"，溪水潺潺，清幽见底，我们涉水而过，湿漉漉的鞋子随着跋涉而干，而后又湿。沿途不时有飞鸟鸣叫，但吸引我们的还是那些大熊猫采食竹后留下的痕迹和粪便。爬了 5～6 小时后，海拔逐渐上升，终于到了海拔 2000 多米的天台山的垭口。我们在这里稍作休息，莽莽苍苍尽收眼底，山南远处是卧龙的正沟梁子，山北是草坡的钱粮山，高入云霄，此时，我们已进入草坡的境内。下面绕过一个个小山岗，时隐时现的，山清水秀，空气清新。这正是大熊猫喜欢的环境。它们在这平缓的山坡上，既可饱食茂密的翠竹，又可畅饮清泉。我们怀着喜悦的心情，顺着山势而下，时高时低，时狭时缓，鞋子和裤子也随着体温而干，到下午 5 点多钟，终于到了草坡乡。我们向当地的人说明了来意，受到了他们热情的接待。晚上入睡洗脚，才发现脚不仅被泡白了，还留下不少死皮在袜子上。累了一天的我们，不到几分钟便进入了梦乡，窗外不知是什么虫子在无边夜色里唧唧鸣叫。第二天我们走访了一些老猎人，了解此前外国人到草坡的情况，然后沿着草坡河步行两个多小时，过了一座铁索桥(据说过去是竹索桥)，到汶川县城，夜宿一夜后便乘车返回卧龙。

我们于 1974 年 8 月带领一个小分队开始进入草坡，根据过去外国人在草坡考察的情况，我们调查的重点是草坡乡西南的足湾、沙排上游和尚头，以及西北最高的钱粮山。

足湾距草坡乡最近，也是前述的露丝和 Smith 捕捉大熊猫最多的山谷。我们一行 4 人，准备在山上夜宿 4 天。由炊事员和向导负责搬运米、盐、肉等生活用品，我和另一个队员携带自己的被子、望远镜、电筒和照相机。

我们从山谷出发，沿着村民上山耕作的小径前行，小径两侧是村民的耕地，8 月份的农田里，绿油油一片，偶尔可见一两个村民在田里精心侍弄作物，想来秋天该是一片丰收的景象。陡峭处尚残留一些枯老的乔木和灌丛，栖息着山斑鸠、珠颈斑鸠以及几种杜鹃。斑鸠的"咕咕"声、杜鹃的"布谷"声响彻了山谷。海拔 2400 米的山坡突然变得很陡峭，已无农耕地出现，我们只能手攀足蹬，经过剧烈抬升的悬崖后，到了海拔 2500 米，长期的风化作用使此处形成了夷平地带，老乡将其称为二道坪。这一带的乔木层出现了挺拔的铁杉和华山松，林下灌丛盛开着美丽的杜鹃花和成片的短锥玉山竹(过去称为大箭竹)，是大熊猫喜欢吃的竹种之一。它的直径比卧龙见到的冷箭竹粗大些，竹叶细长而浓密，其竹笋、茎和叶都是大熊猫不同季节的主食。我们是夏季来此调查，找到的粪便是大熊猫春季吃竹笋后留下的粪便。虽然如此，能见到它们过去留下的粪便也给我们注入了兴奋剂，缓解了艰难行程所带来的疲劳。

海拔 2600 米以上，山坡又逐渐变得陡峭。大熊猫活动的踪迹也随着减少，而扭角羚、鬣羚等有蹄类动物的踪迹则有所增加。到海拔 2800 米，山坡又开始变缓，出现了第三个夷平地带，地表生长的乔木逐渐被冷杉林所替代，中间夹杂着一些树枝为红色的红桦林，灌木层中则为冷箭竹，点缀着绽放出花朵的杜鹃，林下杂草丛生，地表被一层层软绵绵的泥炭藓所覆盖，陡峭处变成草坡。空气很潮湿，高大乔木的树干附生着地衣，枝上挂着松萝，形成一派原生态的自然景观，使这里成为草坡多种动物的夏季乐园。大熊猫在阴暗潮湿的冷箭竹林中过着悠闲自在的生活，小熊猫则在向阳的山坡另辟天地，林麝隐藏在乔木层，采食树枝上悬挂着的松萝，扭角羚、斑羚等有蹄类动物则在乱石陡峭的草丛间争食着高矮不同的青草绿叶。灌丛中的鸟类更多，如血雉、红腹角雉、勺鸡以及多种画眉类的鸟。吃过午饭后，我们继续往上爬，到了海拔 3100 米的第四个夷平地带，这时太阳已降落到西边钱粮山的山谷，阳光从那边山上斜射过来，林间的一切都罩在一片模糊的金色中，夕阳悬高树，薄暮入青峰，有道是"青山依旧在，几度夕阳红"。

我们选择了一个小台地，悬崖的下方能听到流水不断的潺潺声，犹在身边，我们虽不能下悬崖去提取，但泥炭藓却是原始森林的储水库，随手抓一把，就可用纱布过滤一杯水。我们就地取材，以泥炭藓挤出的水煮饭，虽吃起来既咸又有泥土味，却别有一番山野风味，既香又美。晚上睡觉，树间绳索相连，搭上油布(当时市面上没有塑料薄膜)，几个人挤在一起，不久便入梦乡。因节约用水，吃过用盐肉煮后的汤水饭后，夜间总觉口干舌燥，不时醒来饮几口泥炭藓水所烧的冷开水。

这个山脊很长，加上这个季节正是大熊猫活动的时节。第二天我们一边走一边追踪调查，了解它们的活动情况、测量粪便，记录统计其数量。同时也注意与它们同域分布的伴生动物，如争食动物中的小熊猫、竹鼠、野猪和金丝猴等，天敌如豺、豹等。夜宿仍然在山脊。第三天，我们仍然吃着特殊的早餐，感受身上的皮肉之苦，品酌口中甘苦之味，学着蛙泳状在冷箭竹中穿行，这大概就是"天将降大任于斯人也，必先苦其心志，劳其筋骨，饿其体肤"。我们左顾右盼，沿着兽径追踪大熊猫和各种动物的踪迹，沿途各种鸟的婉转歌声给我们增添了几分乐趣。随着变缓的下坡，终于有幸遇上了一条溪流，饮了又饮，歇了一阵还想饮，几乎想把几天欠下的水一饮而尽。几天来翻过一片又一片的山，过了一个又一个的陡岩，青山绿水相依，清新空气相随，使我们找到了苦中有乐的感觉。经过我们不断地追踪调查，发现这里的大熊猫较多，有 22 只。

接着我们调查了草坡西北的沙滩和尚头，这是美国人 Sage 和 Shelden 狩猎大熊猫的地方，这里的大熊猫数量不少，统计有 16 只。钱粮山与卧龙毗连的四姑娘山，山势较高，海拔在 4000 米以上，既高又陡，统计大熊猫仅有 2 只。

草坡，西方人在这里猎杀和捕捉的大熊猫不少于 43 只(1919~1947 年)，这里的大熊猫种群已大伤元气。据 Shelden 1934 年在草坡的考察，估计那里的大熊猫平均 6.7~10 平方公里有一只，若以大熊猫现有的栖息地 334 平方公里(那时栖息地可能更大些)推测，当时那里至少应有 40 只。经过半个多世纪的恢复，到 2002 年第四次大熊猫调查，草坡已建立自然保护区，禁止猎杀和捕捉，有大熊猫 48 只，即已恢复到 20 世纪初的水平(图 2-8)。

图 2-8　草坡大熊猫

　　经过三个月的调查，调查队发现整个汶川县共有大熊猫 193 只，据第四次大熊猫调查统计，该县大熊猫栖息地为 1483 平方公里，平均每平方公里有大熊猫 0.13 只，即 7.7 平方公里有一只大熊猫，与 20 世纪 Shelden 在草坡推测的密度接近。

五、四江之源

　　岷山山系西北段由若尔盖山和迭山组成，为西北走向，是嘉陵江和岷江的源头；中段主体由贡杠岭、摩天岭和雪宝顶所组成，为南北走向，是涪江之源，主岭为雪宝顶，海拔5588 米。该山系位于四川盆地西北向青藏高原过渡地带，南北蜿蜒约 500 公里，有千里岷山之说，东西宽约 300 公里，面积约为 56000 平方公里，森林覆盖面积在 20 世纪 50年代以前有 16600 平方公里，但 1958 年后，9 个大型省属森工局共采伐木材 3600 平方公里，使原始森林受到严重破坏，经过 30 多年的更新与对原始森林的人为保护，现有大熊猫栖息地 7893 平方公里，为全国最大的大熊猫栖息地。

　　我国古时共划分为九州，岷山属梁州，《尚书·禹贡》记述貔或貘(古大熊猫名之一)为贡品，称雪宝顶为"铁豹岭"("铁豹"为古大熊猫名之一)，说明岷山自古以来就是大熊猫分布的中心地带，涉及现甘肃省 4 个县、四川省 12 个县，占全国大熊猫分布县总数的 30%以上。为了保护这个全国最大的大熊猫聚集地，国家在这个山系建立的大熊猫保护区也最多。迄今在甘肃有阿夏、多尔、白水江、尖山、青木川和裕河等保护区，在四川有包座、九寨沟、白河、勿角、唐家河、东洋沟、毛寨、王朗、小湾河、雪宝顶、龙滴水、黄龙、白羊、片口、小寨子、千佛山、宝顶沟、九顶山、白水河、龙溪虹口等保护区，依着岷山四大江的河源总共建立了大熊猫保护区 26 个，占全国大熊猫保护区总数的 46%，有效地保护了全国 70%以上的大熊猫。

　　整个岷山山系的 12 个县中，以岷山山系为主段的青川、平武和北川的大熊猫分布最多，占全国大熊猫总数的 70%以上。

六、青川县调查

　　青川县地处四川盆地北部边缘的秦巴山地，为摩天岭的东段南麓，南接龙门山交接的中山地带。地势西北高、东南低，为高地貌。境内最高的是大草堂，海拔为 3837 米，最低的马天滩海拔为 491 米。境内海拔多在 600~2000 米，山地面积占总面积 94.4%。境内主要河流有白龙江和青竹河，有 9 镇 28 乡，当时人口达 25 万。大熊猫主要分布于县的北端与甘肃和陕西交接的摩天岭，自西向东数量递减。该县有唐家河、东洋沟和毛寨多个以保护大熊猫为主的自然保护区。

　　1974 年国庆节后，我们进入青川县。由于四川省军区下发了通知，县武装部支援我们的调查工作。调查前我们在县小学组织学习班，参加人员除调查队员，还有解放军、县林业局下属各林业站工作人员等，总计近 100 人。学习结束后，学习班分成两个调查队：我们这支称为专业队，重点调查县西北唐家河保护区；另一队由县各林业站工作人员组成，为当地学员队，划分为几个小分队，调查该乡其他有大熊猫分布的地方。

　　1974 年 10 月下旬，我们从县城出发，乘车约 80 公里到清溪镇，这里曾经是青川县城的旧址，依稀可见昔日的城墙断壁，接着穿过约 20 公里的林区公路，不想这段路坑坑洼洼，崎岖不平，竟花了两个小时，到达了毛香坝，海拔约为 1200 米，是青川的伐木场(现唐家河保护区)。

　　伐木场所辖林区，在西北海拔 3000 米以上的高山有 4 座，海拔向东逐渐降低，海拔2000 米以上的高山有 7 座，东西横亘几公里。这些山地阻滞了北方寒流气团南下，延缓了南方暖流气团北上，以致在这里形成了冬暖夏凉、雨量充沛的气候，流经境内的河流有文县河、石桥河、小湾河和唐家河，出境后，经青竹河、白龙江，最终汇入嘉陵江。在林区内的 4 条河，再分成 46 条支流及 123 条小支沟，常年流水潺潺。

　　到林场后除留下部分人员负责后勤，调查队分成 4 个小分队，每个小分队由 4 人或 5人组成。我负责一个小分队；绵阳地区林业局的胡之勋负责一个小分队，他毕业于四川大学生物系；林业局的梅文政负责一个小分队，他毕业于四川林学院；青川县林业局的孙禹伯负责一个小分队。每个小分队由 1 名向导、2 名或 3 名林业局职工和 1 名解放军组成。

此区域每年11月后逐渐进入冬季,因此在1974年我们计划只调查上流石桥河和文县河两条河。首先调查石桥河,其面积为38平方公里。据说这里曾经有一座石桥,但石桥在一次洪水中被冲垮,留下河床全为鹅卵石,并附生着很多水绵(俗称青苔)。河水深及膝盖,但寒冷刺骨,流水石滑,我们只能一手摸着石头,另一手撑着手杖涉水而过,然后沿着石桥河的河谷小道,背着自己的行李徒步而行,公用品由民工负责,太重的用品由解放军主动承担。我们调查队一边走,一边注意是否有大熊猫留下的踪迹。沟谷较平缓,但很荒凉,可见到扭角羚和林麝留下的粪便和去年冬季大熊猫留下的陈旧粪便。行至中午,到了观音岩,这是一个较大的岩穴,是过去狩猎和采药的人留宿的地方,无人留宿时常为鬣羚、斑羚等有蹄类动物的夜宿处,并留下不少粪便。

我们一行20多人,各选择一较干燥的岩穴,铺上一层箭竹,裹着被子夜宿。在荒无人烟的深山,岩缘冰凌如玉,落雪纷飞,下游清澈流水,四周野菜遍地,是大自然给我们留下的最适合的宿营地,驻此可以对境内20多条支沟分成4个小分队进行调查。

为了节约一日三餐往返的时间,我们决定改为一日两餐,并以早餐为主餐,配有盐肉加干饭,既可御寒,又可提供足够的体力爬山,晚归餐后即宿。冬季难逢晴日,我们决定由我带领一个小分队,从西北甘肃文县与四川平武和青川两省三县交界的海拔3840米的山峰出发,由解放军常班长带领我们一行4人,沿着石桥河与文县河的山脊进行调查。

一路上扭角羚留下的足迹最多,在陡峭多岩的乱石草坡中常见鬣羚和斑羚的粪便,毛冠鹿和林麝多隐藏于林中,以青草和挂在枝上的松萝为食。林下蕨根被野猪拱食留下一片一片的泥坑。林间缺苞箭竹在海拔2500米以上尚未开花,大型的竹鼠啃食后留下残枝。大熊猫留下的踪迹随行依稀可见,我们都一一测量记下。

攀至海拔3100米,森林中的乔木层变成稀疏而矮小的植被,箭竹受高寒气流影响变得矮小,偶尔发现的大熊猫粪便较陈旧,这时它们已下移到能避风寒的低处采食。攀至海拔3500米以上,乔木层稀少,并逐渐被高山灌丛所替代,扭角羚的踪迹却逐渐增多。在草丛中尚有马鸡和大型的绿尾红雉(俗称贝母鸡),它们喜好以贝母为食,羽色绚丽带金属光泽,呈现虹彩状,尾为绿色,惊飞时鸣声似鹰,故当地又称为鹰鸡。

一路上除重点调查大熊猫,我们还被众多的珍禽异兽所吸引。整整跋涉了9个小时,终于到了海拔接近4000米的两省三县高峰。站在高山之巅,长空如洗,北可见甘肃文县,南可见平武,下有青川,群山起伏,重峦叠嶂,美妙风光尽收眼底,白云漂游于山谷,恍入人间仙境。

欣赏之余,绚丽的晚霞告诉我们该返回营地,我们这时已十分疲劳,饥寒交迫,趁天尚未黑尽,顺着山坡,沿着扭角羚留下的兽径,由我带队,解放军常班长押后,以最快的速度往下急奔。途中解放军的肩章被灌丛挂掉,我的随身钢笔也丢失,但都顾不上寻找。两小时后天已黑尽,我们只好在朦胧月色的掩映下匆忙赶路,为了避免迷路,我们寻找到了石桥河的河源,顺着河床的积雪有反光,雪层看似很平,实际河床全是砾石,高低不平,深处超过膝盖,我们犹似醉汉,跌跌撞撞沿积雪河谷下奔,还好只伤及了皮肉,在寒冷的雪地里却大汗淋漓。到了深夜11点,常班长突然听到山下有枪声,他意识到是山下的人来寻找我们了,于是他也以枪声回应。山下山上枪声频繁,犹似开战,更有红色的信号弹从天空飞起。我们惊喜万分,这一幕好似给我们打了强心针,驱散了身上的疲劳,不由地加快了步伐,过了一个多小时,我们终于会师,大家情不自禁地流下了热泪。我们肩上的负重也被他们"缴械"。凌晨一点,我们终于回到观音岩营地,坐在篝火旁,大家还来不及换下湿透的衣裤,就开始感到头晕眼花,大约是饥饿到了极点。灌下一大碗米汤,当暖暖的汤水下肚,饥饿感逐渐得到缓解,大家围坐在一起,享受着迟到而丰盛的晚餐,篝火在静谧的黑夜中闪耀着金色的光,映照在大家的脸上,温暖了每个人的心。

进入 12 月隆冬,我们身上只穿了省军区支援我们的旧棉衣,脚上穿的是"解放鞋"(军用鞋),在雪地里不到半小时,脚上的雪化为水,鞋子便成为一双湿鞋,这般严峻的条件,让我们实在无法继续调查下去,剩下的林区调查,只好等到来年春天再继续进行。

1975 年 3 月,林区迎来了春天,万物复苏,鸟雀和鸣,我们也开始进入唐家河林区,对摩天岭东段、石桥河下的小湾河和唐家河进行调查。小湾河距管理处毛香坝约两公里。一入河口便是很深的峡谷,弯弯曲曲,两岸是悬崖,仰望只见天空,往前看仍是弯曲的河岸小径,流水潺潺,时而可见飞瀑直泻,冲击着巨石,激起朵朵白色的水花。

我们艰苦地跋涉到海拔 2500 米,林深竹茂豁然开朗,伐木场的采伐尚未深入这一带林区,这里呈现出的是远离人烟的原生态环境,乔木挺拔,直冲云霄,缺苞箭竹一片盎然,这表明我们已进入大熊猫的家园了。大熊猫的粪便多含竹叶,竹茎较少,十分新鲜,估计整个冬季它们都在这一带频繁活动。它们采食竹茎留下的竹桩,一般高为 40~50 厘米,抛弃的竹梢为 50~60 厘米,与邻近未吃相似的比较,它们所食的竹中段长 50~60 厘米(一段缺苞箭竹全长约 150 厘米以上)。这说明大熊猫择食的中段不仅营养丰富,而且比基段所含的纤维少,比丢弃的竹梢营养要高。它们采食竹叶不像小熊猫一片一片地吃,而是抓住竹梢,连枝带叶一起吃,犹如园林工修剪枝稍一样,剪得平平顺顺。嫩枝幼叶在竹株中营养最高,尤其每到夏秋季,正值新枝嫩叶萌发期,它们几乎都以竹叶为主食。

跋涉至海拔 2700 米,山谷出现光秃无林的悬崖,俗称刀背梁,但有兽迹,刀背梁长约 50 米。我们正在犹豫是否继续前进,带路的唐大爷说,他们经此都是直接骑着刀背梁而过,并以身示范。我们只好学着唐大爷的样子,两眼直观前方,不敢斜视脚下悬崖,弓腰伸手,双脚后蹬,约 20 分钟通过了刀背梁。

当我们继续爬到一个叫火烧岩的岩下时,听到了两只大熊猫的叫声,一只雄性大熊猫在树上,时而发出犬吠声,时而转为咩叫声;树下雌性,爱答不理似的时而回应几声,时而又传递着愿与之为伴的信息。但当雄体下树时,又遭到拒绝,雄体显得烦躁不安,紧追不舍,但雌体似依又弃,时近时远,时而怒吼,最终离开了我们的视野(图 2-9)。

第二天我们继续到那里进行观察,两只大熊猫依然在嬉戏追逐,尚处于高潮前期。由于我们没有夜宿的准备,不能目睹它们"婚配"的场景,抱着遗憾而返。后来据唐家河经营所王文禄、刘绍森介绍,他们于 1974 年 4 月初,在一个晴朗的天气,行至山下,发现一对大熊猫,近距离观察了很久,一直看到它们"婚配",雌体吼叫一声,接着一阵滚动声,以后就静而无声了。又一年 5 月初在火烧岩他们也发现过大熊猫"婚配",说明该地区大熊猫的繁殖期在 4~5 月,与相邻地区相吻合。

图 2-9　繁殖期的大熊猫

大熊猫的产仔期多在 8 月下旬至 9 月初，常在原始森林的枯老树洞内或在大树根际间的根隙或林间石洞产仔。穴内巢中有枯枝落叶为铺垫，粪便排于穴旁。1974 年，林场职工在达架岩发现大熊猫在一棵大树根间隙穴的巢中产过一仔，但据老猎人说曾在火烧岭一个岩石洞中见过一胎产两仔的大熊猫。

小湾河调查结束后，我们开始下行转移到距营林所约 10 公里的唐家河进行调查。1935 年，中国工农红军第四方面军突破层层防线，夜行至此，打通北上抗日道路，经过血战摩天岭的英雄壮举后，在河口处修建一桥取名"红军桥"。我们走过"红军桥"后，河谷有零星的村舍，房前屋后多为耕地，颇有几分陶令公"方宅十余亩，草屋八九间。榆柳荫后檐，桃李罗堂前。暖暖远人村，依依墟里烟"的意味。走过村舍后，沿着阴平道盘旋而上，高处为摩天岭海拔 2227 米，是古时由长安(现西安)到四川的 4 条大道之一。摩天岭关在历史上是一个战略要地，三国时魏将邓艾曾偷渡阴平道摩天岭入川灭蜀，相传当年邓艾裹毡追兵刀背梁。两侧壁绝如削，一条栈道宽不容尺，需贴壁而行，下面是树木荫蔽的山谷深涧，令人望而目眩。

沿途很安静，除了我们的脚步声，就是忽大忽小的流水声、时断时续的林间风声，以及清脆的鸟鸣。古道两旁的乔木较少，多为灌丛，夹杂着箭竹林。分布最广的是糙花箭竹，已普遍开花结实，然后枯死，该竹竹茎约长 10 厘米，竹叶较宽大。分布较少的是青川箭竹，竹茎稍细，一段为 5~8 厘米，有浅红色的箨壳包着竹茎，竹叶细长。我们在沿途平缓的山坡上发现大熊猫采食箭竹的痕迹和粪便。海拔 2000 米以上还有开花的缺苞箭竹，但在海拔 2500 米以上尚未开花，大熊猫食后留下的粪便也常见。唐家河的东岸为阴坡，较陡峭，没有大熊猫活动的踪迹，但有小熊猫活动的踪迹。翻过山脊为东洋沟，有大熊猫活动，但不如唐家河频繁。

我们的调查经历了 4 个月（1974 年 12 月～1975 年 3 月），由于正值严寒的冬季，大熊猫的活动范围很广，数量统计误差偏大，可能出现个别重复现象。专业调查队在唐家河林区调查的结果是：大熊猫主要分布于 4 条支流域，其中以大石河的数量最多，计 23 只，文县河约 16 只，小湾河 18 只，唐家河 15 只，其他小沟零星分布约 10 只，共 80 余只。唐家河林区以东海拔逐渐降低，常在 2000 米以下，加上各乡村民较多，各乡小分队调查，仅冬季由北坡甘肃文县越过山脊，出现于青川境内，都零星发现过大熊猫。

青川自 1974 年起，糙花箭竹和缺苞箭竹开花枯死，海拔 2400 米以下，只有少量青川箭竹和山下河谷中少量巴山木竹为大熊猫提供冬季部分食物，进入春季必须越过开花枯死竹林带，到海拔 2400 米以上尚未开花的缺苞箭竹林中采食。因此一些衰老和生病的个体受其影响而死。在调查期间，我们在石桥河和其他地方均发现过大熊猫的尸体。

在唐家河，大熊猫的天敌动物有豺和豹，我们在调查期间发现豺的粪便中带有扭角羚（图 2-10）、毛冠鹿（图 2-11）、鬣羚的毛发，也发现有大熊猫的毛发。

图 2-10 扭角羚

图 2-11 毛冠鹿

1985 年，我们再次对青川进行调查，大熊猫数量已由 20 世纪 70 年代的 80 余只，降为 60 余只，一定程度上说明了竹子大面积开花枯死，食物匮乏，加上天敌的危害，对大熊猫种群的影响较明显。

七、进入涪江之源

涪江之源位于岷山中段，为岷山主体部分，古时将这一地区称为龙州。但禹帝曾在这一地区治水，龙州人民为了感谢他的功绩，曾将当地特产貔或貘作为贡礼敬献给他。明清后又将龙州改为龙安府，辖平武和北川，人民过着安居乐业的生活，也是梁州盛产大熊猫之地。

境内为典型的山地自然景观，地势西北高，东南低。西北为高山地区，最高峰为雪宝顶，海拔5588米。平武县境内5000米以上的高山有5座，向东南逐渐降为中山、低山。全县海拔1000米以上的区域面积占总面积的93.9%。全县为高山深谷地带，零星发育有平坝和台地，真是千山万壑，山外有山，无怪乎南宋大诗人陆游感叹："尝登岷山，欲穷江源而不得。"

海拔4000～5000米的高山，山岭绵延，山脊少孤峰，形成大的山脉，是青藏高原向东延伸的部分。河谷深切，高差在1000～1500米，多是"V"形谷，谷陡呈梯状，一般很陡峭。海拔4500米以上为流石滩。海拔3500～4000米为起伏跌宕的高山草甸，很少有大熊猫踪迹。海拔2500～3600米区域，由于有森林覆盖，梯状的山脊或夷平地带成为大熊猫主要的活动场所。海拔1000～2500米区域为中山地貌，是自西北向东南连接的一大片区域，占平武县面积的90%以上。山地为齿状山脊、猪背脊、平坦山脊、单面山和圆包顶等地形，过去保存有森林覆盖，较平缓的地方尚有大熊猫活动，但20世纪80年代以后，这些森林植被已被破坏殆尽，现已无大熊猫活动。雪宝顶为岷山主峰，如图2-12所示。

图2-12 雪宝顶(岷山主峰)

海拔 1000 米以下区域面积仅占全县总面积的 5% 左右，多垦为农耕地带。羌族居住的山地，唐宋时期仍然是以氐族为主，但县境西部松潘一带的藏族开始迁入。南宋时期县境设置土司，派汉族担任世袭土官管理，明清以后战乱频发，人口十分稀少，有了"湖广填四川"的大量移民，而成为现今以汉族为主的格局。当时境内共有 25 个乡，共 15.7 万人。

1885~1893 年，天主教传入平武山区。他们除在山区发展教徒，还把教堂作为转运地，收集大熊猫等珍稀动物标本。俄国和英国也深入境地，如 1891~1894 年有俄国丹宁和贝雷佐夫在松潘和平武一带，收购了大熊猫皮保存于柏林博物馆；1897 年有英国斯泰安在平武杨柳坝雇用猎民采集了很多标本，其中有大熊猫和小熊猫等，在大英博物馆展出。

根据以上所了解的自然环境和大熊猫的分布情况，我们最后决定将调查重点放在西北人烟稀少的山区，并把全队分成 8~10 个小分队。每个小分队除我们的队员，还包括当地林业干部和向导。我带着一个小分队，主要负责县境西北和王朗自然保护区的调查工作。

王朗自然保护区是我国于 1963 年建立的最早的四个大熊猫保护区之一，现已提升为国家级自然保护区，面积为 277 平方公里。该保护区距平武县 105 公里。

1975 年 4 月，我们沿着白马河谷公路上行，经过木皮、木座和白马等三个白马藏族乡（古时称氐族）。这条公路是 20 世纪 60 年代为采伐木材而修筑的，直抵经营木材的白马王坝处。我们到王坝保护区办事处夜宿一夜。第二天我们开始步行，沿着白马河谷的小径前行，河谷两岸有白马人的村寨，低山的森林经砍伐后多为灌丛草坡，但不时有惊飞的雉鸡和小鸟，歌声婉转，更有杜鹃的"布谷"声、斑鸠的"咕咕"声伴随。下午到了保护区的胡家磨中转站，人和马都夜宿在这里。

次日由胡家磨出发，继续沿着白马河上行，河岸村寨逐渐稀少，取而代之的是稀疏的乔木。午后我们到了豹子沟，开始进入保护区境内。森林逐渐茂密，两岸灌丛和乔木共荣，已看不见河流，只能听见从林中传来的潺潺流水声响。山谷的森林郁郁葱葱，层层叠叠地掩盖着山顶，在这片绿色的笼罩下，天空已变得十分狭窄，虽无天地辽阔之感，却也有另一番醉人的色彩。但眼前的大片缺苞箭竹，已开花结实，竹叶枯黄，大熊猫已迁徙到更高处尚未开花的竹林中。

我们下午便到了保护区的住处，一个被当地称为"牧羊场"的地方，因在未建立保护区前曾是牧羊人歇宿的地方，由此得名。山坡已无乔木，保护区建立后，山坡的灌丛茂密，给不少蓝马鸡等雉鸡和画眉提供了安居的乐园。蓝马鸡是一种较大的野鸡，全身羽毛灰蓝，面颊红艳，并从头到翅生一丛角状羽毛，尾羽特长，上翘后披散下垂，状如马尾，故称为蓝马鸡，两脚为红色，整体显得十分华丽，为我国特有珍禽。

保护区位于摩天岭的西段，为涪江源头。境内有长白沟、竹根岔和大窝函三大支沟，并由它们汇集了纵横山梁的数十条羽状水系。我们按支沟水系再分成小分队调查。我负责的是大窝函水系，由平武县林业局张局长、职员钟肇敏和保护区负责人彭隆贵和我组成 4 人小分队。大窝函上有二源，北支为九寨沟县、松潘县和平武县三县交界的界山，最高峰海拔 4664 米，延伸有多个 4500 米以上的山峰；南支也是这三县交界的山脊。南北二支汇于大窝函，冲积形成一个开阔的河谷，故称为大窝函。这里水流平缓，有的地方排水不良，还发育成小片的沼泽湿地。大窝凼的南北侧为一斜坡，生长着高挺的云杉，多数高达 50 余米，直冲云霄犹如巨大的伞盖，树下覆盖的面积直径可达 4 米有余，并铺垫一层很厚的枯枝落叶。我们调查返回时就夜宿于此，颇有几分"以地为床、以天为被"的趣味。时令步入夏天，由于在海拔 2800 米以上，夜间仍需被盖。每当深夜，就能听到各种动物活动的声音，如鼯鼠在树间滑翔，更有黑熊正值繁殖时期时两性追逐的求偶声，还有雕鸮的"呼呼"夜鸣声，如遇夜雨还能听到轻风吹拂的雨滴声和断枝声。整个环境很安宁，这些风声、雨声、鸟叫、兽唤却促进了我们早进梦乡。拂晓时更有勺鸡的"嘎嘎"叫声和红腹角雉的"哇哇"声，野鸡报晓，鸡鸣早起。我们四人协作，或打水，或生火，或切菜，各司其职，很快就开始早餐，然后是一天的例行日程，沿山坡沟谷对大熊猫寻踪跟迹，进行调查统计。

有时工作一天后返回到东侧的阳坡草甸，欣赏坡上的野赤芍、绿绒蒿、绣绒菊、红景天等山花野草，红、黄、蓝、绿四色俱全。窝谷潮湿的沼泽有红色、黄色的兜兰，花朵长 3～4 厘米，酷似婴儿穿的绣花鞋，不少西方人称这种兰花为"女人鞋"，溪流中还有不少不知名的杓兰。流溪石下常隐藏着一种有尾两栖类，形如大鲵，名为"山溪鲵"，也是高山上我国特有的两栖类动物，是一种难得的药材。

1975 年 4 月下旬到 6 月下旬，整整两个月的时间，我们都在平武县调查。调查方法与过去一样，按山脊、山溪对大熊猫日常活动的区域布置样方，寻找新鲜踪迹，进行综合分析，做出当天相对的数量统计。

我们在平武调查时，共分为 8～10 个小分队，除跋山涉水转移所耗的天日外，我们各个小分队在野外追踪调查的工作共 115 个组日，沿着不同的山溪、河谷、山谷，漫山遍野去寻找大熊猫踪迹，先后共调查了 34 条主沟、224 条小支沟，调查的路线约 345 公里，面积达 543 平方公里。

平武县调查结果显示，大熊猫主要分布于县城西北，即海拔 2800～3100 米的摩天岭西段的白马河流域，其中王朗自然保护区有 82 只，白马、木皮和木座等 3 个乡共有 91 只；另外，摩天岭东段与青川接壤的高村和古城两个乡有 82 只(现无大熊猫)。该县的西部与松潘和北川交界的山地藏区土城、泗耳、虎平、黄羊和水柏 5 个乡，海拔 2500～3100 米，共有大熊猫 85 只(这几个乡现属雪宝顶保护区)。县境的东南为龙门山，山势较低，海拔多在 2100 米以下，多已垦为农耕地，仅在部分乡的山脊森林保护较好，海拔 2100～2500 米的锁江、同兴和马加 3 个乡有 36 只(现已无分布)，总共在 3 个保护区(王朗、小河沟和雪宝顶)和 10 个乡进行统计，有大熊猫共 376 只(这个数字与全国第四次大熊猫调查中平武的统计接近)。

大熊猫多分布于海拔 2500～3100 米一带，其中以各大小支流的河源山脊最多，占 31%；其次为夷平地带、河谷缓坡、平台、窝圹等地形，占 27%；再次为河谷和谷坡，约占 27%；陡峻的山中分布最少，只占 15%。最适宜它们活动的是平缓的地形，坡度都在 30°以下。这些地方依山近水，森林植被茂盛，竹林枝青叶茂，食物资源十分丰富，多条溪水源头错落纵横，流水清澈见底，涓涓而过，三个保护区内少人干扰的天然原生环境补偿了大熊猫低营养的摄入，使它们得以颐养天年。

八、北川调查

北川与平武县的松潘相连，西接茂县，面积为 2868 平方公里，境内西部为岷山山地，地势为西北高，最高处位于青片乡羌族自治乡的插旗山，海拔 4760 米。东部属龙门山脉。全县山地面积占 98.8%，东南一隅属丘陵地带，占 1.2%，最低海拔在香泉境内的香水渡，海拔 540 米。主要河流为湔江，其河流有白草河、青片河、都坝河、苏坝河、平通河以及盐水沟等 21 条主沟和 124 条小沟。千山万岭，两岸矗立，河谷深邃曲折，水系呈羽状，流水急湍。西北林深竹茂，东南河谷较开朗，两岸阶地平台为农耕地，北部多为羌族，还有藏、回等少数民族，南方主要为汉族，全县共设 3 个镇 13 个乡，当时人口为 16.1 万。

这里属山地亚热带气候区，雨量丰富，生态变化较明显。由于全县主要为山地，地势起伏很大，河流众多。调查时我们需每天跋山涉水，多处考察，溪流水深处多架上一座简易桥，这种桥实为粗木架设，两端压三根粗木桩，中间再放上两根粗木盖上，悬空侧看似"三二三拱式"。这种桥一遇暴雨即被冲垮，常有桥毁人亡的情况出现。在山地常遇暴雨，可及时找寻岩穴，一般岩穴前都有干柴枝，可供取暖用，但用后，必须在附近去捡一些干枝枯木留在岩穴前，以备此后过往人使用，这已成为当地民俗民约。

海拔 2000 米以下的山脊尚残存着落叶阔叶混交林，林下有油竹子和白夹竹，偶尔可见遗留的大熊猫粪便。

海拔 2000～2500 米区域为针叶阔叶混交林，林下有缺苞箭竹(当地称为黄竹子)，已经开花，竹林变成一片黄色，可见少数大熊猫过境留下的粪便。

海拔 2500～3300 米区域为针叶林带，林下有缺苞箭竹，这种竹未开花，大熊猫多在这一带的平缓山坡、夷平地带、山脊和沟尾宽谷活动采食。

我们在北川共分为 8～10 个小分队，经过 7～8 月两个月的调查，查遍了该县河流 21 条主沟和 124 条小沟的河谷、山脊，跋山涉水的路线达 360 公里，面积达 400 平方公里。大熊猫主要活动于青片河及大小支沟的山脊、斜坡和河谷，这一带共有大熊猫 155 只(图 2-13)。经调查后，这里已建立保护区，使它与松潘白羊保护区连成为一片；其次是由松潘流入境内的白草河及其大小支沟流域的源头，有大熊猫 59 只，调查后也建立了保护区，它将与平武的雪宝顶保护区及松潘的黄龙寺保护区连成一片。整个北川县调查结果表明，此地共有大熊猫 214 只。

岷山山系除了我们调查的青川、平武和北川，1974 年冬季和 1975 年夏季，我们还分出了部分队员在摩天岭西段与若尔盖山白龙江流域各支流进行了调查，南屏县(现九寨沟县)有大熊猫 77 只，但之后九寨沟部分开发为旅游区，这里的大熊猫基本上都移到白河自然保护区和之后建立的勿角自然保护区内。

摩天岭东段北麓及白龙江流域属甘肃境内，经甘肃调查队调查，那里有大熊猫 130 余只。

岷山南段为茶坪山，大熊猫主要分布于沱江上游河源地带及岷江、都江堰部分支流，均由当地林业部门组织学习过的学员进行调查，调查发现共有大熊猫 100 余只。

图 2-13　北川大熊猫

因此就整个岷山山系而言，甘肃境内的大熊猫现都分布于已建立的 6 个保护区内，共育有大熊猫 130 余只，加上四川白龙江流域九寨沟县 77 只(有 3 个保护区)、岷山南段 100 余只(境内有 3 个保护区)及岷山中段主体部分，共有大熊猫 790 余只。之后的全国第四次大熊猫调查发现，四川岷山山系共有大熊猫 666 只，加上甘肃部分，与 20 世纪 70 年代的数量基本一致。

从历史角度看，20 世纪 60～80 年代，境内经过 9 个大型森工局的采伐，使 70～80 年代大熊猫的数量下降到约 600 只，经过 30 多年的天然林的保护及采伐后迹地的自然恢复和退耕还林，以及保护区的建设，大熊猫现已基本恢复到了 70 年代的水平，种群的增长指日可待。

九、走进青衣江

1974 年，岷山山系同时在不同地方有糙花箭竹、缺苞箭竹、华西箭竹三种竹类开花枯死。1975 年，箭竹开花枯死后，我们发现了大熊猫的尸体。因此，四川省林业厅决定原组建的调查队全部由林业厅领导重新组建为"大熊猫灾后死亡调查队"。

我则回校另组队继续调查，经学校研究，由动物教研组全体成员加生物系 74 级 1 班 30 余名学生组成调查队，到邛崃山脉未被调查的区域去，主要调查天全和宝兴两个青衣江上游河源地带。1976 年 2 月开学，调查队先组织学习有关调查的内容和方法，学习结束后，于 1976 年 3 月从学校出发，先到天全县对夹金山和二郎山进行调查。

十、天全县调查

天全县位于雅安市西部、四川盆地西缘山区，东邻雅安雨城区和芦山县，西接康定市和泸定县，南接荥经县，北接宝兴县，面积为2392平方公里，当时人口为14.3万，设2个镇21个乡。

县境地处邛崃山脉南支夹金山的山岭南段和二郎山脉北段。地势西高东低，海拔5150米的月亮弯弯岗是该县最高峰。最低处在东部多功乡飞仙关桥下，海拔610米。境内地貌可分为极高山、高山、中山、丘陵、阶地和河谷平坝。河流有天全河，为天全县河流主干，属青衣江水系最大支流。天全河在境内有冷水河和白沙河两条支流，然后呈辐射状发出许多大小支沟。大熊猫主要分布于这些河流支沟的河源地、缓坡、平台和山脊等地形。这些地方均覆盖茂密的原始森林，林下竹林茂密，为大熊猫常年隐居活动的场所。

天全河河源是二郎山，最高峰海拔3437米（比峨眉山高约300米），从山顶到山脚相对高差达2500米。山势雄伟，峰峦此起彼伏，这不禁令人回想起解放初期解放军在修筑青藏公路时所唱的雄壮歌曲："二呀么二郎山呀，高呀么高万丈，古树那荒草遍山野，巨石满山岗。羊肠小道那难行走，康藏交通被它挡那被它挡，二呀么二郎山呀，哪怕你高万丈。解放军，铁打的汉，下决心，坚如钢，誓把公路呀修到那西藏。"的确，从山间到锅圈岩的公路盘旋而上有30公里（约万丈）。公路两旁瀑布凌空飞泻，两边贡嘎山海拔7546米，耸入蓝天，山上林木葱郁，大熊猫等珍稀动物时有出现。20世纪20年代，这里曾发现过华南虎，在团牛坪、木叶栅一带，更有杜鹃似海，花朵大如碗。每年4月登山，山花遍野，白云袅袅，恍若置身仙境。

从山脚到高山之巅，犹如从春天进入冬天，林木从亚热带常绿阔叶林递变为落叶阔叶林、针叶林、高山灌丛及草甸。过去这里人烟稀少，大熊猫常在暖和的低山阔叶林下，啃食着这里的白夹竹、紫竹和刺竹子。即便是现在，大熊猫每年冬季也常到海拔1400～1500米的村旁寻访，在海拔1600～2000米的针阔混交林下采食短锥玉山竹和冷箭竹。在我们调查期间，这里曾多次下雪，冰雪满天覆盖，被渲染成一片白茫茫的景色，因而在海拔3000米以上大熊猫已了无踪迹。

我们调查的重点是县境内的喇叭河自然保护区。这个保护区和卧龙保护区均是1963年建立的，是最早建立的保护区之一。保护区分布有大熊猫、金丝猴和扭角羚，扭角羚数量最多，故此保护区成立时是以保护扭角羚为重点。

保护区西缘属夹金山，南段主脊海拔高5000米左右，西北侧的菩萨山海拔4905米，而西南侧的月亮弯弯岗海拔高达5150米，沿其主脊向西延伸进入川西高原，属青藏高原的一部分。一般谷地海拔为1000～2000米，相对高差为2000～3500米。境内重峦叠嶂，谷地幽深，河床狭窄，水流湍急。月亮弯弯岗常年堆积厚厚的积雪。由于雪融受气候变化的影响，一年四季常呈现为半个圆圈，宛如一弯新月。从高处往下看，喇叭河犹如一条白色丝带，在弯月下曲折迂回，山雾像天边漂浮着的轻纱，山间白云缭绕，远处迷迷离离，好似一幅水墨画。到了海拔2000～3500米地带，森林莽莽，翠竹连绵，流水潺潺。山的美丽，云的悠然，水的清秀，孕育着众多的珍禽异兽，这里更是大熊猫、金丝猴、扭角羚的乐园。

扭角羚多生活于海拔3700～4000米的高山草甸，冬春季节它们则下到海拔1000～2000米一带，于谷坡、沟谷、流溪边采食青绿嫩草。进入夏季，它们逐渐上移至高山草甸。它们的躯体大而适中，当地称作"野牛"。它们的性情暴烈，盛怒之下，猛豹也得退让三分，但集群的豺对它毫无惧色，有的爬在背上抓眼，有的爬上臀部掏肠，单独的羚则立即倒毙，但集群的扭角羚可以围成一团，幼羚包于圈内，头一律朝外，怒目并以利角相对，豺很难破围获胜。

扭角羚是一种喜盐的动物，凡是含盐分重的土，都能为其所食。它们尤爱以泥为食，故村民又称它们为"食泥兽"。当地把这些含盐重的地方叫"牛场"。在保护区的鹿儿沟、金莲山、黑悬河一带，这种"牛场"或"牛井沟"多达 18 处，到处留着"啃泥"的痕迹，足见其数量之多。我们的研究生在青川唐家河研究扭角羚的行为生态就是利用它们这种习性，专为它们布置一个盐场，它们一旦发现就会常来舔食。

我们这次调查带领学生分成 11 个或 12 个小分队，但宿营处分为三处：一处为喇叭河上游冷水河的一个林场，一处在喇叭河，另一处在下游昂川河的煤矿。我带领了近 20 名同学住喇叭河的河岸，架设了一个大的帐篷，中间为通道，两侧铺床垫。男同学住一侧，女同学少故而住另一侧的二分之一，中间以床单当帘子。帐篷外侧则划分出男女活动的区域。三个区域的海拔均在 1600～2000 米。

我们调查时正值惊蛰之后、万物复苏之时。但在我们调查这一年，气候十分异常，已到了 3 月中旬，仍然是一片北国风光，可谓千里冰封，万里雪飘。参加调查的同学多来自四川盆地，很少见到雪，他们颇感新鲜，对调查而言，这正是大好时机。因为积雪之后动物一走过便会留下很明显的足迹，我们可追踪足迹，了解它们活动的范围，何处采食、饮水、休息等一切活动踪迹。

当发现足迹时，首先要分辨是大熊猫的还是其他动物的。大熊猫足迹是脚掌着地，酷似人的足迹，但较宽大，且它脚掌有毛，故痕迹不光滑。一经确定就继续追踪。

追踪时，要注意观察它们沿途在干什么。若吃竹茎，必须测量采食后留下的竹桩高度和直径，以及抛弃的竹梢直径与长度，以供以后对比相似竹子的直径，统计它们所食竹茎中段的长度、一天食竹的株数，以此推算出它们一天的食竹量。若吃竹叶，则需记录它们所采食竹株的范围和高度，然后记录共采食了多少竹的枝叶，模拟推算其食竹枝叶量。

追踪还可了解它们的采食行为，是站立式、卧式或在休息。它们除采食外，还必须排便。我们则需要收集它们一天的粪便烘干称重，了解它们所排粪便中所含竹茎和竹叶的比例，并推算出它们的日食竹量所含成分和重量。

从一日排便的分布情况，还可了解它们一天的作息制度，游荡采食时，它们常一边采食，一边排粪，留下 1 团或 2 团，足迹呈"Z"字形，休息一般在午间，约为 1～2 小时，留在卧穴旁的粪便约为 5～10 团。夜宿时多在午夜，留在卧穴旁的粪便为 20 团左右。若为母仔大熊猫，则足迹为一大一小，卧穴处留下的粪便也一大一小，相距很近。

通过追踪也可以了解大熊猫每日到何处去饮水、从卧穴至采食地的距离，还可推测出它们大概在什么时间去饮水。另外，还通过挠痒、攀树、日光浴、滑雪等玩耍的一切活动踪迹，获得它们日常活动的各种内容。

由于高山上的雪覆盖竹林，把竹梢全都压下，调查时实际是在雪盖下弓背穿行，既要测量又要记录，工作强度大，体力消耗多，手脚冻得僵直，汗湿的衣裤冻成了冰盔，头上汗珠也结成了冰珠。一天下来，虽然劳累，但收获颇丰。

每天追踪结束后，一场返回营地的下坡对抗赛开始，男同学凭体力似猛牛直冲，女同学则巧坐雪坡直滑，若坡度适宜可以战胜男同学。一天的工作在苦中之乐中宣告结束。

调查期间，我们常留女同学于室内工作，名义上是照顾女生，实际上留下的同学事情不少，除 20 多人的炊事工作，还要把野外工作回营地时脱下的湿布袜和胶鞋烤干。在烘烤时她们还有创新，烤布袜时用箭竹穿上，然后快速地在火中旋转，既不会烧焦布袜，又能节省时间，约 10 来分钟就能把布袜烤干了；胶鞋则用箭竹穿上插在火旁适当位置，也容易烤干，以供次日野外工作时再用。

晚饭后，先整理一天的笔记，然后或聊一天趣闻，或唱歌，黑夜降临即进入梦乡。夜深沉，人寂静，这时水鹿开始来访，它们和扭角羚一样爱舔带盐的泥土，凭着敏锐的嗅觉，嗅出了帐篷外有尿迹发出的气味，开始在那里舔食。我们在保护区内追踪大熊猫时，曾获得几只水鹿换下的枯角，到春季它们将重新生长出绒绒的鹿茸。经过一个多月对喇叭河保护区的调查，4 月下旬我们开始到天全县第二大支流白沙河进行调查。

这时，低山丘陵的麦地在春风吹拂下随波荡漾，农田里金色油菜花、艳丽的蚕豆花和豌豆花盛开，姹紫嫣红，十分绚丽。走过农耕区后，进入弯弯曲曲的羊肠小道，道旁的杜鹃花正含苞待放，山坡上稀疏的乔木树上杜鹃鸟不停的"布谷"声，斑鸠的"咕咕"声，时起时伏，天空飞翔着燕子，一上一下地忙着捕食飞虫。我们继续跋涉攀登进入阔叶林区。黑熊经过数九寒天的冬眠，醒后带着小熊在沟谷采食青绿嫩草。到了海拔 2000 米以上，鲜有人迹，我们开始沿着扭角羚走过的兽径攀岩蹬险，不时观察扭角羚留下的踪迹。海拔 2500 米以上开始发现有大熊猫活动的痕迹，在一些大的杉树基部发现有它们的蹭痕，这提示我们大熊猫已经进入一年一度的春季发情期，它们在树基蹭擦的嗅气斑，正是它们传递信息的嗅觉通信。这时我们该注意倾听是否再有叫声传递，不知不觉跋涉到海拔 2800 米下的悬崖。在悬崖的石缝及狭穴间生长着丛丛的小灌木。我决定顺着岩隙缘木而上，并告诉学生随我身后小心攀登。我已爬了近 10 米高时，学生执意不爬，并喊着"老师我害怕"，希望我别再继续向上爬了。不久学生又叫喊着说，"山下有一只几百斤的大野猪上来了"。这时我也只好迅速下岩，并告诉学生，野猪虽凶猛，但我们不伤害它，它不会主动攻击人。"野猪在那里"，学生指向下方。其实他的叫喊声已把野猪吓得躲进繁密林中，早已无踪无影。

这一天我们原拟爬上海拔 2800 米，以了解大熊猫繁殖情况，但遇此突发状况，只好原路返回。第二天，我邀请动物教研组的老哈再一次上山，到了悬崖处，我们采取岩旁斜坡攀爬的方式，攀上去后正是一片夷平地带，然后仔细寻找粪便、尿痕、嗅气斑，并深闻是否有异常气味，若是发情高潮期，这些痕迹都能闻得出一种特殊的气味。结果表明，当年邛崃山脉气候异常，特别冷，大熊猫可能延迟了发情期。因此，我们只好继续追踪，统计有多少只大熊猫在白沙河山脊、河谷活动。

午后我们开始沿着兽径观察记录，下到白沙河主河道，河上有一座桥，跨越整个白沙河主河道。但见水清现河床，流水潺潺，水波悠悠，我决定涉水而过。我先挽着裤脚，静水深处微过膝，示意老哈顺着我涉的静水区过河。他并没有按照我所指的涉水方向，却选择了浅水急湍，步行几步后便被急湍冲下深潭，瞬而不见人影，幸有旋涡将他旋出水面，加之他略通水性，折腾几番后终于平安上了岸。这时他面已苍白，全身颤抖。我笑着对他说："大难不死,必有后福,回去我请你喝酒。"

经过历时 50 多天的追踪调查,我们共进行了 575 个工作日的调查,调查面积覆盖大熊猫的栖息地共 1450 平方公里,并进行了数量统计。在喇叭河流域,紫石公社保护区有大熊猫 31 只,二郎山及两路公社(即两路乡)约有 32 只;白沙河流域(沙坪公社)有 46 只,县境其他各大小支沟共有 82 只。全县统计共有大熊猫 191 只。

大熊猫主要分布于海拔 2100~3100 米的各支沟,包括河源宽谷、平台、肩坡、山脊和夷平地带,栖息地带多为原始森林,隐蔽条件好,竹类资源丰富,河源溪流清澈。由于当年为倒春寒天气,它们多数活动于海拔较低的地带。在该县发现熊猫的天敌主要有豹和豺,但只发现其踪迹,尚未发现大熊猫被害的情况。

十一、宝兴县调查

1976 年 4 月,我们结束了天全县的调查后,带领生物系 74 级另一组学生,共 40 余人对宝兴县进行了调查。

宝兴县在清代称为穆坪土司,即由土司管辖,于民国 21 年才建置宝兴县,取自古语"宝藏兴焉"之意,县政府驻穆坪镇。

县境地处龙门山和邛崃山之间,岷江支流青衣江上游宝兴河流域,东北接卧龙巴郎山,西北为邛崃山南支即夹金山,与西北天全县相邻。海拔一般在 3000~5000 米,呈南北走向,最高海拔 5384 米;东南部较低,南部灵关谷地一带最低海拔约为 900 米。县境内绝大部分属高山、中山地形,河流湍急,切割剧烈,平坝面积约为 10 平方公里。河流为宝兴河,入境至穆坪镇后分成东、西两支流,在县境内长 128 公里,沿途发出大小支流遍布到各乡镇。当时全县共设 3 镇 8 乡,面积为 3144 平方公里,人口为 5.5 万,分布于宝兴河的平坝及支流的河谷地带。

县境森林覆盖率为 50% 以上,垂直带谱明显,山岭逶迤,古树婆娑,烟云弥漫,古老的珙桐、连香树分布广泛,云杉、冷杉茂密,树枝上挂满松萝,树干附生地衣,树上缠着藤蔓,遮天蔽日,浩瀚无际,孕育着大熊猫、金丝猴、扭角羚、雪豹、绿尾红雉等数不尽的异兽珍禽,令人叹为观止。

宝兴县是西方第一次发现大熊猫的地方,这要追溯到 19 世纪,法国神父 A.David 首先在我国穆坪发现了大熊猫(图 2-14)。

David 神父中文名为谭道卫,1826 年生于法国西南部比利牛斯山的一个小镇,父亲是一名医生,在父亲的引导和鼓励下,他阅读了不少关于自然历史的书籍,还常到不远的山中采集蝴蝶等昆虫标本。但他的主要抱负是成为一名传教士。1852 年,他在一所学校任教时,曾在给校方的信中说到中国去传教是他梦寐以求的事情。1862 年,他的梦想得以实现,踏上了到中国传教的旅途。启程之前,巴黎自然博物馆主任 Milne Edwards 委任他采集各种动物标本。

1862~1900 年,他曾三次来华。1862 年 David 36 岁时在北京任教,1865 年他在当地了解到南苑皇家围场内养了 120 头麋鹿(又称四不像),这种世界上稀少的残存种群引起了他极大的兴趣,于是他以 20 两银换得了一对麋鹿,运回法国。Edwards 研究后认为这是新种，并发表相关的文章。David 还以骆驼为主要交通工具，深入到风沙强烈、极其严寒、人烟稀少的内蒙古高原，采集到了不少动植物标本。

图 2-14　David 神父

1868 年 10 月，David 第二次来华，乘船从上海而上，经历了漫长的旅行到达重庆，继续前行到达成都，打听各种动物的消息。在他的日记中写道："我忙于收拾许多行李，以便次日出发，如果上帝保佑，就在穆坪待上一年，都说那里有教堂及异草异兽。"

1869 年 3 月，David 第三次来华，他到了穆坪镇东河盐井乡邓池沟，在天主教会的安排下，在那里采集了许多标本，最有名的是他在 1869 年所采集的大熊猫标本，并将其作为新种发表了相关文章，之后还发表了将金丝猴作为新种的文章。

David 在华时间共 12 年，于各地采集了许多动物标本，其中鸟类有 772 种，发表新种 60 种；鉴定兽类 200 种，发表新种 63 种。

继 David 以后，1928 年，美国总统罗斯福的两个儿子来中国进行了一次远征狩猎，经穆坪西河子夹金山东麓，在海拔 3000 多米扎营，拟猎杀大熊猫。因他们到达时正值严寒的冬季，营地很高，没有发现大熊猫。他们后来翻过夹金山，沿大渡河而下，在冕宁县冶勒乡于 1929 年 4 月 3 日猎杀一只雌性大熊猫，带回美国芝加哥自然博物馆陈列。1926 年，英国人 J.H.Edger 和 H.Stvers 也到穆坪考察了 36 天，留在西河罗斯福兄弟曾经宿营地附近的大熊猫栖息地，在山上宿营了 10 天，回国于 1929 年发表了《大熊猫栖息》等文章。

1976 年 5 月中旬，我们乘车进入宝兴河的河谷大溪乡，其海拔约为 800 米，沿着河谷而上，经灵关镇、中坝乡到县城穆坪镇，海拔 1000 余米。这一带地形属宝兴河下游，灵关峡谷地带，两岸陡峭悬崖，呈刀刃状山脊，进入县城豁然开朗。悬崖峭壁处有稀疏灌丛，海拔 2500 米以上为针阔叶混交林，林下部有短锥玉山竹，上部为冷箭竹。

我们进入县城招待所住下后，分成 12 个小分队，用了一周的时间，对穆坪镇、中坝乡、灵关镇和大溪乡进行大熊猫追踪调查，发现每个乡镇在海拔 2500 米以上均有大熊猫分布，但因山势险峻，大熊猫数量稀少。

对灵关峡谷的 4 个乡镇调查结束后，我们将调查队再分成东河和西河两队，西河分 5 个小分队，负责调查五龙乡、陇东镇和永富乡 3 个乡镇；东河分 6 个小分队，负责调查盐井乡、民治乡、灵关乡及夹金山林场。

宝兴河中游的河谷阶地、冲积小坝和平台均为村民住处。低山海拔 2000 米以下均垦为农耕地，但村社屋前房后都有小片林木，林下常有白夹竹等低山竹类，陡峭的山坡和山脊有稀疏的常绿阔叶林，林下也有竹林，春夏外迁大熊猫常过境，或因高山冰雪覆盖，或遇"倒春寒"降临，一些体弱有病的个体下山饮水后无力返回而死于溪旁。有些个体在冬季也下乡"串户访舍"。在东河盐井乡快乐沟出现过一只大熊猫，它捕食了一只活体小羔羊，硗碛大石包发现其入猪舍吃饲料，入工棚偷食玉米馍、木炭，有时甚至入舍把铁锅咬碎，把农具当作玩具。1975 年 4 月 5 日，在盐井乡，一只大熊猫进入王安全家的厨房食猪骨，将铁器、锅盖咬坏，甚至将小石磨搬出户外。由此，这家人专门将竹筐挂在厨房的灶上，筐中放些猪骨，供它们取食，并在户外烧一些骨供它们食用，在这样的引诱下，它们一连数日都到这里来拜访。农户曾给这只大熊猫取了一个名字叫"乐乐"，还请来林业局高华康到他家拍摄了"乐乐"到他家取骨为食的照片。

1976 年 6 月 8 日，在盐井乡汪家沟，一村民准备上山割漆，发现沟旁有一只死去的大熊猫。我得知此消息后，带了一个学生前往，过河时无桥，村民便带领我们过溜索（实为粗铁丝，由此岸拉到彼岸，索上挂了一个三角形的铁丝架，上面系上一块木板，人坐木板上，两手拉着三角形旁的铁丝，然后用力一滑，便滑到河中心上空，用手着力一把一把抓着溜索，使尽力气拉到对面河岸）。过河以后，我们三人沿河谷攀爬了两小时才到溪旁，这里海拔 1840 米。该大熊猫可能是冬季下山饮水后无力返回而死于溪旁，躯体已腐烂，并发出很浓的臭气，能辨出是一只雌体，从腹部剖开，臭气瞬即大量喷发，他们两人捂着鼻子迅速跑开，我只好忍受着进行检查，发现胰脏已溃烂，剖开发现有 3 条蛔虫，然后继续检查，在十二指肠内共有 1858 条蛔虫，胃内有 380 条蛔虫，全身内脏总共发现有 2236 条蛔虫，足足可盛满一盆，创下了我解剖发现蛔虫数量的最高纪录。原本想把蛔虫和头骨带回学校作标本，但无法带着过河，只好舍弃，只是观察了牙齿磨损情况，其臼齿已基本磨平，为一老年个体。

6 月 9 日，我们离开盐井沟到了蜂桶寨（调查后建立的保护区），进驻这个村，沿东河中游河谷有一个洼地平台，只有几户人家，村近处有耕地，海拔 2500 米以下为针阔叶混交林，林下有茂盛的短锥玉山竹；2500 米以上为针叶林，林下是冷箭竹，为大熊猫主要活动区域。

6 月 10 日，一个小分队上山调查返回村落时，在黄店子发现一只死去的金丝猴，是一只十分消瘦的幼体，可能是严冬时节，体弱离群，体衰致病死亡。所幸尚未腐烂，于是我们剥下皮，取下头骨带回学校做标本。

金丝猴是 David 在 1869 年发现大熊猫时，同时发现的一个新种。我们这次调查大熊猫也附带调查金丝猴。金丝猴是高山群栖的猴，群体少则几十只，一般群系达 100~200 只，最多在卧龙发现有 200 只以上的大群体。它们与大熊猫同域分布，但它们主要活动于树冠，在枝间以松萝、幼枝、嫩芽等为食；在春季偶尔下地采食一些竹笋，冬季食物短缺，常啃噬树皮为生。金丝猴群体活动范围为 15~20 平方公里。在宝兴县各乡镇高山上均有分布，统计共有 14 群，若按每群平均有 100 只计算，估计全县有 1600 多只。6 月下旬，我们离开了蜂桶寨，沿着河谷上行，河谷较狭窄，两岸林葱树茂，有一些谷宽的阶地，已垦为耕地，但无村民。村民都聚在上游两支流的汇合处，有一积石成碛的平台，台地上即硗碛乡。乡上有一条不长的街道，两旁是木材建造的房屋，多为小商铺。街旁的一个小丘上有一座庙宇，房屋是藏式建筑，两层楼，下层由石块砌成，上层为木质，还有一阳台，于旁尚有一些村民屋房。

我们在硗碛调查后，留了两个小分队，继续调查硗碛以上几条如网状分布的小沟的河源地带，这一带森林茂密，林下冷箭竹广泛分布，有不少大熊猫隐居于林中。

我带领着 4 个小分队，沿着沟谷山坡调查，这一带的森林已被夹金山林场采伐殆尽，留下山脊陡峭处的母树，砍后的迹地，由营林工人营造。可喜的是营林处的负责人是一个姓陈的老红军，他亲自上山督促，以身示范，将迹地培养成一片落叶松林，经 10 多年的造林，我们调查时已大片成林，冬季还有大熊猫在林下活动，海拔 3000 米以上为冷杉天然林，林下冷箭竹枝繁叶茂，成为大熊猫常年活动的区域。

我带的 4 个小分队，分散到各支沟营林抚育的工棚，分散住宿，沿沟谷山坡进行调查。山地十分潮湿，旱蚂蟥特别多，尤以一条叫蚂蟥沟的地方最多，走不了几步脚上就会爬上几条蚂蟥，如果钻入鞋内或裤内就会吸血。

海拔 3500 米以上出现高山灌丛、草甸。虽然这一带基本没有大熊猫活动的踪迹。但有一条羊肠小道，为当年红军长征时所走过的路，形迹依稀可见，十分陡峻。海拔 4000 米以上有一平缓的山洼，当地叫筲箕湾，为冰川期留下的冰斗遗迹。草甸里的山花已含苞待放，郁郁葱葱一大簇，引得蝶飞燕舞，似一场欢腾盛宴。大型的绿尾虹雉正忙着在这一带采食有名的中草药贝母，故当地将这种大型野鸡称为贝母鸡，它见人则惊飞，并发出鹰似的叫声，故又叫它鹰鸡。沿着筲箕湾小道，到了海拔 4400 米，开始出现风化的流石滩，不时尚有藏马鸡、藏雪鸡等飞出。到了海拔 4800 米，有一座"王母庙"的遗址，当年红军就从这里翻雪山，过懋功，然后经松潘大草原北上抗日。这条路现已成为一条旅游路线，凭此可到卧龙和四姑娘山，往北可到松潘黄龙寺，也可到平武的小寨子沟和王朗自然保护区，还可到九寨沟等地。

1976 年 7 月，我们结束了对宝兴县的调查，带领学生分为 11 个或 12 小分队，查遍了该县 11 个乡镇的 3 条大河、数十条支沟和几万条小沟的沟坡、斜坎、平台、山脊，发现宝兴县每个乡都分布有大熊猫，它们主要分布于高山海拔 2000 米以上的针阔混交林。其中以东河上游的硗碛和夹金山林场最多，共有 121 只；其次是西河上游永富乡（现永兴乡），共有 62 只；两条河的中游至县城穆坪东西河两岸的林中有 90 只；县城穆坪镇以下宝兴河峡谷地带，海拔 2500 米以上的针叶林中有大熊猫 42 只，以上各地总计有大熊猫 313 只，为当时四川大熊猫分布最多的一个县，也是全县各乡都有大熊猫分布的唯一一个县。

甚为可惜的是全国第四次大熊猫调查时，宝兴县的大熊猫数量下降了近半，所幸岷山的平武却上升到了 335 只，成为全国大熊猫数量最多的一个县。

该县大熊猫种群数量下降的主要原因包括：早在 20 世纪 60～70 年代，北京动物园在穆坪镇东西河交汇处的两河口就设立了大熊猫收购暂养站，共收购了大熊猫 40 多只，供全国动物园展出，之后该站取消，但全国动物园展出及向国外赠送所需的大熊猫也主要来自宝兴，据统计，先后在宝兴共捕捉大熊猫 136 只（原宝兴林业局局长崔学振提供资料），其中大部分为幼体，致使大熊猫的种群结构受到了严重的破坏；其次，据我们调查，在调查前曾有 11 只大熊猫被猎杀；另外，宝兴县过去山区财政收入主要靠砍伐木材，曾被称为"宝兴采伐三把刀"的"第一把刀"是大型森工局，"第二把刀"是县伐木场，"第三把刀"是村民，海拔 2800 米以下的森林受到严重破坏，大熊猫栖息地范围不仅缩小，而且还造成部分栖息地分割。

由于大熊猫寿命一般为 15～16 岁，性成熟迟，一般在 7 岁以后，两年才繁殖一胎，一胎产一仔，而且幼仔小而弱，要度过漫长的冬季，存活率低，故种群增长率很低，熊猫数量遭受如此大的损失，估计需 50～60 年才能恢复，这是历史的沉痛教训：不能过度捕捉。

十二、走进凉山

1976 年，我们调查天全县和宝兴县结束后，7 月返校，重新培训生物系 75 级一个班 50 名学生和教职工，共 60 余人，然后奔赴凉山进行调查。凉山位于四川省西南部，境内东部和中部为山原，海拔一般为 2000～3500 米，山原的周围海拔在 2000 米以下，较为凉爽，故名凉山。境内以东部的黄茅埂为界，将雷波、马边和峨边等地称为小凉山；以西的美姑、甘洛和越西等地称为大凉山。

山原为高山环境，谷深坡陡，相对高差为 3000 米左右，境内分布的主要河流包括西北的大渡河支流和东北的岷江支流，南边是金沙江支流的河源地带。该区域主要为彝族定居，属凉山彝族自治州东南隅。海拔 3000 米以下的山原地的森林，已由东、西、北几个大型森工企业深入采伐，几乎变为荒山，加上毁林开垦，刀耕火种，轮耕轮歇的原始耕作方式，导致森林分布线已上升到海拔 3000 米以上，使大熊猫［彝语称为"峨曲"（woqu），汉语称为"白熊"］栖息于各条河的河源地带及各县交界的界山及支梁的山脊一带(图 2-15)。

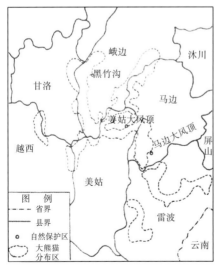

图 2-15　凉山山系大熊猫分布示意图及凉山的大熊猫

十三、越西县的调查

越西县位于凉山州北部居中、小相岭与大凉山之间的山区，山川南北纵列，主要河流为大渡河支流、普雄河、越西河、则普拉打河和昭觉河，岭谷相间；山地面积占 90%，西侧阳糯雪山主峰铧头尖海拔 4791 米，为县境最高峰，东部碧鸡山主峰海拔 3992 米；面积为 2257 平方公里，当时人口为 23.1 万，设 5 个镇，41 个乡(当时称公社)。

调查时，我们带领学生 60 余人分 3 个小组、12 个小分队，分区负责调查。我带领一个小组 4 个小分队，约有 20 余人。我们的宿营地多为村民丢弃的房屋(彝族民俗，人死后要弃原居房)。调查时间安排于晴天或小雨天，大雨天则留在室内给学生授课(学校规定教学与调查结合着上动物学)。

调查时，我们沿着沟谷攀缘，大熊猫多活动于海拔 3000 米以上区域，尤以 3400~3600 米一带居多，它们在这一带爱以竹笋为食。冬春季节它们爱在山脊晒太阳，彝民有"熊奔梁子之说"("熊"指大熊猫)。因我们调查正值夏季，因此在这一带见到的粪便均为陈旧粪便。它们的栖息地多在 30 度以下的缓坡，尤其是沟尾宽谷的河源地带和河间山脊，这一带森林保护相对较好，林茂竹深，食物基地良好，隐蔽条件相对较好，饮水近便，山的阴坡较阴暗潮湿，竹林苍莽，容易发现它们的踪迹。

县的西部，山势陡峻，壁立千仞，植被稀疏，仅在陡峭处保存有小片林木，大熊猫活动踪迹较少。东部为大凉山腹地，与美姑县相连的山势趋平缓，在各支沟河源处，大熊猫随沟尾及相间的山脊，呈爪状分布，数量比西部多且集中。

影响大熊猫在该县的分布，除山势地形和植被因素，主要是乱砍滥伐、森林火灾、毁林开荒、放牧和遍山猎犬追击等诸种负面因素。彝民多居木房，而且房顶不用瓦，只用木板。木板用材多为挺拔少枝的杉木，这种木材才能劈成薄板，劈成薄板后还要在山上烘干，到处浓烟滚滚弥漫山林，迫使大熊猫四处游荡，不得安宁。

旧时越西森林植被很好，隐居山上的动物较多，虎豹等大型动物也不少，除外国人的猎杀(图 2-16)，本地人也会猎杀。昔日统治越西的土司，坐有虎皮为垫，穿有豹皮为裘，如今虎已绝灭，豹的数量也在逐渐减少，猎杀大熊猫的情况也时有发生，在调查前就有 4只被猎杀了，1973~1975 年，仅供销社收购的大熊猫皮就有 25 张，说明这期间每年会猎杀大熊猫 10 只左右。1975 年曾在这里捕捉一只大熊猫(贝贝)作为国礼送给了墨西哥，1985年和 1988 年各捕捉一只大熊猫(果果和越越)送给成都动物园展出。

该县还盛产小熊猫，彝语叫"洛波九"(luobojiu)，它们比大熊猫分布广，数量也多。1973 年，重庆动物园在该县捕捉了 20 只小熊猫；1976 年，重庆动物园和成都动物园在该县捕捉了 10 只小熊猫。捕捉小熊猫的情况在以前更多，这些动物除供本园展出，还通过动物交换，供全国各地展出。除大熊猫，小熊猫也受人们欢迎，尤以小的县城，因无法饲养大熊猫展出，因此更多以小熊猫展出为主。

我们在进行大熊猫分布情况和活动路线调查时，也对小熊猫进行了统计，在该县 16个乡镇均有小熊猫分布。根据样方推算，全县约有小熊猫 733 只。

图 2-16　美国人在小相岭猎杀的大熊猫

1976 年 7～8 月，在越西，12 个小分队分别进行调查，行程达 3200 多公里，重点调查了县的西北部和东南部。

海拔 2700 米以下主要以农耕区为主，植被主要为次生灌丛与撂荒地，距村民较远的沟谷残留有小片落叶阔叶林，冬季曾有大熊猫下山活动过，留下不少粪便。

海拔 2700～3200 米区域为针阔混交林，这一带有大熊猫活动(图 2-17)，但数量不多，仅有 10 余只，但小熊猫数量较多，林麝和藏酋猴等动物也有不少分布。

图 2-17　越西县的大熊猫

海拔 3200～3700 米为针叶林带，过去森林植被莽莽苍苍，十分繁茂，但自 1958 年省属凉北森工局建立后，1971 年又建立了县属伐木场，加上成昆铁路过境，森林植被破坏严重，大熊猫在偏远陡峭的山脊才有，活动于海拔 3600～3700 米的偏远山脊，约有 20 只。在县境东南与甘孜、美姑相邻处海拔 3200～3700 米的针叶林中，大熊猫分布最集中，调查发现有 50 余只（该县现已成为保护区，并与甘孜和美姑的保护区连成一片）。对该县海拔 2700～3700 米进行调查，发现共有大熊猫 87 只。

十四、美姑县调查

美姑县昔日为土司属地，1949 年后建县，位于凉山州东北，西连越西，东邻小凉山马边、雷波，北接峨边，南依昭觉，面积为 27316 平方公里，当时人口为 16.5 万，设 1 镇 35 个乡（当时叫公社）。

美姑属于大凉山腹心地带，东部、西北与北部为构成各县界的山地，海拔 3800 米以上的山有渣果火、挖黑洛豁和黄茅坡，主峰为大风顶摩罗翁觉，海拔 4000 多米。全县平均海拔 2000 米以上，地形复杂，山原坦荡，其上残山浑圆，沟壑纵横，深谷割切，丘陵、平坝很少。境内河流有美姑河、年渣果火河，由此向南贯穿县境，两河出境后，汇合为溜筒河，经雷波入金沙江；县境东北有挖黑河，由西向东汇入马边河入岷江。境内河流水系纵横县境，水质清澈，河源地带的高山针叶林带为大熊猫活动的主要场所（图 2-18）。

图 2-18　美姑县的大熊猫

1976 年 9 月，由于学生都回学校上课，我们重组了调查队，并加入了两名彝民，一名是林业局的职工，另一名是向导，共 40 余人。根据具体情况，我们了解到大熊猫主要分布在 5 个乡的境内。调查时每到一座山，以小分队形式活动，有时分 8 个小分队，有时分 9 个小分队，分组深入大熊猫的栖息地跟踪统计，或以它们留下的足迹、卧穴、粪便和采食竹留下的踪迹，结合访问、综合分析进行数量统计。

调查期间，我们日食两餐，以早餐为主，主要是盐肉和蔬菜，较为丰盛。中午是随身携带的馒头，在山上围着篝火，一边烘烤湿的衣裤，一边烤馒头和竹笋，清香四溢，不是美餐，胜似美餐。

海拔 2200 米以下的低山是村民农事活动的区域，人为影响很大，仅离村落较远的山沟和峭岩残存的小片森林中有八月竹和丰实箭竹。我们发现大熊猫在冬季到这一带活动过，留下了一些陈旧的粪便。

海拔 2500 米一带，在河谷处森林面积稍有增加，并发现有"活化石"之称的珙桐，还有连香树和水青树等。在常绿与落叶混交林下有修长的短锥玉山竹（大箭竹），但所留下的大熊猫踪迹仍以冬春为主，只发现有一处较为新鲜的踪迹。

海拔 2500~3500 米区域为针叶林。陡峭的沟谷和山脊，能见到成片相连的森林。林下的竹等，也由短锥玉山竹逐渐过渡到由马边玉山竹和冷箭竹。调查期正值深秋，高山初雪早已降落，零零星星一直到絮絮而落，点点坠在林间枝头，大熊猫常在山坡、山脊和谷坡等比较向阳且暖和的地形以及较平缓的山坡活动。它们在这时只采食一些老笋，主要是摄食一些幼竹，或二年生的竹茎和枝叶。饱食之后，就到向阳的山坡、山脊或在树上进行日光浴，或嬉戏，或憩然躺卧，十分惬意。海拔 3500 米以上，已降初雪，在河谷所到之处已有积雪，林木较低矮稀疏，林下冷箭竹十分矮小，叶已枯萎，调查时只发现个别大熊猫在此带游荡过。

统计小分队的调查结果发现，在美姑共有大熊猫 43 只，它们主要分布于东北与越西，东南与马边、雷波相连的界山。

该县处于大凉山腹地，山原多为村民农耕活动区域，森林面积比越西小，故大熊猫数量也相应较少。该县旧时长期处于奴隶社会，生活方式原始，毁林开垦，刀耕火种以及乱砍滥伐现象十分严重，过去产华南虎，由于乱砍滥伐，华南虎数量逐年减少，而今已绝灭。在我们调查前，大熊猫曾被猎杀了 5 只。在大熊猫栖息地区域，村民靠山吃山，靠水吃水，经常上山挖药打笋，伐树打瓦板盖房，烘药、瓦板和烤竹笋对大熊猫影响较大。山区漫长的冬季，大熊猫常在夜间走村串户，找寻抛弃的牛、羊、猪骨，动物冻尸及猪饲料，甚至到厕所吃大便。等到来年春夏各种竹分期发笋，大熊猫又进入采食竹笋期。

1974 年秋季，一只大熊猫在毗邻的马边白家湾山中，被美姑彝民捕捉到美姑，于 1975 年进入成都动物园，取名美美。1980 年 9 月 20 日产双胞胎，存活一只，取名蓉生。1981 年 9 月，美美产第二胎，取名成成，1985 年产雌性庆庆，1986 年产雌性都都，1987 年产雌性美琪，1988 年产一幼仔次日夭折，1989 年产一雌体晶晶，1991 年产珠珠。美美一生共产 9 胎 11 仔，1992 年 12 月患肺炎，不治而亡。

1980~1991 年，美美及其女儿晶晶、庆庆、成成四母女，共产了 16 胎，产仔 22 只，不愧为大熊猫世界的英雄母亲。

自我们调查后，美姑县加强了巡山，收缴了一切猎杀大熊猫的猎具和大熊猫皮 2 张，抢救大熊猫 11 只，发现尸体 2 只，经有关部门批准，向成都动物园提供了 3 只，向卧龙研究中心提供了 2 只，供饲养繁殖，并成立了美姑大风顶国家级自然保护区，以保护大熊猫及生态系统。

十五、雷波调查

1976 年结束了大凉山的调查后，我们于 1977 年进入小凉山，从南到北先调查雷波县。雷波古时为西夷地，位于凉山州东部，为金沙江中下游的西北岸地带，境内为小凉山典型的山地县。地势西高东低，由西向东倾斜。西南边境海拔 4076 米的狮子山主峰为最高点，最低点是东北角金沙江河谷地。分水岭钻天坡横贯中部县境主要河流，南有溜筒河和西苏角河等直入金沙江，东南另有马湖（地震湖），北有西宁河入金沙江，马边河入岷山。当时境内设 4 个镇 45 个乡，面积为 2916 平方公里，人口为 22.1 万。各河中下游河谷、丘陵、低山为农耕地，各河的河源地森林覆盖率达 41% 以上，有"亚热带植物基因库"之称。林内栖息着大熊猫、金丝猴、小麂、林麝、血雉与红腹角雉等珍稀动物。

1976 年 12 月，我们调查队 20 多人，分成 4 个或 5 个小分队开始调查，途中正值春节，队员皆放假回家与家人团聚。次年 3 月回到雷波继续调查，对岷江和金沙江流入境内的各河流大小支流，以及各流域的河谷、河源和山谷，进行普遍调查和访问。

海拔 1500 米以下为常绿阔叶林与常绿针叶林，下有刚竹、白夹竹，它们都是 4～5 月发笋，还有刺竹子，9 月发笋，森林大多保护得较好，在沟谷和山坡地区，到冬季有少数大熊猫下来吃竹叶，春季秋季吃竹笋。

海拔 1500～2000 米为常绿阔叶林，下有笜竹、三月竹、实竹子等于 4 月发笋，还有丰富的箭竹于 6～7 月发笋，有马边玉山竹、八月竹等于 9 月发笋。大熊猫从春到夏秋季都爱下山在这一带吃竹笋，冬季则下山吃竹枝叶。

海拔 2000～2400 米区域为常绿与落叶阔叶混交林，这一带林下还有八月竹、丰实箭竹、大叶笜竹以及大风玉山竹，大熊猫在这一带吃竹笋，秋季吃竹枝叶。

海拔 2400～2800 米区域为针阔叶混交林，其下有丰富箭竹，大风玉山竹、白背玉山竹和熊竹，大熊猫夏秋季在这一带活动，采食竹笋、茎和枝叶。

海拔 2800～3700 米区域为针叶林，其下有熊竹、白背玉山竹，更多为冷箭竹，为大熊猫夏季的主要活动场所，其采竹茎为食。

大熊猫主食的竹类在岷山、邛崃等地仅有两种，唯独小凉山雷波等县，主食的竹类多达 10 种。大熊猫在这一带从 4 月开始一直到 10 月份都能吃到清香可口的竹笋，11 月至次年 3 月又能吃到营养价值高的枝叶。由于供给的竹类多，食物资源不受开花和季节影响，故这一带大熊猫的个体比北方的大。

由于有一条铁路由成都至西昌横贯县境，致使大熊猫分布形成三片区域，最多的一片分布于县境公路以北的马边河和西宁河之间的茶条山的河流地带，多达 36 只；其次是县城西南黄茅坡南麓，西宁河上游河源有 8 只；县境东北至马湖有 7 只。三片区域共有大熊猫 51 只。

这里属亚热带季风区，植被起源古老，植物资源丰富，受国家重点保护的植物有珙桐、红豆杉、篦子三尖杉、连香树、水青树、厚朴、伯乐、大王杜鹃、大叶柳树、天麻等 30 多种。野生的大熊猫所食的竹类资源特别丰富，分布广，多达 10 余种。

县境除大熊猫，其他的野生动物资源也很丰富。属一级保护的有豹、扭角羚、四川小鹚鸺、绿尾红雉和林麝；二级保护的有猕猴、藏酋猴、穿山甲、豺、黑熊、斑羚、水鹿、红腹角雉、白鹇、白腹锦鸡，多种鹰和鸮类共有 44 种。

由于当地过去人口偏少，山区彝族常处于原始部落时代，人类活动对野生动物的影响较小，野生动物常处于自生自灭的状态，造成过度繁殖。据历史记载，这种情况一定程度上酿成了有水鹿夜间到马路边上行走、择食庄稼，老虎进县衙门的现象。到民国时期，人类经济活动深入境内，急剧改变了自然界生态环境，大规模森工采伐，乱砍滥伐，原始森林被大量破坏，致使华南虎与金丝猴在境内已绝灭，大熊猫分布区域向高山退缩。

但至调查以后，除已建立的嘛米泽保护区，从县领导到群众自发关爱、救护大熊猫，更积极响应号召，保护原始森林，退耕还林。近年来大熊猫栖息地已有所扩大，大熊猫走村串户的现象也不少(图 2-19)。

图 2-19　雷波县大熊猫

十六、马边调查

马边彝族自治县地处四川盆地西南边缘的小凉山区，属乐山市，位于市南，东与屏山县和沐川县相邻，南与美姑县接壤，北与峨边县交界，面积为 2382.93 平方公里，当时人口为 16.9 万，设 2 个镇、27 个乡。

县内为多山地貌，由西南向东北倾斜。高家山是马边河与雷波、西宁河的分水岭；呈东西走向的嘛米泽山梁与雷波交界；由北向南延伸为黄茅埂，是马边河与美姑河的分水岭；属中山区的有来司岗、大有岗、药子山等，山地海拔 500～4000 米，境内最高峰为大风顶，海拔 4035 米。主要河流有马边河，贯穿县境，并在县境内分出 7 条支流，最大的支流有西南的高卓营河，北边的大竹堡河和雪口山河均汇入马边河，出境经沐川入岷江；县境东部下溪乡的玛瑙河经屏山流入金沙江，流经这些河流的支流和几十条小溪沟分布于全县四周，和中部结成羽状水系，孕育大熊猫、大鲵等珍稀野生动物。

我们于1977年4月初到达该县，调查队共计20余人，根据地形、地貌，分为4个或5个小分队，重点调查县境西部大风顶东麓，次为县境东南。由于全境山峦起伏，山势高峻，谷岭相间，地形复杂，平地极少，仅马边河及其一大支流的河谷、平台、肩坡、丘陵和低山为乡镇居民活动区域。

随着地形、地貌和水热条件的变化，不同的海拔、坡度、土壤及植被的垂直差异，林中所栖息的野生动物也不同。

海拔1500米以下为常绿阔叶林与常绿针叶林，主要是村落和耕地，因为人为影响较大，故山沟或陡岩保有部分残林。在较湿润的谷坡有人工营造的小型杉木林；而在含钙或中性的土壤区域则多为柏木林，林下灌丛以竹类为主，主要有丰实箭竹、三月竹和刺竹子，箭竹为春季发笋，后两种竹为秋季发笋，部分大熊猫会到少人居住的僻静区逢时下山采食竹笋，冬季采食竹枝叶。河水中有各类裂腹鱼，溪涧中有少量水獭。20世纪70年代以前马边河产大鲵，乐山市于1985年将这条河划为大鲵保护区，被誉为"大鲵之乡"。大鲵一般体重为1.4公斤，体长60厘米，1981年曾在城北深潭捕到一只重31公斤、体长152厘米的大鲵。大鲵不仅是最大的两栖类动物，也是动物界的长寿者，一般可活50～60年。由于叫声似小孩哭啼，故四川各地都把它称作娃娃鱼。

海拔1500～2000米为常绿阔叶林，林下以筇竹为主，间或有三月竹，另外还有刺竹子，它们于4月发笋，稍高海拔有八月竹，这种竹是秋季发笋。村民极爱采食山笋，除自己吃，还采集大量笋子用于售卖。每逢产笋期大熊猫也下山采食这种竹笋，林中过去盛产林麝和云豹，林缘草坡有毛冠鹿和水鹿，悬崖峭壁有斑羚和鬣羚。海拔2000～2400米区域为常绿与落叶混交林带，林下灌木复杂，而筇竹、大叶筇竹、八月竹和马边玉山竹占优势，覆盖率为70%～80%。大熊猫在6月以后逐渐到这一带活动，到夏季继续上移，冬季再往下移，这一带的小熊猫的数量多于大熊猫(图2-20、图2-21)。

图2-20　马边县的小熊猫

图2-21　马边县的大熊猫(繁殖期)

海拔 2400～2800 米区域为针阔叶混交林，栖息的动物除大熊猫，还有林麝、水鹿、扭角羚、黑熊、野猪和豹等。

海拔 2400～2800 米区域为暗针叶林，主要是冷杉，林内腐烂倒木与站杆较多，处于衰败的过熟林阶段，林下灌木以八月竹、白背玉山竹、大风玉山竹和冷箭竹为主，生长茂密，夏季大熊猫多在这一带活动，小熊猫在这一带相对较少，扭角羚活动时间最长，高山灌丛草甸有绿尾虹雉。

我们重点调查的是西部，其中以美姑及毗邻的南麓大熊猫最多（调查后划为马边大风河保护区），有 40 只，保护区外有 27 只，其他地区不足 10 只，共有约 77 只大熊猫。

第一次大熊猫调查为 1974～1977 年，历时四年，1974 年由调查队 40 余人对汶川和青川进行了调查。1975 年由于岷山山系在 1974 年同时有三种竹开花，导致不少大熊猫死亡，因此原调查队全投入岷山灾后调查。对大熊猫的调查则由我带领南充师范学院生物系74 级两个班的学生加上生物系部分职工进行。在邛崃山的天全、宝兴及凉山州的越西、雷波县，每县组成约 50～60 人的调查队继续调查美姑和马边等县。四年期间，调查队参加调查的总人数约为 200 人，调查的地区仅 10 个，为大熊猫主要产区，大熊猫栖息地的面积为 1053 平方公里，大熊猫数量为 1480 只，其余有大熊猫分布的 27 个县，由于每县大熊猫的数量少，且十分分散，均由县林业局自主调查，调查汇总后得知其总数近 500只。因此，1974～1977 年四川全省调查大熊猫的总数约为 2000 只，其中调查队调查的大熊猫数占 74%，占栖息地总数的一半以上，其他的大熊猫栖息地分散到 27 个县，除少数县外，每个县的大熊猫一般都在 10 只以下。

第一次到第四次大熊猫调查前后经历了 40 多年，按山系对大熊猫的数量进行比较。岷山山系有大熊猫分布的县共 11 个，第一次调查的大熊猫数接近 800 只，但在 1974 年，不同县境内共发现有三种竹同时开花（糙花箭竹、铁苞箭竹和华西箭竹），1976 年调查队进行了灾后调查，在野外发现的大熊猫尸体达 138 头。第一次和第二次调查之间的 20 余年在岷山青川、平武和北川三县共捕捉大熊猫近 100 只（其中平武为 60 余只）供全国各地展出，盗猎近百只。但经过 20 多年天然林的保护、采伐后的森林更新和每次调查后增加保护区数量，现在大熊猫保护区已经由第一次调查时的 2 个增至 22 个。第四次调查时大熊猫的数量已接近 200 只（不含幼体），实际数量已达到了 20 世纪 70 年代的水平。

经过调查，邛崃山脉有大熊猫分布的县区共有 11 个。第一次调查有大熊猫 700 余只，但自 20 世纪 70 年代开始捕捉大熊猫供全国动物园展出，仅宝兴一个县就达 136 只，全境近 200 只，加上 1982 年冷箭竹在境内大量开花，经多方努力，进行抢救、治疗，仍死亡130 余只。邛崃山大熊猫的分布较集中，90%分布在汶川、宝兴和天全等三个县境内，汶川有卧龙和草坡两个保护区，几乎保护了汶川 90%的大熊猫栖息地，宝兴和天全两县当时各县仅一个保护区，保护大熊猫的栖息地面积不足卧龙的一半，直到第四次调查，也仅有528 只，算上幼体，估计共有大熊猫约 600 只，但仍未恢复到 20 世纪 70 年代水平。

大、小相岭是相隔离的两个小种群，由于现已在大相岭建立了 6 个大熊猫保护区，在小相岭建立了 4 个大熊猫保护区，加上主食竹类资源丰富，在第四次调查时大相岭的大熊猫数量为 38 只，小相岭为 30 只，若加上幼体共 80 余只，故 40 多年其数量变化不大，稍有增加。

凉山山系共有 8 个县有大熊猫分布，第一次调查时共有 250 余只，第四次调查时仅有 121 只(不算幼体)，估计总数约有 150 多只。究其原因，境内为山原台地，旧时刀耕火种，加上又有 3 个大型森工企业，火灾频繁，致使森林上限已达海拔 3100 米，大熊猫均分布于以山为界的各县界，加上公路、铁路的隔离形成不少小种群，使大熊猫种群一时难以恢复。随着退耕还林、采伐后迹地的森林恢复，以及这个山系大熊猫可食竹类属全国之冠，多达 10 余种，因此竹子开花对大熊猫并无影响。4～9 月有各种竹笋争先萌发，为大熊猫提供了充足的食物来源，即便到了冬季，低山林下的竹叶也保持常绿，可供大熊猫度过严寒冬季。同时，人们种群保护意识不断提高，大熊猫种群的恢复和发展指日可待。

第三节　"五一棚"生态观察站的建立

1974～1977 年，经过四年对各山系大熊猫的追踪调查，对其数量已大体上有所了解，大约有大熊猫 2000 只，同时对它们在各山系的分布规律、生存状况，以及与它们同域分布的其他动物都有了基本了解。在此基础上，林业部决定在四川大熊猫的分布区中，择选三个点进行大熊猫定位生态观察。南面由陕西动物所在凉山、马边、大风顶自然保护区建立大熊猫生态观察站；北面由重庆博物馆与重庆师范学院在岷山、南坪(现九寨沟县)及白河自然保护区建立大熊猫生态观察站；中间由我组织我院动物教研室的老师在邛崃山卧龙自然保护区建立大熊猫生态观察站。

1978 年 3 月，我在南充师范学院给 77 级学生上完课后，到卧龙自然保护区，首先找了长期从事保护工作的周守德和彭加干。我提出在卧龙建立大熊猫生态观察站必须遵循三条原则：距公路近；大熊猫相对较集中；站址不能影响该地大熊猫的正常活动，最后初步决定从卧龙关对面的干沟与臭水沟之间上山到现场去调查后再确定观察站的地址。

卧龙关位于卧龙乡，该乡境内已于 1963 年建立了 2 万公顷的大熊猫保护区及其管理机构。1975 年，经第一次大熊猫调查后，报国家批准，已扩大为 20 万公顷的保护区，并将保护区管理局下移至沙湾。所谓卧龙关，实指其似一条巨龙在此处伏卧啜饮皮条河水，躯体则盘旋形成一系列山峰，而龙尾正处于沙湾之下，惟妙惟肖，一派生机。现在一般把这一段山脉称为卧龙山。

由管理局沿皮条河谷向上有一条约 4 公里的公路直至卧龙关，这里的海拔为 2000 米。过一道索桥沿干沟而上，到了海拔 2400 米，因这一年天气特别寒冷，故此时的沟谷已堆积了很深的积雪，像铺上了一层厚厚的毛毯。所谓干沟，实为过去地震后岩石震动滚落填满了该河下游，其上段仍为流水，下段河流于碛石之下，而后流入皮条河，故当地人把这条沟称为干沟。河岸上是一陡崖，崖上悬挂着晶莹的冰凌，仿佛一把把尖锐的刺刀，刺入大地的心脏。通过艰难地跋涉，我们终于攀爬到了海拔 2500 米一个稍平缓的夷平地带。这里开始出现大熊猫走过沟谷后在雪地上留下的足迹和采食过后留下的冷箭竹残桩与枝梢。由彭加平引路，我们沿着大熊猫走过的雪踪，横过干沟，到了另一个山脊。山上又有山，山峦重叠，形成了大自然的重重屏障。继续上爬，野兽走过的兽径积雪稍浅些，但低洼处雪深常及膝盖。爬到海拔 2800 米，又到了一个重山的平缓地带，老彭称它为二道坪。

这一带大熊猫活动留下的踪迹更为频繁。高大的冷杉树全是银装素裹，林下冷箭竹的枝梢已被厚厚的一层雪无情地压弯。大熊猫走过的竹林稀疏处能见到有一条雪迹，竹林密处已被雪覆盖。我们沿着这条时断时续的"雪隧道"（盖着雪的隧道）到了另一个山脊，就这样一时立身一时弯腰穿过竹林，内衣已被汗水湿透，头上汗水随毛发冻成冰珠，只有快速走动才不觉得寒冷，一旦停下，立即感觉身体冷到刺骨。因此，我们只好加快步伐，凭着体温暖和一下，驱逐肩部的麻木。绕了一大圈后，我们开始沿山脊往下走，又到了另一端海拔 2500 米的山崖下，眼前是矗立在臭水沟旁山岩坡的白岩。

　　白岩之下的环形山腰出现一平缓的人兽并行的小径。通过沿山路调查，我们推断海拔 2500 米一带正是大熊猫活动的边缘地带。我们初步决定在白岩横行至干沟这一环形缓坡地带，找一个适宜的地点作为以后建观察站的宿营地。在沿途寻找中，第一次找到一处山包处，发现曾有人在那里劈过建房用的瓦板，并用其搭了一个工棚，现已倒塌。周围以杜鹃林为主，有少量挺拔的云杉，并且距一小溪不远，故将其作为暂选址，而后继续前行。行至干沟山脊不远处，又发现一处较前一处选地相对平缓的地势，虽水源较差，距小溪稍远，但与卧龙关的距离稍近一些，因此决定就在此处建立观察站。

　　返回管理局后，经过一番筹备，我们开始在选定的站址上寻找平缓的山坡，在其中一坡搭建驻地帐篷，另一坡辟成厨房和烤火堂。厨房下挖了一泉水坑。泉水坑至厨房共劈了 51 个台阶。据此，我决定把我们建的站定为"五一棚"。"棚"在卧龙山区是指山上工作的简易住宿地，全称为卧龙自然保护区"五一棚"生态观察站（图 2-22）。

图 2-22　"五一棚"生态观察站

　　1978 年 3 月下旬，我们正式住进"五一棚"生态观察站，同时在"五一棚"和二道坪各设了一个很简单的气象观测点。每天记录当天的温度、湿度和降水量。4 月正式开始野外观察。但由于没有固定路线，行走十分困难，我们只好伐竹取道，先开始从"五一棚"上山，砍除观察线四周的竹子和灌丛，遇到乔木则绕过，以此种方法砍出一条约一米宽的观察线。除"五一棚"留守一人担任炊事员，其余全外出砍伐观察路线。经过 4 月、5 月两个月的努力，以"五一棚"为中心，共辐射出七条观察线。与此同时，由"五一棚"至卧龙关的路，由于从干沟上路太陡，运粮困难，因此改由干沟谷坡，沿山脊开辟一条山道，由管理局派约 20 人，修筑山路近两个月才修至"五一棚"。这条山路环着山腰，弯度大而平缓。

到了海拔 2400 米，山势陡，多为连续的拐弯。到了海拔 2500 米，则进入一平缓的环形地带，而后到"五一棚"。这一地带不仅平缓，而且路上常铺垫了华山松和落叶林的针叶。路的两旁有每年 4～6 月盛开着的各种杜鹃花。因此，我们把这一条路取名为迎宾路，并在山口处的华山松上挂了一块迎宾路的木牌。"五一棚"至白岩也是环行山路，风景独特，有一种圆叶杜鹃，在岩上可见到山下的山谷，还可以看到大熊猫冬季活动留下的踪迹，同时这一条线又是大熊猫所食的冷箭竹和拐棍竹的交界地带。因此，通过这一条路线观察，即可大体了解到大熊猫的一般习性。由卧龙关至"五一棚"需要一个半钟头，即便人多，两个钟头也可到达，待观察后两个钟头即到管理局招待所。自我们建立了"五一棚"观察站后，经常有不少中外大熊猫爱好者，尤其是参加夏令营的中学生和野外实习的大学生，来到卧龙自然保护区，提出进"五一棚"参观的要求。但我们一般不允许人们进入"五一棚"以上山区到二道坪大熊猫活动的核心区域内去。

一、"五一棚"的自然环境

"五一棚"海拔 2500 米，位于保护区管理局的西边、牛头山的西段、齐头岩北麓，观察站区域的面积为 30 平方公里。境内河流有臭水沟、金爪树沟、转经沟及干沟。臭水沟源于牛头山，除主沟外，尚有 1～3 条支沟；全爪树沟源自齐头岩，除主沟外，另有牛刀偏沟汇入，经白岩而下汇入臭水沟，最后于卧龙关下注入皮条河；干沟源于二道坪，流程最短，流入皮条河。整个臭水沟水系最长，中上段呈扇状辐射于境内，下游沟谷狭窄。在臭水沟的中段山腰多平缓的肩坡，其中有一泉水，含硫很多，很远就能闻到一股硫黄味，故将此沟取名为臭水沟。含硫的泉水处是扭角羚、水鹿等有蹄类动物常光顾的地方，随时都能见到它们从不同方向来此饮水的活动踪迹，也是猎民到此猎杀这些珍贵动物的场所，现成为摄影者隐蔽的最佳场地。上段各支沟尾部谷宽开阔，乔木高大挺拔，冷箭竹青枝绿叶，十分茂密，为大熊猫常年的栖息地，也是我们重点观察的区域。

境内的气候冬季最长，达五个月(11 月～次年 3 月)；春季为 4～6 月，常雨雪交加；夏季为 7～8 月，较短，较温暖；秋季为 9～10 月，凉寒而多雨。根据"五一棚"1979 年的气候观察记录，年平均气温为 6～26℃，极端最高气温为 24℃(8 月 4 日)，极端最低气温为-10.5℃(1 月 22 日)，1980 年 2 月 8 日为-14℃。常年气候凉寒而潮湿，4～10 月平均相对湿度为 83.7%～96.5%。

1949 年以前，四川军阀对境内森林沿各沟谷肆意砍伐，为图运输方便，利用溪流将木材随水漂至皮条河，然后至岷江，更过分的是摧毁向阳山坡上的林木用以种植罂粟(鸦片)，牟取暴利，殃及民生。因此在观察区域内，海拔 2900 米以下的原始森林曾受到不同程度的破坏，经过 30～40 年的自然更新，才基本恢复。

　　海拔 2500 米以下，由于卧龙关的村民活动频繁，砍伐灌木作为薪炭，砍伐乔木修房建屋，森林破坏较为严重，仅陡峭山脊有少量落叶阔叶树，如红桦、椴树和槭树等。林下尚有拐棍竹，每年春季大熊猫都会顺着山坡下山采食拐棍竹的竹笋。在"五一棚"下方是臭水沟的西坡，为原草地，采伐后有一人工营造的落叶林。林下灌木层有供大熊猫食用的拐棍竹和少量短锥玉山竹(大箭竹)，冬季除了有大熊猫活动外，还有果子狸、林麝、野猪、毛冠鹿、水鹿等大中型兽类和红腹锦鸡、雉鸡等鸟类活动。海拔 2500～2800 米为针阔叶混交林，原始森林中的冷杉和红桦在 20 世纪 40 年代多被采伐，现残留的乔木层出现两层，较高的是铁杉、麦吊杉、华山松，较低一层为红桦、槭树、椴树和野樱桃等，灌木层中下段有拐棍竹，中上段全为冷箭竹。这一带除大熊猫在境内活动外，树栖的尚有金丝猴、复齿鼯鼠，半树栖的有黑熊、小熊猫、云豹和金猫，隐居于林内的有扭角羚、野猪、毛冠鹿、林麝和小麂，林缘处常有鬣羚和斑羚活动。在隐蔽场所，有以追逐动物为食的豹、豺和豹猫，穴居的有猪獾、豪猪、竹鼠等。这一带的鸟类也特别复杂，晨昏有叫声似婴儿哭啼的红腹角雉和似鸭"嘎嘎"鸣叫的勺鸡。林间有各种杜鹃，围着山谷"布谷布谷"地叫，还有婉转歌唱的画眉，快叫时，似珠落玉盘，慢叫时，如行云流水，真乃"鸟类歌唱家"。树枝上有多种莺类在不停地翻腾，扑扇着翅膀上蹿下跳，欢乐无限。还有各种山雀在"呼呼"地叫着，歌声轻快，怡然自得。树干上则有几种啄木鸟，不停"咚咚"叩诊，寻找害虫为食。抬眼可见蓝天白云上常有翱翔的鹰隼，瞪着敏锐的双眼追寻着可口的猎物。低头可寻地上向阳的草丛间常有毒蛇菜花烙铁头，它的体色斑斓，黄、绿、黑、红相杂，实为对人的一种警示。

　　海拔 2800 米以上为针叶林，这一带因过去只受到了轻微采伐而保持着原始状态。此林带结构单纯，乔木层以冷杉为主，下段有少量桦木，灌木层主要为冷箭竹，相间有杜鹃和花楸，是大熊猫喜欢活动的区域。金丝猴秋季也在这一带成群结队，隐居有扭角羚、小麂和林麝等。鸡类逐渐减少，有小群的血雉，林缘有斑尾榛鸡，还有多种羽色鲜艳华丽的朱雀，毒蛇分布逐渐减少，溪间沟谷发现有山溪鲵。

　　大熊猫活动于平缓且林深竹茂的山坡，在不受干扰的情况下，它们活动的范围不大，可以数天，甚至 10 多天在一小范围内活动。大熊猫活动的区域对坡向也有所选择，主要活动于阴坡和半阴坡环境。仅春季在向东、东西或西南阳坡活动的次数增多，占 32%，其余各季仅占 25%。这是因为阳坡比阴坡干燥，水热条件不如阴坡和半阴坡，不利于植物生长，故大熊猫多选择在阴坡和半阴坡环境活动。但在受到干扰的情况下，大熊猫常四处游荡，寻找最适合的安静的环境栖居。

二、大熊猫的生活习性

　　大熊猫依水性很强，它们的栖息地和所活动的区域总是离不开水源，即使是在竹林资源丰富但缺乏水源的区域依旧难见其活动的踪迹。因此，它们除以含水量较高的竹笋为食，吃竹茎和竹枝叶时每天必饮 1 次或 2 次水。这一习性在冬季积雪较厚时，迫使它们扩大活动范围，到较远处去寻找水源。有些泉水较暖，覆有薄冰，它们便会用掌击破，然后掏出一个水坑舔饮，并就近采食竹，或顺溪沟走出一条明显的饮水径。在河谷阶地、肩坡、台地活动的大熊猫，多沿水鹿的兽径垂直而下饮溪流的水(图 2-23)。有时个别个体或患有某种疾病的衰弱个体，因活动区域较远，下移饮水时常出现反复暴饮，俗称为"醉水"，以致行走蹒跚。

图 2-23　过河的大熊猫

　　大熊猫还喜温湿的环境，由于它们喜食的竹类多生长在阴湿的环境，经长期适应，以致其毛发深且厚实，毛尖光滑富含油脂，寒气不易入躯体，因此获得了不惧寒湿的习性。一年四季，大熊猫从不冬眠。在冬季，即便气温降至-4～13℃，只要不完全被雪覆盖，它们仍能在积雪的林中活动，甚至有时还在雪地卧休，留下几团至十多团粪便和采食残痕。但在冬季，它们有惧风寒的习性，乔木层郁闭度或不避风的风口处它们都要回避。

　　大熊猫的性情孤独，好游荡，除繁殖发情期外，一般均过着孤独的独栖游荡式生活，尤其在春季和冬季，这种习性更为突出。这主要与它们春季寻找竹笋和冬季寻觅水源有关。据观察，它们活动的高峰期是在每天的晨昏时，但也有发现表明有时它们在夜间活动，而白天睡眠时间较长。它们睡觉的地点不固定，随处可栖，常在大的冷杉、铁杉等树下，有时也在茂密的杜鹃或箭竹丛中，主要是在避风处。夜宿的卧穴常留下 20 团左右的粪便，午睡或日间临时休息，常留下 10 团或 3～5 团粪便，加上游荡时所留下的 1 团或 2 团粪便，一天(24 小时)约排 100 团左右的粪便。若食物基地资源丰富，高大乔木稀少，林下枯枝落叶厚实，它们会连续几天在同一处夜宿，以致留下的粪便常堆积一百多团。

　　大熊猫会爬树，也能游泳。爬树行为以发情交配期和被追逐躲避时最为明显。在春季或秋季，它们还会爬上树进行日光浴，尤以幼体大熊猫较为常见。大熊猫虽常给人一种慵懒的印象，但游起泳来毫不逊色。它们在卧龙渡过皮条河，在甘肃渡过白水江，在平武渡过涪江，在四川青川和陕西相邻处渡过嘉陵江上游，在都江堰渡过岷江。

　　大熊猫爱嬉戏，白天虽会避人，但夜间并不惧人。据观察每年5月是它们撅食拐棍竹笋的季节，夜间它们会到"五一棚"附近活动，采食竹笋，甚至在距"五一棚"20米处还有其夜宿的卧穴。在其他地方，冬季常发现它们游荡至伐木场的工棚，或山区村寨，找寻人们丢弃的猪骨、羊骨吃，甚至有时进入猪圈吃残留的猪饲料，有时进入厨房找寻骨头或残食，将屋舍中的粪桶、铁锅、拉锯等搬出，舐咬、嬉戏后，弃置于郊野，还将圆形的蜂桶搬出，或吃蜂蜜，或玩耍嬉戏。古时山村铁锅、饮鼎多附有油脂，大熊猫常搬出野外啃咬舐舔油层，被村民误以为它们食铁，故一些地方把它们称作"食铁兽"（《北川县志》）（图2-24、图2-25）。

图2-24　珍珍在冷箭竹林间穿行

图2-25　熊猫在吃拐棍竹

　　大熊猫的视觉和听觉都较差，这与它们深居密林有关，其视野和声波受阻导致其视力不好，两耳不聪，但其嗅觉特灵敏，甚至在漆黑的夜间也嗅得出竹笋的老嫩、竹茎的青壮。在很远的地方，它们能嗅闻出异性的位置，在冬季常有一些体弱或幼小野生动物死亡，它们能嗅出去吃尸体。若幼仔远离母体，它们能依靠嗅觉找回。它们的嗅觉神经以发情季节最为敏感，此时两性之间主要靠嗅觉通信，它们不仅能嗅出同类伴侣，还能嗅出发情的不同时期。

三、大熊猫的食物及食物基础

　　大熊猫主食高山、亚高山森林中的各种竹类。卧龙保护区从高海拔到低海拔河谷，主要的竹类有冷箭竹、华西箭竹、短锥玉山竹、拐棍竹、油竹子和白夹竹。在"五一棚"观察站30平方公里的范围内，竹林覆盖面积占85%左右，总计有25.5平方公里，其中冷箭竹面积占竹林面积的70%，约为17.85平方公里，其余以拐棍竹为主，约有6平方公里，短锥玉山竹分布面积很小。拐棍竹在境内主要分布于"五一棚"以下海拔2300～2500米一带；海拔2500～2600米为拐棍竹与冷箭竹的过渡地带；2600～3400米为冷箭竹分布区域。观察区域整个山体为牛头山西段北麓，属于阴山，这里的竹林不仅面积大，生长发育也很旺盛，是大熊猫最好的食物基地。

　　据调查，在同一地区，同一海拔高度，甚至同一种竹，它们在采食时也有选择。大熊猫最爱采食分布于海拔 2700~3100 米区域的中山冷箭竹，而海拔 3100~3400 米区域因受地形、灌木层郁闭度及早霜、晚雪等各种自然因素的影响，冷箭竹发育不良，它们很少去光顾。同一海拔高度的垂直带，由于森林组成、小气候和光照等差异，大熊猫总是选择最好的食物基地。这些地方，一般地形比较平坦，隐蔽条件良好，少天敌，竹林面积大，竹林覆盖度为 60%左右，每平方米有 80~100 株，高度为 80~110 厘米，竹株多处于营养生长期，林内气候阴凉潮湿，这样的区域才是它们最佳的食物基地。

在冬季，大熊猫爱选择距水源很近的食物基地。它们对气候的变化也很敏感，每当大雪降临之前，它们爱在小山脊、猪鼻梁或两条沟之间四处游荡，然后找一处最佳的食物基地，直到大雪降后的一两天内基本上不再转移，留下的卧穴和粪便较多，饮水径较明显。当积雪开始融化，或下一次大雪开始之前，它们又开始寻找下一个食物基地。

夏秋季它们采食的地方，多在沟尾、山脊、山段等较阴湿凉爽的平塘。这时竹枝茂叶新发，采食的区域相对较小，一般仅仅几十米或近 100 米的范围内，留下的粪便多而密，常达数百团。

另有一些特殊的环境，大熊猫常年安居于此，鲜有转移。例如方子棚，海拔 2700~2800 米区域，不仅食物基地优良，尚具有在漫长冬季能采食的优点，因此在这一带周围多能见到它们留下的踪迹。

大熊猫不爱采食采伐过的迹地、林荫道的空地，以及高海拔（3200~3500 米）区域所生长的冷箭竹。因这一带冷箭竹很稠密，每平方米平均多达 110~115 株，植株高达 150~200 厘米，覆盖率常为 80%~100%。例如观察区域西北侧的干沟，是经 1974 年大面积采伐后留下的迹地。据当地老猎人称，在未采伐前，这里是大熊猫良好的食物基地，经砍伐后，已形成一层悬钩子、冷箭竹灌丛，覆盖率达 50%以上，植株高 150 厘米，据统计，每平方米有冷箭竹 122 株，其中老年竹有 111 株，幼年竹仅 11 株。由于缺少上层植被，阳光直射，改变了小气候，并受霜季的危害，造成竹林生长稠密、纤细、发黄，营养价值很差。从 1978 年开始的为期两年的调查显示，这一带的大熊猫并没有入竹林内活动，只是顺着我们观察线的路上偶尔采食一些路边枝叶。

单纯的冷箭竹类，密度、数量差异大，大熊猫除冬春游荡过境时，偶顺兽径采食少量，从不入竹林内活动。

生长在海拔 3200~3400 米山脊上的冷箭竹，由于坡度大，土层瘠薄以及气候条件等因素的影响，导致生长的竹株外形纤细且矮小，出笋也少。每平方米仅有 50~60 株，平均高度仅为 60~70 厘米。据 1979 年 9 月下旬观察，在海拔 3200 米以上，冷箭竹下部的竹叶已由绿变黄，开始掉落，之后到 10 月上旬降一次早雪，然后又加上白头露，使枝叶很快掉落 70%~80%，仅留下上部分，似火烤过一般，叶片开始由绿色变为橙黄色，逐渐经历失水、枯萎、干瘦的过程，最后蜷缩成针状，即完成一次生命的长跑，以致大熊猫除夏末秋初偶游于这一带采食，其他季节很少到此处。

大熊猫喜吃竹笋，尤喜刚萌发的新枝嫩叶。在观察区域内，每年 4 月中旬左右，拐棍竹笋从中低海拔到高海拔相继出土，"昭苏万物春风里，更有笋尖出土忙"，生机勃勃，充满着蓬勃的生命力，乃是大熊猫最美味的食物。这时，大熊猫不惧路途遥远，纷纷从冷箭竹林中向下迁移，采食鲜美的竹笋。有时由于气温的影响，出笋时间会推迟，如 1980 年 4 月底至 5 月上旬才出土。大熊猫按往年季节于 4 月中旬来此采拐棍竹等为食，结果扑了个空，又回到了冷箭竹林中。到了 5 月上旬，当竹笋出土已高达 15～25 厘米时，它们才再次下移大量采食。当竹笋长至 80～120 厘米时，它们很少采食，即使偶尔采食一点，也只咬食笋节间部分，两头笋节咬弃。大熊猫在采食拐棍竹笋期，也偶尔采食一些 1～2 年生的拐棍竹笋，采食时在离地 30～50 厘米处或较高一些地方咬断，多数情况下，要将竹笋剥弃后只食竹芯。它们吃竹笋时是坐在地上吃，用前肢搬笋，再用门齿剥下箨壳，然后一节一节地咬断咀嚼后吞下，它们在一些竹林里留下一堆一堆箨壳，但很少见到断笋的笋桩(因在土深处)。从这些吃笋的痕迹可以判别大熊猫与黑熊、野猪等动物采食竹笋的区别。

竹笋出土的时间在同一海拔，随光照、坡向和竹林的密度而异，一般阳坡先于阴坡，一丛竹的林缘先于林内，疏林先于密林。大熊猫也能随之在竹林内辗转选择竹笋相对较粗的采食。

此外，不同地区的大熊猫还有喜食当地所产竹的习性，如卧龙保护区英雄沟饲养场，饲养着由大凉山、美姑来的大熊猫，它们过去是以当地地方竹和筇竹为主食竹。在卧龙投喂冷箭竹时，它们虽不拒食，但不喜食，生病时甚至拒食。只有投喂引进的或运入的地方竹笋时，它们才吃得津津有味。另一只大熊猫来自毗邻的宝兴县，每每投喂其冷箭竹，它都很爱吃。大熊猫的食性是由食肉类演化而成现今的食竹类，因此，现今大熊猫仍然保留着肉食大熊猫消化肠道的特征，消化道较短，无复胃和盲肠等。经过漫长的演化，大熊猫发展出了一系列适应性代谢方式。因所食竹类中富含的竹纤维素和木原素在肠道停留不久，不能持久发酵，很难消化，故排出的粪便较多，成年大熊猫每天约吃 15 公斤以上的竹，排 100 团左右粪便，故它们必须每天饮水将所食大量不能消化的竹冲洗出肠道以保持肠道的畅通，咀嚼后有效地吸收竹细胞内的浸出物。大熊猫除主食竹类，也偶食一些其他的食物，如独活杆、木贼、悬钩子属的聚合果，野樱桃、猕猴桃、多孔菌……在其他地方还发现有食玉米秆、麦穗，在冬季捡食冻死动物尸体的情况。1979 年 2 月，在"五一棚"附近，我们发现它们捡食了豹猫、毛冠鹿留下的残尸体；1980 年 1 月，在白岩发现大熊猫捡食我们招引投放的山羊肉、猪骨头和甘蔗等。

四、大熊猫的繁殖

大熊猫平时过着独栖生活，每当春暖花开时，它们开始成对，或一只雌体后跟随数只雄体，相互追逐。根据求偶声的始末、成对活动的踪迹分析，在"五一棚"研究区域内，它们的发情交配期，在 1978 年始于 3 月 25 日，终于 5 月 14 日(不同个体观察)；1979 年始于 3 月 22 日，终于 5 月 10 日左右。偶有个别求偶期始于 2 月下旬。"五一棚"大熊猫种群发情期可持续 51 天左右，但配对的前期到后期持续时间为 4～14 天不等，一般约为一周。

大熊猫两性发情时间多在春季且常发出求偶声，俗称为"嘶春"(图 2-26)。在观察期间能听到的求偶声有四种：一为吼声较大，声音洪亮粗大，由高而低，单声地吼叫，有时一次叫一声，有时连叫 3～6 声，停半小时至 2～3 小时后又叫；二为"吭吭"声，声音高亢圆浑，较吼声小，一连数声，间隙不久又叫，这种声音在发情期较为普遍；三为"哼哼"

声，单音或双音相连，连叫 3～9 声，间歇 4～12 分钟又叫，声音较粗而洪亮，与吼声相似；四为犬吠声，连续急促，有紧迫感。发情高潮时还会出现咩叫声。

图 2-26　求偶

在对大熊猫发情期长达两年的观察期间，我们共有 10 天听到求偶声。这 10 天的天气中有 6 天是晴天，4 天是阴转晴或晴转阴。在阴天，阴雨天和雨天尚未听到。叫的时间是每天 9:30～17:30，尤以 11:00～15:30 最为频繁。

从踪迹分析，3 月下旬至 4 月上旬，大熊猫多发出求偶声，但多为单只，可视为求偶的发情初期；从 4 月 10 日开始，直至 5 月中旬，一般都是成对或多只活动，可视为择偶期；配对和交配为发情盛期或末期。在发情盛期，打闹声、求偶声频繁，活动范围相对缩小，空气中能闻出一种特殊的气味。发情求偶期间卧穴相距很近，附近的冷箭竹常被成片吃光。此时求偶声较为频繁，彼此活动加强，烦躁不安，时而树上，时而树下，抓树啃枝痕迹显著。从一啃下的直径 5 厘米的树枝犬齿痕迹看，左右犬齿间齿痕有两对，大熊猫齿间距一对为 2.5 厘米，另一对为 3 厘米，说明雄雌都有烦躁不安啃枝的行为。

根据成对活动的踪迹统计，1978 年观察区域内共有 4 对大熊猫，它们分别活动于白岩上面、金爪树沟尾、上干沟和臭水沟。海拔为 2600～2900 米，活动范围约为 1 公顷。这些区域地形平缓，坡度为 5°～15°，大熊猫的活动时间为 10～20 天。各对活动区域都较僻静，互不重叠，各有临时领域。

到了 1979 年 9 月 14 日，它们开始在巢洞筑巢，说明此时已临近产期，但从 1978 年 10 月 22 日发现的当年产仔的洞等及其踪迹分析，这只大熊猫产期较晚，应是 9 月下旬至

10月上旬。据此可知，大熊猫的产仔期，在"五一棚"为9月中旬至10月上旬，孕期为5月左右。在调查期先后一共发现有5个洞巢，其中4个是调查前产过的，一个是调查期间产的洞巢。这些洞巢都在海拔2700~2980米的针阔叶混交林里的老年树茎空心洞中，环境十分僻静，隐蔽性强，外界影响较小。树洞的形成是由于采伐时在树基砍了几斧或年老腐朽空心，里外相通而形成洞巢。卧巢是由树根间的一个卧穴形成，洞巢与卧巢内部有铺垫，形成窝，窝内有20~40厘米厚的朽木屑，而卧巢的铺垫则是由一些枯枝落叶堆积而成。大熊猫所选择的这些洞巢或卧巢都是数百年高大的冷杉树或铁杉树，周围环境安静，隐蔽条件较好，食物基地和饮水条件较优良，且位于它们典型的栖息地较为中心的位置。

大熊猫在营巢时常对空心树或根隙略做加工，如1979年9月14日发现2号树洞已衔入了3根长30~50厘米，粗约1厘米的花楸树和野樱桃树的鲜树枝，洞内的杉木粉已被踏平，说明有大熊猫正准备在此筑巢，但由于我们安装的仪器在巢内被它发现，受到了干扰而放弃，且选择他迁。所筑成的窝结构简单粗糙，铺垫内的窝呈浅盘状，由外衔入的35~63根干、枯、鲜枝的冷箭竹、藤条、木块和苔藓等构成，将长的枝条或箭竹弯成弧形，交叠成巢边；较细的枝条和苔藓重叠在巢的内缘，巢底则利用树洞中的杉木粉和碎屑等构成。卧巢是由衔入的20余根冷箭竹，咬断成40~66厘米长的竹竿，连枝带叶铺在巢底，巢的内缘是由衔入的干、鲜树枝和木块筑成盘状，巢外缘则为树兜的树根。

树洞外堆积它们在洞内排出的粪便。1号洞由于洞的前地面陡斜，不便出入，于是它又从3米以外衔些干枯的树枝堆积厚30~40厘米作为垫脚，大熊猫进出从上面走过，已踩得很光滑，不少粪便都排在洞外堆积。

在1号洞前上侧方约30米处，有一腐朽的冷杉树倒在坡上，两侧和前面有3棵胸径为40~54厘米的冷杉树形成屏障，形成一个凹穴。大熊猫曾于此用爪抓下倒树内的腐朽部分，3棵树上均有抓痕，附近尚留有几团粪便，树干上擦有一些毛发，但后来放弃了进一步作巢，选择了1号树洞为巢（图2-27）。

图2-27 珍珍产崽树洞

3号穴巢是树兜形成，留有加工的痕迹，大熊猫啃了穴周的树皮、根皮和木质部分，并将啃下的这些弃物作为窝的铺垫。

　　野外双胞胎大熊猫如图 2-28 所示。无论是洞巢(图 2-29)或卧巢，在巢内外或被抓处，或粪便堆都发现一些较细而柔软的体毛和黑褐色的体毛，以洞口和巢内最多且向外分散，足见是自然擦脱的体毛，并无拔毛作窝内铺垫的习性。

图 2-28　野外双胞胎大熊猫　　　　　　　　　图 2-29　树洞里的大熊猫

　　在原始森林中，由于过熟林多或采伐后留下的老树多而密集，采伐后自然更新速度快，这种环境留下的树巢和卧巢都较多。上述的产仔树巢，在 80 多平方米的范围内就发现有 6 个树洞巢与卧巢。由于它们从产仔、育幼到护幼经历时间较长，一般都是两年一胎，幼期至少为一年半时间，故它们在不同的发育期利用洞巢的最长时间为 1~2 月，若遇干扰随时都会搬迁。1971 年曾在宝兴发现一母体腋下带有幼仔，被人追赶掉下，称其重仅 200 克(初生约月余)，后由 2 人哺育并取名"兴兴"(即 1972 年赠予美国的大熊猫)。在野外根据洞穴旁堆积的粪便数量可推测其在洞穴育幼的时间长短。在无干扰的情况下，可多达几百团，时间长达 30~40 天，相应的环境也很好，洞穴巢辐射 20 多米，洞穴外分散的粪便也十分密集。随着幼仔长大，洞穴只作临时夜宿休息或遮风避雨之处，洞穴旁留下的粪便较少。

　　从上述各种踪迹可见，大熊猫产仔，从找洞穴、筑巢、哺育幼仔到育幼均由母体承担，可谓母系社会。幼仔约 1.5 岁时离开母体，过着游荡的生活，直到成年方有自己的巢穴。

五、大熊猫的种群结构以及影响因素

　　我们经过对"五一棚"大熊猫两年繁殖及生长周期的观察，了解到此区域共有约 25 只大熊猫，其中参加求偶配对的共有 5 对，占 40%，成体未参加的个体有 8 只(其中一只带有幼仔)，占 32%，衰老个体有 3 只，占 12%，幼体有 4 只，占 16%。从这种年龄结构看，若排除影响因子，它们的年龄结构较为稳定，并有增长的趋势。但从全面的角度进行分析，尚有一些主要影响因素，影响着它们的年龄结构。

　　从大熊猫的繁殖力分析，它们性成熟的年龄较其他动物稍晚，多为 6~7 岁，并需要两年才生一胎，而一胎又大多仅产一仔，幼仔出生后十分纤弱，一般平均约为 100 克，实际是个早产儿，它们要半岁以后才能活动，这段时期，风险较大，容易夭折，实际存活率为平均三年能存活一只。

它们的众多天敌中对幼仔产生威胁的有金猫和黄喉貂，对其成体和老弱个体形成威胁的有豺和豹。1974 年春，在进行珍稀动物调查之初，就在白岩发现一只约一岁半的亚成体大熊猫被豹危害；1979 年 5 月，在与"五一棚"邻近的英雄沟发现一只被豹危害的个体，从残留的头骨分析，仍为一只亚成体；同年 8 月 7 日，在白岩至简棚子间发现在一堆豹粪便中有大熊猫幼体的爪和毛。仅一年内在"五一棚"观察境内就发现了两只被害大熊猫，足见在境内豹对它们的危害较为严重。而在四川唐家河发现对其危害严重的是豺。

大熊猫的疾病主要有蛔虫病、疥癣病及蜱螨，其中较为普遍的是蛔虫病。1978 年，我们曾对部分大熊猫粪便进行蛔虫卵的检查，发现其感染率常在 70%以上，在野外也发现过粪便中带有蛔虫体的例子。两年的观察除于 1978 年发现一只自然死亡的个体（已腐烂，仅存毛发，估计死于 1978 年前），尚未发现有蛔虫病死亡个体（但在第一次调查时，在宝兴、北川，尸体检查发现由于蛔虫穿胆或胰而死的个体）。可见在"五一棚"蛔虫病影响尚不太大，但推测对部分个体可能影响它们的生长发育及繁殖，因当年发现有个别成年个体单独游荡，不发情却参加繁殖，这是否与蛔虫有关，还不得而知。蜱螨吸血主要危害家畜，在"五一棚"蜱螨一般随牛羊放牧而传播，在海拔 2400～2600 一带发现有少量出现，对大熊猫影响不大。疥癣病主要在有蹄类中流行，大熊猫体毛密厚不易感染。

在"五一棚"，与大熊猫竞食的动物较多，食竹茎的有竹鼠，食枝叶的有小熊猫、水鹿、毛冠鹿和扭角羚（冬季），但由于境内拐棍竹和冷箭竹分布的面积大，而大熊猫分布的数量相对较小，且多独栖，分布不集中，故影响不大。但食竹笋的动物，除上述动物外，更多的是野猪、黑熊，其次是猪獾和豪猪。另有昆虫幼虫钻竹笋后，使之死亡。1979 年春，由于这些动物抢先采食和践踏竹笋，致使这一年春季一部分大熊猫失去了食笋机会而上移食冷箭竹，另一部分则不辞辛苦赶去别的地方觅食竹笋。

干沟由于大量采伐，乔木层严重破坏，竹生长过密或纤细，枝叶衰败，加上调查期间冷箭竹局部开花而丧失了这块往昔的大熊猫栖息地。

村中的居民时有入边缘地带伐木用以薪炭烤火，并在境内安装猎套的现象，既对大熊猫和其他动物都造成了严重的威胁，也不利于我们观察。

六、西河的考察

"五一棚"观察区域在牛头山西段北麓，是很少有人进入的原始森林，且南麓的河谷即西河，河流急湍，河谷陡峭。1979 年夏天，我们最初组建了 20 多人的考察队伍，准备用 20 天的时间，对西河进行一次考察，考察的目的是了解这条河流域附近的大熊猫在无干扰的情况下，其生存状况如何。

20 多人的考察组中有民工 9 人，负责运输帐篷、粮食和炊具。当时在高山区粮食还比较紧张，售粮要配搭 2%的杂粮（豌豆）。管理局用车把我们送至巴朗山脚下海拔 2400米处皮条河的河谷，然后我们再沿梯子沟河谷，向高山崖路登跋。村民之所以称这条沟为"梯子沟"，是形容要登上这条沟，如同登陡梯上青天，其艰难险阻可想而知。路虽艰险，但因其上有高山草甸的牦牛牧场，故有人攀登。经过一天的艰难跋涉，算是过了森林的分布区，进入高山草甸，开始有牧犬、放养牦牛，千山一碧，广袤无垠。第一晚我们借宿于牛场的简易牧棚，第二天开始沿着山脊进发，沿途可见高山灌丛中山花争先怒放，各种山花五颜六色、斑斓绚丽，无怪乎《汶川县志》把巴朗山称作"斑斓山"。由于牧牛和放牧人的影响，除鼠兽较多，没有见到较大的兽类，但国家重点保护的雉鸡和绿尾虹雉时有所见。草甸中的小云雀、朱雀、红嘴山鸦以及天空中翱翔的雄鹰，对我们这群陌生人，似乎感到惊奇。下午五点多钟，到了巴朗山向东分出的牛头山的山脊，海拔已上升到了 4000米。这一带出现了流石滩和十分矮小的杜鹃。我们夜宿于村民用石搭建的石棚子，很低矮，尚能通风。棚旁石缝中窜出一条时走时跳的长尾蹶鼠，对我们一点也不畏惧，大胆地就近找寻我们吃剩的食物。这种小鼠在我们标本室尚稀少，便顺手抓了一只做成标本带回。

从石棚子往下，有一头扭角羚走过的兽径进入西河的源头。我们继续沿兽径向河谷下行。随行的有教植物学的虞泽荪老师，我凡是见到扭角羚吃过的植物，都虚心求教名称并一一记下，以便了解它们的食性。到了中午突然乌云密布，狂风大作，怎么也难于将火引燃作炊。最后只好割下带来的肥盐肉，用作燃料才将火引燃。简单地吃过中饭，匆忙赶路，不久风雨交加，冒雨走 3～4 个小时到了河谷悬崖处，架帐篷准备夜宿。就在当天晚上，民工提出路太险，不管工资再高也不愿和我们继续一道走出西河。经过一夜的劝说无效，最后我决定只留下 7 人，其余 10 多人给足两天粮食让他们返回。他们提出还要酒，留下的人不同意给，我只好把我的一壶酒拿给他们。凡是我们认为可简便的，甚至包括帐篷太大、过重也都带回，最后只留下粮食、盐肉、鸭绒睡套、一支猎枪、三把刀、一把斧头和一张军用地图。

7 人中除我和植物学老师虞泽荪，还有一个学生叫郭延蜀，他对植物也很熟悉，还有卧龙保护区的刘为刚和一个西河下游的村民，我们都叫他宋老二，另外两个都是来自卧龙愿意和我们一道的村民。根据地形图，我们始终沿着主河道下行。由于是原始森林，河谷除淹没区全为植被所覆盖。根据刘为刚的经验，凡是野生大型动物走过的地方人基本上都能通过。因此，我们沿着河床，根据动物走过的时上时下隐约的兽径行进。到了下午五点钟左右，在距水源较近，又有大树遮蔽的地方露宿。高山夜间像冬天一样寒冷，大家呈一字形睡成一排，脚前烧着一大堆大火，燃烧的全是桦树，虽是鲜活的但也易烧，一夜砍上4 棵，堆积起略一米高足够燃烧一整夜。

行进中最险要的是走过峡谷，数丈高的悬崖直立于湍急的河边之上，想要过此难关，只好沿着悬崖往上，找到断裂处有很薄一层风化土，曾有大型野兽走过的痕迹。我们 7人轻手轻脚，相距一定距离，缓慢走过，若这一层薄土遇上滑坡，人必随之而下跌入深渊，粉身碎骨。

悬崖冒险通过，又遇上第二次突岩相阻，我们企图涉水而过。我们先用一根绳套住最年轻的郭延蜀的腰尝试涉水，结果水实在太深只好将人拉回。我们再次沿着突岩往上攀爬，绕过后再往下攀缘进入河谷。若这次试涉成功，只需几分钟就通过了，但经过上下绕行，足足花了两小时。就这样，遇险则绕，实际上从地图上看，每天只走了 1 公里多。从河源到下游，距约定植物组接我们的直线距离只有 25 公里，而我们所带的口粮只备了 20 天，而到达河源时就已经耗费了两天口粮，若按日行 1 公里计算，至少差 5 天口粮。因此，只好改变原计划，决定加快速度，日食三餐改为两餐，并将晚餐改为稀饭加野菜。只有这样节省日粮，才能维持到到达目的地的那一天。

　　虽一路艰险不少，但到了海拔 2800 米以下，就能见到大熊猫的活动踪迹，西河流域共有四种竹能供它们食用，分布最高的有冷箭竹，中段有短锥玉山竹，下段有拐棍竹，河谷有刺竹子。这四种竹可供它们在不同季节食用，尤其是短锥玉山竹和拐棍竹的竹笋是它们春夏之交最爱吃的佳肴。结合各种环境看，这里的环境除山势较陡外，在一些夷平地带皆优于皮条河和"五一棚"。西河的大熊猫如图 2-30 所示。

图 2-30　西河的大熊猫

　　带路的宋老二是三江本地人，但他也从未进入过这里的原始森林。他一直怀疑怎么一条河需要 20 天才能走过，并肯定我们走的是山南边大邑县的鞍子河。我说我们是按图上标明的西河的河谷而下，不会走绕。宋老二打赌说，若我们没有走错，他愿到了三江乡请客，我说你肯定输了。由于有人怀疑走错路，加上粮食不足，其中 3 个村民开始出现了忧愁情绪。刘为刚和我们 4 人都说没错，并说一些有趣的事和动物给他们听，以解他们的愁绪。

　　走到第 23 天，我们终于发现了挖药、割漆、砍树等人类活动的踪迹，这给大家走出困境增添了足够的信心。往上走到河边找到了一处曾有人住过的大岩穴。我们砍了许多竹作为铺垫，照例脚前燃一大堆火。可是到了凌晨 3 点多，鸭绒睡套和内衣裤全湿透了。原因是先前火势太大，热空气集中于岩穴内凝结成水，像降雨一样滴在我们的睡袋上。因此，大家只得起床烤睡袋和内衣。烤后大家围坐在火旁，等待天亮，吃过最后一次早餐，粮已耗尽。预计当天就能找到接我们的人，故大家心情都很愉快，特地将垫的竹子作为燃灯点燃，以表示这次西河之行将取得最终胜利。

　　这一天走得很快，到了正午，从地图上看，已经到了预约的盖壁耿千相会地。但几经齐声呼喊却无人回应。村民又开始情绪低落，因为粮已耗尽。我和刘为刚认为即使当天走不出，只要我们狩猎些野鸡，找些野菜充饥也一定能走出去。当走到下午 3 点多钟，村民开始厌倦，不时找巨石朝河抛掷，引起山谷巨大回声，这倒逗乐了大家，不时还有人抛巨石击浪震动山谷。大约到了下午 4 点钟，山谷回荡的吼声，终于有了众多的回声。大家高兴极了，我们不断地呐喊，他们不断地回应，终于上下两队隔河相见了。下午 5 点钟到了他们宿营地的对岸。由于河边有树，刘为刚最初砍了一棵中等高树，倒在河中被水冲走了，接着他又砍了第二棵最高的树，终于能够到对岸，再砍第三棵与第二棵相接，搭成树桥，使我们过河胜利会师。

两队一起共住一宿，第二天到了三江乡保护站，在乡里扯了很多野韭菜作为蔬菜，买了些肉，两队欢聚一堂，十分高兴，虞泽荪和郭延蜀还一起合照作为西河探险纪念。但虞泽荪老师说我们是溃逃的败兵，又有人说我们像落荒的土匪，两眼显得很大，胡须很长，一身肮脏衣服足够狼狈了(图 2-31)。

图 2-31　西河考察合影

第三章 国际合作

　　1970 年，在美国举行的世界乒乓球比赛中，我国荣获冠军，由此开启了"乒乓外交"。1971 年，美国乒乓球队到我国访问时受到了周总理的接待，此次访问轰动了世界，敲开了中美友好建交的大门。"乒乓外交"以"小球推动大球"打破了中美两国关系封冻已久的坚冰，成为中美建交史上的一段佳话。1972 年，美国总统尼克松访华，我国将一对大熊猫作为国礼赠予美国（图 3-1）。尼克松的此次访华，被称为"改变世界的一周"破冰之旅。此后，西方各国掀起了访华热，并认为获得我国馈赠的大熊猫是一种丰厚的政治待遇。从此，中国开始推行"熊猫外交"，打破了西方对我国 20 多年的外交封锁。1978 年，中共十一届三中全会召开，我国开始实施改革开放政策，并于 1979 年首次在科研方面与西方合作。

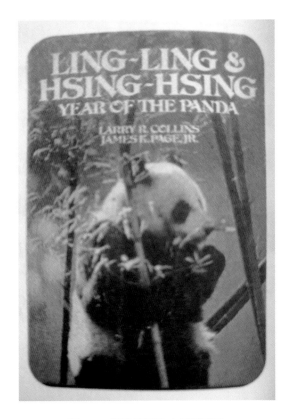

图 3-1　送给美国的大熊猫玲玲

　　当时，中国与西方合作的项目是与世界自然基金会合作研究保护大熊猫。WWF 于1961 年成立，成立时的、会徽会旗均是采用大熊猫图案（图 3-2），象征着该组织保护自然遗产的宗旨。1979 年，一个美国驻香港的记者 Nancy Nash 问 WWF："你用大熊猫作为标志，为什么不跟中华人民共和国联系合作研究大熊猫？" WWF 回答说："我们试过，不可能。"与此同时，美国斯密桑林研究院也计划与中国合作研究大熊猫，并获得了中国政府原则上的同意。因此 Nancy Nash 说："我试试，好吗？"于是 WWF 设在瑞士的总部雇用了 Nancy Nash 担任 3 个月的公关顾问。她紧接着拟了一份计划书，建议 WWF 和有关中方机构会面，讨论合作研究保护大熊猫。这个计划书通过香港新华社送到北京，该组织获准于 1979 年 5 月来华访问。

图 3-2　世界自然基金会会徽和会旗

第一节　基金代表团访问与讨论合作研究

1979 年 5 月，基金会来华访问四川卧龙自然保护区。代表团成员主要有基金会主席 Peter Scott 爵士及其夫人，基金会以熊猫作为标志，是 Peter Scott 亲自设计。他是 20 世纪保护事业的巨人兼作家、艺术家。随行的有 G. B. Schaller，他是保护动物协会保护部主任，曾在印度研究过老虎，在喜马拉雅研究过野山羊，也是第一个被政府批准进入羌境无人区开展藏羚羊、雪豹研究的外国人，是与我们一同合作研究的西方专家，也是世界上野生动物研究与保护这一领域的标志性人物与楷模，曾获得基金会金质勋章、日本国际宇宙奖、美国泰勒环境成就奖、美国国家图书奖等殊荣。

Nancy Nash 无疑是该项目成立的推动者，她的敏锐判断成为推动保护大熊猫和加强中外沟通的桥梁。中方政府主要有林业部保护处代表王梦虎，我作为基金会中方的专家组代表参加，代表团到了卧龙以后，由我作为向导，带领他们参观"五一棚"生态观察站。

1979 年 9 月 9 日，基金会主席 Scott、公关部主任 D. Mitchell、秘书长 C. Delaes 等 5 人，再次访问我国。他们先于北京经过轻松且愉快的旅游后，回到北京饭店一个房间里，开始具体谈判如何合作研究保护大熊猫。

王梦虎首先介绍了研究大熊猫需要建立一个可容纳 20 只大熊猫的圈养场，修建一座桥梁，以及一座水力发电站，全部建设需要费用约为 200 万美元。

Scott 答复说："长远目标主要是防止大熊猫种群因栖息地遭到破坏而继续减少数量，并通过野外调查与饲养繁殖，使它们数量增加。人工繁殖的目标是放回大自然，或送往动物园，使人们不再到野外去捕捉野生大熊猫。"他建议缩小圈养范围，减少计划开支，而建立实验室几乎没有必要，得出的结论是重点应该放在野外工作上。

王梦虎则强调保护大熊猫的研究，应从它们的生物学各个方面开展，不能只局限于野外生态研究，没有研究中心，就没有大熊猫研究计划。

Scott 又说："世界自然基金会是向公众募集基金，不是银行。公众不喜欢花钱买设备。就目前的状况，我们不同意支付设备建设工程。"谈判从一开始实已陷入僵局，但基金会又不愿谈判破裂，因为这不仅意味着该合作计划将被搁置，而且募款活动也会随之而取消。而原计划将这一项目放在 1981 年基金会 20 周年活动里的策划，也将会受到干扰，更何况还有美国斯密桑林研究院也在争取这一项目。由于种种客观与主观的原因又促使 Scott 继续谈判下去。因此，此后会议全部用来讨论财务问题。王梦虎提出："中方想知道世界自然基金会到底能为研究中心提供的建设费用占几成。因为所有计划都必须交国家基金建设委员会。计划要包括目标、规模、费用、进度……我们必须先知道基金会的款项数字，才能编制计划。" Scott 答复："世界自然基金会现在没有钱，可以给个计划，以后我们为大熊猫所募集的款项或许有 10%，最多不超过 25%，可以用在建设方面。"这样一个模糊的数字，中方当然不会满意。经过磋商，中方建议 200 万美元建设费基金会负担一半，而 Scott 则要求将建设费压缩到 100 万美元，但中方没有同意这一压缩计划。

当天晚上，Scott 给瑞士总部打了电话，总部回话说："100 万美元吓不到我们，200 万美元也无所谓。"因此，大熊猫计划在双方的努力协商下终于达成共识，我们都开心至极。第二天早晨，Scott 在会上首先发言："我们承认保护大熊猫，有必要成立研究中心，基金会愿意提供 100 万美元。这笔款项不包括设备、野外装备、野外出差及其他费用。"

Scott 离开北京以后，Schaller 和 Nancy 草拟了一个行动计划，然后交给我们讨论修改。行动计划包括两个部分。

1980 年 6 月，基金会特邀了当时国务院环境办公室四位官员赴欧洲参加基金会年度大会，并于会上签署了大熊猫研究计划的协定书。该协定书拟定同年 11 月由 Schaller 和我一起到"五一棚"开启野外研究工作。由于成立研究中心所需的实验仪器设备等尚未落实，中方要求把计划延后。1980 年 11 月 16 日，由 Delaes 一行带领，随行的有负责中国事务的 Schaller 和 Nancy，中方则以国务院环境办公室曲格平为首，还邀请了该室张树忠、金鉴明，林业部王梦虎，科学院动物所朱靖参加，我也有幸参与此次会议。朱靖在会议上提出了未来研究中心必需的仪器设备，包括原子吸收光谱仪、电泳、声谱仪等。会议持续了八天，仍旧毫无进展，双方代表间的不满也此消彼长，计划随时都有半途而废的可能。Delaes 重申讨论仪器设备的问题也自然没有结果，Schaller 建议未来采购仪器时应该咨询有关专家，避免不必要的浪费。会议无疾而终，于是决定于次年 3 月中旬针对仪器问题再开一次会议。

11 月 30 日，Schaller 离开北京到成都，由于执行计划尚未获得最后的批准，Schaller 暂时到成都动物园观察大熊猫育幼，中间穿插一次去峨眉山，同行的主要有 Nancy 和我。当时山上已有很深的积雪，白雪皑皑，雪国千山，琼楼玉宇，宛若仙境。从金顶往下看，当真领略了"会当凌绝顶，一览众山小"的气魄，也不禁想起苏东坡曾发出的感叹"峨眉山西雪千里，北望成都入井底"，实乃大自然的神奇之处。我们决定在金顶住一晚，次日早起观日出。太阳浮于云海之上时像一道佛光普照大地，金光灿灿，似心灵得到了启迪。然后，我们步行一天走下山，Nancy 体力不支，下山后的几天脚都跛行。三个月后 Schaller 和我一起回到卧龙开始野外工作。

关于仪器购置一事，由 2 月年会讨论得出结果，基金会承诺募集价值 100 万美元的仪器供给研究中心。之后实际只提供了少数几件，约值 40 万美元，未完全履行其承诺。

这一年春节，我和 Schaller 一起在卧龙保护区度过，但我们并不感到孤独，因为卧龙保护区工作人员为我们精心准备了一场春节宴会，好不热闹。

第二节 捕捉与诱捕大熊猫监测

1980 年，我和 Schaller 回到了"五一棚"，其他工作人员周守德、彭家干、田致祥、王连科，炊事员唐祥瑞等皆在此。"五一棚"共有两个帐篷，我和 Schaller 同住一个，另一个留与其他人住，还有一个牛毛毡棚作厨房。每天我俩走一条观察线(共 7 条)，以便 Schaller 了解地形和熟悉大熊猫的一些习性，追踪大熊猫冬季活动情况。彭家干负责修诱捕大熊猫的圈。修好后每个工作人员轮流每天专门检查一次看是否有大熊猫被捕住，并观察诱捕的羊肉、猪骨是否有大熊猫来吃过，并不断增添。只要大熊猫由圈外进入圈内，触动机关即被捕获。

除了诱捕圈，1981 年 2 月我们下山，由保护区领导招待，美国动物协会还派了两位兽医芮德和杜伦赛克，以及田纳西大学的奎格列，他们带来了麻醉药和诱捕大熊猫的脚套。自有脚套后，每天还派人上、下午各检查一次，以免大熊猫被套住过久，造成扭伤。圈捕和套捕大熊猫的目的都是要在它们的颈上挂上一个无线电发报机，然后放归山野，每天用监测器监听，以便了解它们的活动情况。

每天查圈和查套安排了日程表，大家分路轮流值日。我和 Schaller 除查看，每天还要追踪一条观察路线。遇到雪地上或冰上有大熊猫足迹、粪便都要进行测定，遇到吃过的竹子的残痕则追踪统计吃了多少竹子、是竹的哪部分、竹龄多大，并一一记录下来。尤其下雪以后是最好的追踪天气，新雪覆盖了旧的踪迹。追踪一天新的踪迹就了解了它们一天的活动情况。这样工作一天后裤子由于雪融化而湿透，内衣由于出汗也很潮湿，只有不停地走动，才能感到躯体是暖和的，稍一停止即感到寒气刺骨。午餐我们带的是早晨蒸的包子，到用餐时已完全冻结了，我们戏称它为"凉心包子"。吃时不能停着吃，也需边走边吃，不然会冻得难受。虽然如此艰辛，但只要每天能发现大熊猫踪迹，我们也心满意足了。Schaller 几乎每天都要背一袋大熊猫的粪便回营地，并由他的夫人负责称湿重、烤干称干重，并将粪便的组成(茎、叶、笋)分别选出称重，以了解不同季节所食竹子各部分的比例，工作就这样一天天重复着。

1981 年 3 月 1 日，我和 Schaller 各走一条观察线。Schaller 走白岩那条线，因头一天小王(王连科)查圈时看到一只大熊猫，因此他想去找着那只熊猫。我走"五一棚"背后山坡到二道坪的观察线，到下午衣服已湿透，干枯的竹叶挂在头发上和胡须上，汗水已结成冰珠。这些我全然不顾，因为白岩的大熊猫吸引着我，我只想快点下山绕过白岩，碰碰运气看能否见到大熊猫，功夫不负有心人，果然在横向白岩的山脊上，听见大熊猫在"嗯嗯"地呻吟，而且正在路的前方。随着步伐加快，呻吟声也逐渐清晰，终于发现了！呻吟的来源是一只约两岁半的幼体，它正被一只成年大熊猫追赶到云杉树的树冠小枝上，摇摇欲坠，而成年大熊猫因体重重无法追上树枝，正彼此对峙着。我静静地在那里观察了约半小时，有时走走暖和一下身子。这时 Schaller 也由白岩一路跟踪上来，我用手指暗示他看坡下的那棵大云杉树，他会意后发现了大熊猫，我们一直观察到 5 点 10分，瑟缩着的幼体大熊猫呻吟地叫着，悲伤的呼唤传遍了整个山谷。几分钟后，它又再次呻吟。我们看到另一只粗壮的大熊猫终于饶过了这只可怜的幼仔而退下树。退下时，抓扯下一大片树皮，然后消失在竹林中。幼小的大熊猫摆脱了大家伙后，就不再战战兢兢，转而紧靠树干决心无视寒冷和夜幕的降临，静静地留在原处。这时山雾已填满了整个山谷，把重叠的山峦连成一片。我们露出久违的笑容，到"五一棚"追踪大熊猫已两月，今日终于见到大熊猫的真容(图 3-3)。

图 3-3　野外的大熊猫

第三节　寻　　踪

一、捕捉大熊猫

3月初雪已解冻，报春花无视未全融的雪盖而灿然盛开。"五一棚"生态观察站的人也日渐增多，Schaller夫人、北京潘文石、东北林业大学王学金每天轮流例行查看，焦灼地等待着能早日成功捕获大熊猫，以使我们能进行无线电跟踪。3月10日，小王急促地跑回观察站，兴奋地告知，在白岩附近诱捕的脚套已套住了一只大熊猫。Schaller和奎格列分别带上无线电项圈和麻醉用具，赶到现场。只见大熊猫蹲坐在一棵树下，它的前脚被脚套套住，它拼命地抓树，试着脱身但徒劳无益，只好用困惑的眼神凝视着我们。奎格列估计它有60公斤，并按计量配制了麻醉药，麻醉过程并不轻松，首先用吹筒将注射器射入它的前背，却不料针尖弯了，只注射了少量，并没有起到麻醉效果，而后注射了第二针，它却昏迷不深，紧接着又注射了第三针，它终于安静了下来(图3-4)。我首先检查了它的前掌，幸而没有被套伤的痕迹，而后仔细检查了它的其他体征，鉴定他的性别为雄性，睾丸还在下腹内没有进入阴囊，年龄大约为两岁半，体长138厘米，肩高71厘米，尾长5厘米，体重为54.5公斤。检查结束后，我们迅速地给它戴上无线电项圈(图3-5)，它开始渐渐地恢复知觉。我们用网将它网住，直至它完全苏醒才将网打开，让它重获自由。之后的每天我们都用接收器确定它所在的位置，每月至少记录它5天24小时的活动情况。这只大熊猫可能是由外地迁移来到"五一棚"区域的，3月1日曾被追赶至云杉树上的就是它。我们捕捉它放归后，它越过"五一棚"区域的山腰，进入沟内的一片残林，这是一片大熊猫争夺激烈的地盘。

图3-4　龙龙　　　　　　　　　　　图3-5　颈圈

过了两天，即3月12日下午，老彭回到"五一棚"说，设在转经沟旁的铝制笼关了一只大熊猫。老彭、Schaller等4人急忙拿着麻醉器具、睡袋以及其他装备快速赶到捕获处。

这是一只雌性大熊猫，不时发出威胁的吼声或快速撞击牙齿的声音，见不能吓走我们，便发出很大的吼声。这时天已太晚，来不及给它戴上项圈。于是决定由 Schaller 和奎格列两人守护着以确保其安全，并监听 3 月 10 日所捕捉的大熊猫夜间的活动情况。13 日晨，我们从"五一棚"又去了 9 人，上午 9 点 37 分开始麻醉，然后将它拖出笼外。我挤压了它的乳头，没有乳汁，可能是因为幼崽夭折了。奎格列测它的脉搏，每分钟为 65 次，体重为 80.3 公斤，体长 100 厘米，尾长 13 厘米，肩高 81 厘米。掰开它的嘴，从牙齿磨损情况看，该大熊猫已进入中年，左下的第四颗前臼齿和第一、二臼齿都脱落了，还有几颗牙齿上结着厚厚一层坚硬的灰色结石。牙齿的缺失可能影响了它吃竹子，以致其显得比较瘦。把无线电项圈戴上后，我们又将它送入笼中，等待它的苏醒(图 3-6)。11 点 45 分，它的行动已恢复正常，我们打开笼门时它发出吼声，但并没有迫切地一跃而出，而是静坐了 25 分钟后才试探性地伸出头来，左右张望确认没有危险后，飞快地冲入竹林，似恢复了足够的体力，掀起一阵竹浪。次日，晚饭后，我们开会讨论给两只熊猫取名。最初有人提出用无线电的频率，将 10 日捕的雄性叫 153 号，12 日捕的雌性叫 194 号，但用数字不能给人一种美感。人们常用诸如"美美""丽丽"等重叠字来称呼，以显示对它们的喜爱。我提议将雄性取名为"龙龙"，龙除了与保护区名字有关，还可表达龙子之意，立刻获得了通过。雌性的名字提出了很多，难以一致，最后潘文石提出用"珍珍"，有珍贵、珍稀、珍妃等含义，也得到了大家的赞同。

图 3-6　珍珍

4 月 19 日，我们在转经沟又捕获一只雌体，年纪和龙龙相当。它被诱捕后，很温驯，还乖顺地将前掌伸出来，任人抚摸，憨厚可爱的样子让我们欢喜不已。当我们在它头上抚摸时，它不但没有躲避，反而靠我们更近，对我们丝毫没有戒备之心，我们递给它的竹子它也吃得津津有味。它的体重为 52.3 公斤。由于它的性情宁静，故取名"宁宁"。5 月后，它又被捕捉了一次，据我们推测它可能是珍珍的后代。1982 年 3 月 10 日，我们同它失去了无线电联系。它离开了"五一棚"出生地，很久都接收不到它的信息，有时偶尔能收到，估计它可能翻山到西河去了。

12 月 22 日，我们在白岩捕获了一只成年雄体。它被捕获时，一直弓着背，头埋在后足下，保持着沉默，显得十分警惕害怕。当时中央人民广播电台正在录制我们的研究计划，他们有幸拍摄了从麻醉到释放的全过程。这只大熊猫，在我们给它称重时，突然站起来，大力挣脱后穿过很深的积雪，往臭水沟方向跑走。

两天后为圣诞节，节日气氛十分浓厚，两位厨师和我们乐此不疲地忙了一整天。圣诞树是 Schaller 的夫人专门到二道坪珍珍的洞巢里取来的杉树枝，上面挂了 Nancy 从香港基金会寄来的闪闪发光的彩带，树下放了互赠的小礼物。下午 6 点聚餐，共 18 人挤在厨房旁的小木屋里。在互相祝福中，我宣布了两天前捕获的大熊猫取名威威，大家举杯为威威干杯。

1981 年 12 月，Schaller 回美国去了，5 日我们在转经沟梁上捕获了一只成年雄体，它的肩很宽，体形很大，体重为 106.7 公斤。几次咆哮后，静静地坐在圈内。这次没有外国人，全由我们自己操作，由英雄沟饲养场的兽医王雄清给它进行麻醉，我给它戴上颈圈，周守德负责录像。根据古籍记载，貔貅凶猛，因此给它取名貔貔。

1982 年 1 月 21 日，我们在金瓜树沟又捕获了一只两岁的雄体，体重为 52.3 公斤，它显得异常凶猛，我们只在它身上挂了一块黄色号牌——81 号，便将它放归。之后它又曾两次进入圈内，我们都照常将其放回山野。

1982 年 1 月 11 日，我们在方子棚捕获一只壮年的雌体。虽然我们没有称它的体重，但估计约有 95 公斤。因为它的体态憨厚，我们给它取名"憨憨"。不幸的是它为我们提供了一年的信息，1983 年 1 月 24 日，我们发现它被偷猎者所设圈套套死了。从乳房挤出的乳汁看，它正在哺育 4 个多月的幼崽。4 月 5 日，在憨憨被害处的不远处又发现一只正在抚幼的雌体被套死。经军犬追踪，有关部门抓捕了设套的嫌犯，是卧龙乡的村民冷智中，经公审后被判了刑。

1984 年 4 月，我们捕获一只雌体，取名为莉莉；1984 年 9 月又给一只老年雄体桦桦戴上了无线电颈圈并放归山野；1985 年还捕获了一雌体叫"新星"；1987 年捕获了另一只雌体叫"星月"。这期间 Schaller 已经离开了我们，我时而在"五一棚"生态观察站，时而辗转唐家河白熊坪观察站。

二、大熊猫的觅食行为

任何一种动物，必须捕食适应它的食物和寻找相应的觅食对策，才能满足其自身所必需的能量，经历了八百万年的生存环境的变迁和适应，大熊猫已由肉食动物演化成为以竹为生的一类独特动物。竹子属禾本科植物，分布广泛，尤以亚热带和热带竹类资源特别丰富，但以它为生的野兽却很少，在我国，最典型的只有竹鼠、小熊猫和大熊猫。但这些动物的生态位所处的环境有差异，竹鼠为穴居动物，而小熊猫与大熊猫食性虽同，但它们觅食行为和对食物的选择各有其特殊的对策。

三、食性

　　各山系的大熊猫所食的竹类，主要是它们所生活的亚热带气候温湿环境的高山竹类（人工饲养的主要是低山温暖环境的竹类）。这些竹类在分类上又可分为刚竹属、木竹属、方竹属、玉山竹属和箭竹属共 39 种，但分布较广的仅 15 种，而大熊猫共分布在五大山系中，各山系的主食竹类一般仅为 2 种或 3 种，最多的是凉山山系，达 8 种或 9 种。例如，秦岭仅木竹和秦岭箭竹两种，岷山有缺苞箭竹、冷箭竹、八月竹，凉山有筇竹、大叶筇竹、八月竹、马边玉山竹、短锥玉山竹、白背玉山竹、空柄玉山竹、石棉玉山竹、冷箭竹等（但在大熊猫巢域内仅有 3 种或 4 种）。

　　在研究区域内，大熊猫常吃的竹类仅冷箭竹和拐棍竹两种。大熊猫喜食冷箭竹茎、枝叶和老笋以及拐棍竹的竹笋，但小熊猫仅吃低矮冷箭竹下部的竹叶和拐棍竹两种矮小竹笋。小熊猫爱活动的地方多为阳山，而大熊猫则多为潮湿的阴山坡。

　　我们从一年四季大熊猫拉的粪便分析，99%都是竹子的茎、枝叶和笋，大熊猫偶尔也会食其他一些植物，尤其是在竹子开花后，如杂草、玉米、树韧皮部等，统计多达 20 余种；在冬季还捡食冻死的野兽幼崽尸体，如在粪便中发现有林麝毛、金丝猴毛、毛冠鹿毛，甚至有大熊猫爪和小型啮齿类动物。

四、觅食行为

　　大熊猫摄食竹子的方式，一般情况下取决于竹子的生长阶段，而不同地区的不同竹种也有差异（如大熊猫从北到南分布于不同山系，气候条件有差异：北方气候条件严酷，生长较慢；南方气候温和，生长较快），在研究区域，仅冷箭竹和拐棍竹两种。

　　大熊猫采食竹茎和竹叶时，通常是坐着，用前掌的指爪将一根青绿的竹枝抓住（年老枯黄的一般不会采）使它向一旁弯下来，用嘴咬断。有时在距基部约 3 厘米处咬断，残桩高度取决于竹子是老笋（即当年未发枝的幼竹）或成年竹，大熊猫随生长增高，采食留下竹子残桩一般高度为 15～25 厘米或只吃老笋尖，留下的残桩可达 80 厘米。大熊猫一般吃竹茎时只吃竹枝桠以下部分，将长满枝叶的上部丢掉，偶尔也有把枝叶咬下来，吃掉上部的情况。吃拐棍竹茎时，常要剥弃竹节和竹皮，但冷箭竹不剥竹皮。每一口咬切一次或迅速地咬切几次。每口平均咀嚼 2.3±0.7 次。逢冬季吃老笋比吃成年竹茎的量显著增多，吃时常是坐着或半坐着的姿势。

　　吃冷箭竹竹叶时它们用前爪抓住一株或几株，使其弯曲咬竹叶和枝的尖端，用前掌握住竹茎，然后将枝叶送入口中，立即咀嚼，更常见的是连续咬切几次后，才咀嚼。被采食过的竹子的尖端，常是整齐地咬下，犹如剪修过一样整齐，这是大熊猫吃竹枝叶与其他动物吃竹叶不同的特征。

　　大熊猫在冬季要吃拐棍竹的竹叶，但不吃竹茎，留下的竹桩较高，5～6 月它们要吃拐棍竹茎，并要剥弃竹节和竹皮，竹茎上部和较粗的基部弃食。它们咬嚼很迅速，每咬一口耗时约 2.3±0.98 秒，每口咀嚼约 6.5 次。

为了采食它们头顶上方的竹叶，大熊猫要么咬断竹茎，要么用双掌交替将竹茎拉过来，形成一弧形，然后仰面躺下，一口一口采食竹叶。

大熊猫采食竹笋时只吃拐棍竹竹笋，冷箭竹竹笋太小，等到老笋全长为竹茎时才吃。吃拐棍竹竹笋的时间在 4～5 月，竹笋出土生长到 50 天左右达到高峰，高度多在 50 厘米以下，从基部掰断，全部吃掉。竹笋至 50 厘米以上要留下笋桩，并要剥弃箨壳。大熊猫吃掉一根长 50 厘米的竹笋约花 20 秒，长 150 厘米的竹笋约花 70 秒。

它们在吃掉一根竹笋后会四下环视，若附近有合适的竹笋，在 1～1.5 米范围内它们可在原地坐着不动，有时它们还到 2～3 米以外，把竹笋搬回，再到原地采食，食后可见一堆丢弃的箨壳或咬弃的笋节。

白天，大熊猫凭视觉采食适合的茎、叶、笋，夜间则多凭嗅觉，分辨适合的可采食物。饲养的个体在有一大堆竹的情况下，也会嗅闻合适的竹采食，有时采食竹叶还将带叶的竹类在嘴里含着，反复晃动 3～6 次，才一口一口吃下，仿佛在抖掉沙泥，或集成数丛才咬切数口后咀嚼。

五、择优觅食

研究区域的冷箭竹与拐棍竹都极易被采食，但大熊猫觅食所花的时间差别很大。在拐棍竹林里只是每年 4～5 月发新笋时，它们才集中在这里觅食竹笋，而其他大部分时间都活动于冷箭竹林中。但不同个体也有差异，如 1982 年 5 月，如按 12 个月计，珍珍在拐棍竹林里觅食时间占全天的 14.5%，龙龙占 4.1%，威威占 4.9%。这可能与它们的性别、年龄有关，也与珍珍为雌性处于临孕期有关，威威为成体，因而比亚成体龙龙觅食时间要长。珍珍觅食竹笋时间相对较长，按全年来算，它在冷箭竹林所占的时间却占 85%，说明它仍然是以冷箭竹作为主要食物。

虽冷箭竹的茎和叶一年四季都会被食用，但每月大熊猫对竹茎和叶的选择所占的比例并不相同：从 11 月到次年 3 月的冬季，对茎和叶都选食；3 月或 4 月初只吃茎，却很少食叶，直到 6 月；7 月，叶在食物中又占相当大的比例；8～10 月几乎只吃竹叶。

1～3 月，我们在拐棍竹林中搜集了 36 团大熊猫粪便，其中叶占 75%，茎占 25%，而同期在冷箭竹林中搜集的大熊猫粪便竹叶占 27.8%。4 月下旬至 6 月，它们在拐棍竹林中只吃竹笋，对 1001 团粪便观测分析可知，新笋占 98.5%，竹茎仅占 1.5%，若按重量称，茎占 5.6%。

大熊猫对竹龄也有选择，如冷箭竹在冬季的 3295 个样本中老笋（当年出生幼笋除外）占 79.5%，而 2～3 年生的茎仅占 20.5%；4～7 月，2624 个样本中当年生的仅占 6.6%，其他 2～3 年生的茎占 93.4%；在 12 月至次年 3 月，对于拐棍竹茎部分，大熊猫采食当年生的茎的比例在 107 个样本中占 69.6%，2～3 年生的占 30.4%；4～6 月，在 316 个样本中，采食当年生的茎仅占 4.1%，2～3 年生的占 95.9%。

它们吃冷箭竹的竹叶，对竹龄几乎不加选择，如 9～10 月，它们共吃了 8517 株竹，都是吃的竹叶，其中老笋的竹叶（当年生）占 35.1%，两年生的占 24.3%，多年生的占 72.6%，选择不明显。在冬季,大熊猫爱吃拐棍竹叶,采食当年生的占 69.5%,采食两年生的占 18%,采食多年生的占 12.3%,吃竹茎仅占少量。

大熊猫爱吃拐棍竹竹笋,但也具有选择性。它们常选择竹丛外围的竹笋,喜食直径为 1.0~1.5 厘米的笋,1.0 厘米以下因太细,故不喜食(昆虫爱钻食),而 1.5 厘米以上不爱吃(1.3 厘米以上的竹笋有昆是,不爱吃)。对我们所做的样方进行观察表明,大熊猫只爱在竹丛外围或小片地采食竹笋,因为竹丛分布边缘竹笋密度和笋径都较内部高,内部竹笋稀而细。

采食竹不同部位的大熊猫如图 3-7~图 3-9 所示。

图 3-7　吃竹笋的大熊猫

图 3-8　吃竹茎的大熊猫

图 3-9　吃竹叶的大熊猫

六、食量及饮水

我们用全年的时间收集大熊猫吃冷箭竹所拉出的粪便并称出其鲜重与干重。水分含量从5月的60%到8月显著升高到76%，年平均为69.9%，全年无大幅度变化，说明它们需要水使食物滑过肠道。粪便上还有肠黏膜分泌的一层薄薄的黏液，有利于这些粗糙的粪便排出。

1982年1月17日～23日，我们在冷箭竹林中追踪威威5天半的雪地踪迹，发现它在这一段时间共排出粪便533团，平均每天排出96.9团，平均每小时排出4.0团。每团粪便平均湿重为211.5克，总重为112.7公斤，它每天排出粪便20.5公斤。按粪便的成分分析，食物中老笋占41%，枝叶占59%，这些食物的水分含量平均为46.3%。由于排出粪便的水分增加为70.1%，据此推算，它每天平均食用14公斤冷箭竹。

我们对珍珍采食拐棍竹竹笋的情况进行过统计，它平均每天吃竹笋624根，排出粪便163团，吃入的竹笋重40.8公斤。据陕西秦岭大熊猫食竹笋每天排粪便31公斤推算，大熊猫每天进食量为43.6公斤，又据雍严格在1981年的统计观察，大熊猫每天进食竹笋达57公斤。这些统计数字表明，大熊猫在春季若以竹笋为食则其进食量可达其体重的50%左右。

大熊猫的消化道保存了食肉类动物较短的肠道（一般为体长的4～5倍，一般食草类动物的肠道长度是体长的10倍以上）特征，故它们所食的食物在消化道滞留的时间较短，若吃竹笋，一般停留6～7小时，冷箭竹茎平均停留约10个小时，竹叶为13.8个小时。

大熊猫除所食冷箭竹平均含水量为46.3%，它们每天还必须饮水。1981～1982年冬季，我们在雪地追踪大熊猫共36.1公里，注意到有20个饮水处，平均1.8公里一个。我们在雪地里对威威进行5天半的追踪，发现它饮过7次或8次水，并涉过6条小溪沟，它完全可以在那里饮水，但没有饮，其中有4天是每天饮1次水，但其中有一天它饮过3～4次水。它们所饮的水多为小溪的源头水，水质很好，毫无污染（图3-10）。阮世炬1983年在秦岭观察大熊猫吃木竹时，发现其24小时内未饮水，但却排尿8次。冬季大熊猫常在雪地活动，我们从未找到它们吃雪取水的证据，这可能与用雪获水将会耗费大量能量有关。

图3-10　过河的大熊猫

七、大熊猫营养

　　大熊猫生活在高山分布广泛的竹林里，从我们每年追踪所观察到的大量觅食痕迹和它们在不同季节所排出的大量粪便可以得出结论：它们的食性99%是竹林的竹笋、竹茎、竹枝和竹叶，但它们偶尔要吃一些植物和动物，尤其是竹子开花后，大熊猫更易采食少量其他食物。在研究区域内，它们一年中有85%的时间是在海拔2600米以上的针阔混交林或针叶林下的冷箭竹林中活动。它们吃冷箭竹具有选择性：11月至次年3月的冬季主食冷箭竹的叶和嫩茎，4~6月主食老茎，7~10月几乎全食竹叶。每年5月和6月，多数大熊猫常到海拔2600米以下的落叶和常绿阔叶林下的拐棍竹林采食笋径为1.00厘米以上较粗的竹笋，而多弃笋径为1.00厘米以下较细的竹笋和1.30厘米以上较高的竹笋。每年当拐棍竹竹笋出土，一只成体大熊猫日食量常达50公斤左右，为它们体重的50%左右。一只成体大熊猫若进食竹叶和竹茎，其每天的采食量为10~18公斤。每年8~10月，它们几乎全以竹的枝叶为食，一只成年大熊猫每日进食竹的枝叶为7~10公斤。

　　关于竹子的营养，我们于1981年4月~1982年3月，每月在两处采集样品：一处是在海拔2850米的二道坪，采集冷箭竹；另一处是在海拔2450米的地方，采集拐棍竹。我们采集不同高度和直径的竹笋、两年生和多年生的竹，然后将每一年龄段的竹分成几个部分：竹茎（分上、中、下三段），以及竹枝和竹叶。它们为大熊猫所采食和未采食的相应部位。我们每月采13个冷箭竹样品和15个拐棍竹样品，每一份样品称出鲜重，烘干再称重，然后储存在塑料袋中。我们每月也搜集大熊猫的新鲜粪便，称其重量并烘干，咬烂的叶和茎都分开存放。营养分析交由东北林业大学曾科文负责。

　　一年中竹子的营养成分变化很小，故大熊猫一年四季均以竹为食。按营养成分分析，竹叶的蛋白质含量最高，其次是竹枝和竹茎。冷箭竹的竹叶和一年生的竹茎氨基酸均是平衡状态，故一年中它们以竹叶和一年生竹茎为食，其采食量在一年食物中所占比例最大。但是每年的10月下旬，冷箭竹有些竹叶开始发黄、枯死，到12月，我们对几株竹上的竹叶统计说明1/3的叶已枯死但仍附在枝上，4月下旬至5月上旬，大多数枯叶掉落，故春季它们不爱吃竹叶，最爱吃拐棍竹竹笋，因其含蛋白质含量高，但氨基酸含量不如冷箭竹。竹叶不仅蛋白质高，它所含的半纤维素和矿物质要比竹枝和竹茎高一些，而不易消化的纤维素和木质素的含量要低些。

　　按一只成年的大熊猫每天吃入冷箭竹12.5公斤（鲜重）计，它们每天摄入的蛋白质为242~646克，这个重量随季节而异，但维持生命和生长所需已足够。这说明它们每天大量食竹，主要是为了从竹中摄取可溶性的碳水化合物，以满足其生存所需的能量。

　　在研究区域内，冷箭竹是大熊猫最主要的食物，它们一年四季都以此为食，只是在短时间里有些个体也吃些拐棍竹。为了弄清楚竹子的密度和大熊猫获得的生物量，我们每两个月在冷箭竹区域选30个点，在拐棍竹区域选4个点，剪取一平方米竹子作样品。这些点都根据不同的光照、坡度和荫蔽度而选择。对每一平方米的死竹、活株与竹笋的数量进行统计，并将每一类型都称出重量，以确定每一成分在生物量中所占的比例。统计表明，在研究区域，每平方公里的竹至少可供养两只大熊猫，且不会对竹子产生影响，但对拐棍竹有影响，主要原因是其年发笋量少，存活率低。1981～1983 年，昆虫和大熊猫消耗竹笋 1/3～1/2。大熊猫择食粗的竹笋，存活的多为细的竹笋，会影响竹林的生长。竹子开花的灾害发生后，大熊猫也会选择吃草，其吃草排出的粪便如图 3-11 所示。

图 3-11　灾后大熊猫食草排出的粪便

八、大熊猫的移动方式

要了解大熊猫的移动方式，我们只得为它戴上无线电项圈，然后进行监测，以了解它们移动的位置。为了捕捉大熊猫，我们设置了脚套和捕捉圈（铝条和木制两种圈），共 8 个捕捉器。1981～1982 年，我们先后共捕捉了两只成年雄体和两只成年雌体及 3 只亚成体，共 7 只大熊猫。根据从这些大熊猫无线电颈圈发出的信息，我们可以获得它们的巢域位置和日常活动的情况。

巢域是每只大熊猫活动的范围，它们在这一范围内，不仅拥有食物资源，还有配偶及其他必需的资源。随着个体发育成熟，巢域大小也有变化。大熊猫一年四季都生活在竹林中，竞争对象少，觅食范围小，故巢域与其他动物相比相对较小。

在研究区域内由于年龄、性别不同，巢域的面积为 3.9～6.2 平方公里，成年雌体的巢域比雄体要小些。珍珍在两年内活动于 3.89 平方公里的巢域内，憨憨的巢域要稍大些，为 4.33 平方公里。但它们各自都有一块核心的活动区域——核域，范围为 30～40 公顷。雌体之间的核域是隔离的，但允许雄体访问，尤其在非繁殖期，雌体与雄体巢域有重叠。每只雌体一年大多数时间都待在核域中，尤其是 9 月产仔后到幼仔半岁期间。其余时间和其他雌体没有交集，因它们每年只利用了巢域约 10%的范围，故巢域彼此之间没有重叠。雌体所占据的核域地形上都是较平缓的山坡，如珍珍在二道坪，憨憨在方子棚。二道坪在海拔 2800 米的夷平地带，这一带森林密度和荫蔽条件好，林下湿润，冷箭竹生长良好，即使到冬季，少受寒风袭击，多数竹叶保持常绿，营养价值较稳定。核域内还常有数百年的古树，多位于两山梁之间，溪流纵横，古树为它们提供了产仔的洞巢。各种自然条件都能满足大熊猫育仔护幼和生活所必需的重要资源。

雄性成体活动行为与雌体和亚成体都不同，它们四处晃荡，活动范围更大，如威威占有 6.20 平方公里的巢域。在巢域内，除食物、饮水资源，影响其范围的是雌体。在威威和貔貔活动范围内，除珍珍，至少还有两只未戴颈圈的雌体。因此，它们的巢域不仅与成年雌体重叠，也与雄体有重叠。它们一年中多数时间都在监视自己巢域内的其他大熊猫。无线电监测表明，它们每月要活动的范围不小于巢域一般的范围(雌体仅在 1/10 巢域内活动)，即使在非配偶期，它们也要到成年雌体和亚成体的核心区域内去巡视，通过游荡使它们维护着社群的联系。因此在繁殖期，群内雄体之间少不了彼此争地。在"五一棚"研究范围内，常发现 2～5 个雄体为了 1 个雌体进行争斗，雄体根据优势序位获得交配权。

龙龙和宁宁都为亚成体。龙龙的捕获地在另一山坡，距此活动区较远，说明它是外迁入境的；宁宁(1981 年 4 月捕获)的捕获区和现活动区离珍珍较近，它可能是珍珍的后代，离开母亲到了它活动的边际地带，但两岁以后(1982 年 4 月)才远离外迁。据监测，龙龙(雄体)巢域为 5.73 平方公里，宁宁(雌体)为 4.28 平方公里，二者的巢域重叠，共有一块核域，这一区域比成年大熊猫的环境差，为 20 世纪 70 年代采伐后迹地。

冬季我们在雪地里追踪，可用步测量，于是我们根据连续数天无线电定位点的直线距离，测定大熊猫每天移动的直线距离，发现大熊猫日常移动的距离与其年龄、性别及季节密切相关(图 3-12)。

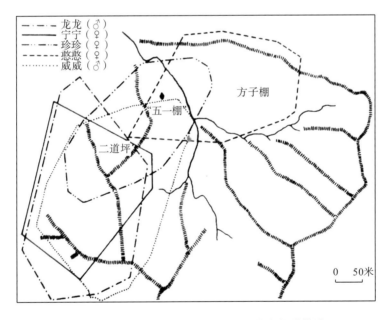

图 3-12 "五一棚"五只带颈圈监测的大熊猫巢域

对雌性珍珍在春季进行 115 次测量，其日平均活动距离为 280±24 米；夏秋季测量 129 次，其日平均活动距离为 206±23 米；冬季测量 98 次，其日平均活动距离为 180±26 米。

对雄性威威在春季测量 44 次，其日平均活动距离为 758±39 米；夏秋季测量 27 次(两年)，日平均活动距离为 367±25 米。

对亚成体宁宁(雌)在春季测量 38 次,其日平均活动距离为 459±42 米;夏季测量 95 次,其日平均活动距离为 269±27 米;冬季测量 79 次,日平均活动距离为 374±29 米。

九、周期活动

我们用无线电遥测、跟踪和直接观察等方法对 5 只野外大熊猫——龙龙(亚成体♂)、宁宁(亚成体♀)、珍珍(成体♀)、憨憨(成体♀)和威威(成体♂),进行每月连续 5 天(120 小时)的无线电活动监测(繁殖期连续监测长达 20 天),每 15 分钟记录一次它们的活动情况,每天记录 96 次。它们的行为表现,主要根据观察记录整理。

根据监测记录 5 只大熊猫的活动情况可知,它们平均每天有 57%~60% 的时间在活动,主要是觅食和游荡。这与它们的食量大、每天用于采食的时间长有关。

若按昼夜分别统计大熊猫的年平均活动率,处于生育期的雌体白天活动时间占 66%,夜间活动时间占 64%;雄性白天活动时间占 67%,夜间时间活动占 57%;亚成体雄性白天活动时间占 62%,夜间活动时间占 58%;亚成体雌体白天活动时间占 58%,夜间活动时间占 57%。

将 5 只大熊猫昼夜活动所获得的数据以小时计算,可见其日平均活动最高峰在黄昏 18:00,次高峰在凌晨 04:00,最低谷在 09:00,次低谷在半夜 00:00。成体珍珍和威威的双峰曲线最明显;亚成体有 3 个或 4 个高低不同的峰,表明它们活动之间有 3 次或 4 次休息时间。

大熊猫的活动时间昼夜兼行,不冬眠。早晨、黄昏有两次较强的采食活动。采食时常作"S"或"∞"形活动,以便选择可口和营养价值较高的竹株或竹笋。它们通常在半夜和午间有一次 2 个小时以上的休息,并于卧穴内排出粪便 20 余团。亚成体比成体多 1 次或 2 次休息,但时间在 2 个小时以内,在其短暂休息的穴内排出的粪便约有 5 团。除采食,大熊猫每天还有 1 次以上的饮水和短暂的梳理、搔痒、抓树等活动。

大熊猫的发情期多在 4 月中旬,少数时候在 3 月下旬和 5 月上旬。发情期昼夜活动增强。从珍珍、憨憨和威威 4 月 11~12 日的无线电监测记录可以看出,它们在 24 小时内,活动时间长达 16 小时 30 分钟~17 小时 45 分钟,不活动的时间很短。在日出后 2~3 小时和日落前 2~3 小时频繁的活动表现为不安或追逐配偶,且不时发出求偶声,很少进行采食活动。交配多在上午或下午,午间有一次安静的休息时间,夜间比较安静,很少听到求偶声。

大熊猫常在山脊或山谷游荡,休息时卧于树下或竹丛中的避风处。下雨天我们曾发现其在树洞内避雨,一般小雨时仍照常活动。冬季降雪对其活动一般无明显影响,但初雪(一月)或暴雪时,它们常向低海拔地区进行长距离的移动,待转晴后又迅速返回原栖息地。

大熊猫昼夜活动受季节变化、光照、温度和湿度等自然因子的影响,纬度和季节变化影响着大熊猫的繁殖和食性等生理活动,产生周期性的定时机制。卧龙地区开春较迟,每年 4~6 月为春季,7~8 月为夏季,9~10 月为秋季,11 月至次年 3 月为冬季。

春季成年雌体昼夜活动率为 64%~65%,白天与夜间的活动时间约相等,晨昏两次活动高峰均不明显;雄性在昼夜活动率为 69%,白天活动强于夜间,活动高峰出现 3 次,以黄昏最高，11:30～19:45 的活动率达 80%以上，其间在 19:00 常达 100%。亚成体由于尚未性成熟，无繁殖期的特殊活动表现，活动率为 59%～66%，晨峰较低，在 00:00 左右；黄昏峰较高，在 19:00 左右。

夏季，成年雌体活动率较低，为 55%～56%，晨昏活动高峰较明显，低谷期为 8:00～16:00 或 20:00，日间休息较成体雄体和亚成体都长；成年雄体活动率为 66%，日间活动率高于夜间，活动高峰与春季类似，晨峰早，日间休息时间短，在 11:00～14:00；亚成体活动率为 57%～64%，日间活动率高于夜间，日间休息 1～2 次。

秋季，雌体活动率很低，为 42%～50%，这与正值产仔期和秋季以竹叶为食有关。白日活动率高于夜间，晨峰不明显且低，黄昏峰最明显，低谷期为 10:00～13:00；成年雄体活动率为 61%；日间活动率大于夜间，晨峰及黄昏峰均明显，日间休息短，在 13:00 左右，夜间休息较长，在 02:00～06:00；亚成体活动率为 52%～54%，白天大于夜间，以黄昏峰最明显，日间休息时间在 04:00～10:00。

冬季，成年雌体的活动时间较雄体长，日平均为 59%～74%，是全年活动率最高的季节，活动高峰明显；成年雄体活动率为 57%，白天活动率高于夜间，日间休息较雌体和亚成体都长，在 06:00～12:00；亚成体活动率为 56%～58%，晨峰明显，下午常出现两次峰，日间休息两次，一次是 06:00～08:00，另一次是 14:00～16:00。

从以上分析可知其年活动节律，不同年龄和不同性别，其昼夜节律稍有差异（图 3-13、图 3-14）。

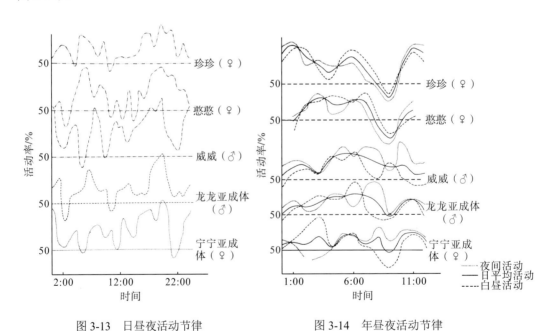

图 3-13　日昼夜活动节律　　　　　图 3-14　年昼夜活动节律

十、大熊猫的繁殖

大熊猫游荡于茂密的竹林中，平时彼此相遇，总是互相避让，过着独居的生活。但到了每年春季，处于发情期的成年两性个体间会通过嗅觉和听觉等进行通信联系，互相追踪引诱，然后求偶从而进行繁殖。大熊猫交配常为多雄配偶制，大熊猫性比为性二型。在野外，我们捕获的雄体威威为 97 公斤，另一雄体貔貔为 107 公斤，雌体憨憨为 88 公斤，珍珍为 86 公斤，雄体比雌体的体型平均略大 10%～12%。但饲养的体型比野外的要大，一般雄体平均体重约为 118 公斤，雌体体重约为 97 公斤，雄体体型比雌体平均略大 12%。雄性的犬齿和其他食肉类一样，比雌性的要高且粗，约大 8%，其上颌犬齿的三维量度(前后径、左右度和高度)平均数分别为 18.35mm、13.58mm 和 24.69mm，雌性分别为 15.47mm、11.39mm 和 20.06mm。雄体下颌犬齿的三维量度为 19.45mm、14.08mm 和 26.65mm，雌体的为 15.13mm、11.56mm 和 25.23mm。关于性比，我们从野外捕获的 6 只亚成体和成体比值都是 1:1，从野外获得的头骨(以犬齿确定性别)比为 1:1.18，与 1:1 无显著差别。圈养的 117 只大熊猫统计性比为 1:1.29，也与 1:1 无显著差别。

十一、性成熟期

野外的大熊猫性成熟期与圈养的相比晚 1～2 年。在野外，雌性于 6.5 岁初发情，7.5 岁性成熟，可以受孕。例如戴有无线电颈圈的雄性龙龙，其在 1986 年，即 7.5 岁时第一次参与争配，估计要 8.5 岁才能在争配中获得交配权。圈养条件下，由于饲喂精料多或增添了其他微量元素，性成熟较早，雌性到 3.5～4.5 岁开始初发情，4.5～5.5 岁可受孕(北京动物园丹丹 1986 年受孕，成都动物园锦锦 1987 年受孕)，但多数在 5.5～6.5 岁性成熟。在圈养条件下的雄性一般比雌性晚一年性成熟，并能产生正常的精子。但在圈养状况下多数雄性不具备交配能力或表现比较差(约占 90%)，雌性具有繁殖能力的约占 40%。故大熊猫的性成熟年龄与营养条件及饲养管理水平和性发育有关。

性成熟的年龄与成熟后能繁殖的年龄和种群的增长密切相关。大熊猫珍珍于 1982 年曾产过一仔，1985 年珍珍死后，对其牙齿切片进行年龄鉴定为 16 岁，推算繁殖年数为 6～7 年，而雌性两年才繁殖一胎，一生最多能繁殖 3 胎，但幼仔在野外死亡率大，说明大熊猫种群增长十分缓慢。雄性威威与貔貔在 1983 年曾参加过争配，但貔貔未能交配，这两只大熊猫于 1984 年死去，鉴定年龄分别为 17 岁和 22 岁。由此推测雄性至少在 16 岁还具有交配能力，到 21 岁不能参加争配，能参加繁殖的时间长达 13 年。

圈养大熊猫以成都动物园雌性(1974 年出生于马边，繁殖最多)美美为例，其 6.5 岁开始繁殖，一直到 18 岁，共繁殖了 13 年，产仔 9 胎，共 11 仔。卧龙繁殖饲养场雄性大熊猫盼盼 1985 年生于宝兴，6.5 岁开始交配，一直到 18 岁，交配时间最长，共 13 年，共配了 18 只雌性，产 27 仔。这说明圈养雄性生育期与野外的基本相同，但圈养的常强迫雌性断奶隔离，一年一胎，故其繁殖率实际比野外的高出一倍，且双胎多，人工辅助育幼，幼仔存活率高，增长十分迅速。

大熊猫发情期多在春季(4～5 月)，但会受栖息地的气候、受孕等因素影响。例如春季配后未孕，可能在秋季(9～11 月)再次发情。最早的在 3 月下旬，迟的到 5 月中旬，就我们在"五一棚"的观察，多在 4 月中旬，如珍珍于 1982 年 4 月 14 日受配，另一只未戴颈圈的雌体于 1983 年 4 月 15 日受配。但也有例外，如春季交配失效，秋季气温和春季相似，可诱发第二次发情。在岷山平武县曾发现有 1 月产仔的，推测其受孕期应在前一年的秋季，在秦岭类似的也有几例。2016 年，在卧龙繁殖基地有一只雌性于 12 月发情受配；在凉山马边，5 月下旬或 6 月初发现幼仔，推测其母体发情应在 1 月，这可能与栖息于低海拔、暖冬早春有关。在秦岭，一年中有两次发情期，即 1～4 月和 6～9月，多在 3～4 月和 6～9 月有求偶现象。例如 1980 年 4 月左右秦岭小芊子沟发现一幼仔约 4 公斤重，推测该幼仔应产于上一年的 12 月份。秦岭一只患病的野生大熊猫治疗后于当年 4～5 月发情，较其他有所推迟。大熊猫在野外产仔一般是两年一胎，但若早期幼仔丢失或夭折，或人工饲养提前于半岁断奶，第二年该大熊猫春季又会发情，至于秋季发情的事例，均由多种因素诱发所致，可视为个例。

十二、求偶交配

大熊猫每年在发情前期都会发出各种信息吸引异性，并通过环境中留下的嗅觉和视觉标志信息与社群中其他成员保持联系。

声音通信是大熊猫求偶时传递信息的主要通信方式。与嗅觉和视觉通信相比较，声音通信所携带的信息量最大，其传递速度快，空间障碍少，能远距离传递信息找寻配偶。此外，声音通信还能节省能量。

叫声是求偶时的一种行为表现形式。平时大熊猫独栖，很少发出叫声，偶尔发出叫声也十分单一。发情前期和发情时叫声有系列变化，是求偶行为的直接表达。我们用录音机录下发情期它们所发出的各种清音和浊音，通过声谱分析，大约由 11 种可分辨的声音组成，加上幼仔的"吱吱"叫声和"哇哇"叫声，共计 13 种叫声。这些声音按音素可分为清音和浊音。清音是不振动声带所发出的气流声，包括呼气、鼓鼻和牙碰声等生物声，当然这些不是叫声；其余是浊音，包括牛叫声、羊叫声、呻吟、狗吠声、"唧唧"声(幼犬叫声)、"嗷嗷"声、噪叫和咆哮，是振动声带产生的喉音，是叫声。大熊猫求偶所发出的声音相似，但频率不同。和已知熊科动物比较，大熊猫所发出的声音不同于熊科动物的任何发声。而且大熊猫发出的浊音(叫声)，特别是羊叫声和"唧唧"声，其基频相当高。根据大熊猫的发声种类及所代表的行为意义，按功能可将 11 种可辨声音归为 5 类。

(1)羊叫声，有时还有"唧唧"声，具有纯粹的社会意义，有助于个体间的交往。

(2)呼气、鼓鼻和牙碰声表达惧怕心理，但是呼气和鼓鼻带有进攻性以示威胁之意，而牙碰声带有防御性以示戒备之意。

(3)牛叫声与"嗷嗷"声虽然强度不同，但都表示烦躁和苦恼，无进攻意义。

(4)噪叫与咆哮是进攻性的叫声，表示威胁进攻。

(5)呻吟、狗吠和"唧唧"声，随着强度的递增，介于以上四者之间，是情绪逐渐变化的声音系统。

这些信号的作用视具体情况而定。在直接系统中，呻吟、狗吠声和"唧唧"声可以表示警告、自卫性的威胁，而"唧唧"声在求偶时可能还有社交信号的作用。

在发情季节，独居的大熊猫会发出呻吟、狗吠声、"唧唧"声、"嗷嗷"声和咆哮声，或单独发出一种声音，或发出系列声音，或各种声音混杂在一起，似乎用作长距离的招引。

叫声十分响亮，远近可闻，借以吸引其他个体。

声音的变化表明大熊猫在相遇时的情绪变化。有些叫声介于两者之间，如呻吟中带有嗥叫或某种粗沙的声音，咆哮中带有"嗷嗷"叫的声调。有些叫声组合成连续性的信号，如狗吠声逐渐变成"嗷嗷"声，呻吟变成咆哮。大熊猫的情绪随之从激动变成畏惧，继而变成进攻性的威胁和自卫性的威胁。它们在短距离间发出浊音信号的作用之一是发音者首先以此引起其他个体的注意，然后再通过面部表情、姿势和活动来传递信息。与其他食肉类动物相比，大熊猫在彼此相遇时喧闹声特别多，以不同的组合和强度发出不同声音形成一个复杂的信号系统，以此传达它们情绪的变化。

嗅觉标志也是大熊猫发情时常见的一种社会行为。它们不仅在所经之处留下大量粪便使各自特有的气味随之一路散发，而且两性外阴还有一大片腺区，能分泌一种黑色的分泌物。它们以各种姿势将这些分泌物遗留在平面或垂直面上，如果这种分泌物标志遗留在地上、大树桩或其他低矮的物体上，大熊猫则采用蹲位，以前后或圆周运动方式进行擦抹，用粗短而毛茸茸的尾巴抹擦一块气味标志。如果在树上留下气味标志，它们便转身将臀部上抬使尾巴上翘，然后擦抹。它们还可以用后腿，即一只后腿抬起，然后轻轻地扭动身体将分泌物涂上，但它们都很少用倒立式将分泌物涂在树干上。

在卧龙，雄性大熊猫在发情期前就开始用肛周在树基上进行气味标志，以冷杉或云杉基部为主。我们曾对 162 个气味标志进行调查，其中 94% 是冷杉树，其余包括 4 棵桦树、2 棵杂树、1 棵杜鹃树和 2 根木桩。被标志的树基在朝山脊或兽径那一面涂有分泌物，已变成微黑色并有光泽。在标志的上方有抓痕。标志多在海拔 2700 米以上的针叶林带的山脊小丘周围较低的山垭，但很少有标志位于溪谷。实际上它们是在行走的兽径上，而不是在巢域，若用抬后腿方式，标志斑高度为 1～1.1 米，若倒立，高度在 1 米以上。这种标志行为雄性比雌性强烈，尤以发情高潮时更为频繁，所发出的气味很浓，在一周内都能闻出来。在高潮期，肛周腺的分泌物还会黏附在粪便上，特别是雄性，故这时排出的粪便可通过嗅觉分辨出性别。发情时雄性的包皮除排尿，还会形成尿斑，这种尿斑与一般的不同，气味很浓，在 5 米之内都能闻出。

在秦岭，大熊猫发情前期为 1～3 月，这时两性都频繁地用肛周腺分泌物在华山松、油松和冬瓜杨等树干基部涂抹，路线多在山脊小径，多为倒退或倒立以臀部上下擦蹭式撒尿。擦蹭处留下嗅气斑，呈黑色，有光泽；撒尿部位的苔藓变成枯黄色并死亡。这种行为以发情高潮期最为频繁。

大熊猫在发情高潮期，除频繁增加涂留嗅觉标志和经常发出羊叫声，偶尔也发出"唧唧"的叫声，还表现出食欲不振，烦躁不安。当它们追逐相遇时，则摆出各种身体姿势通过视觉通信传递信息，同时也发出叫声。大熊猫和其他许多兽类一样，两眼直视即意味着将要进行攻击。或者一只大熊猫向着另一只颈部下倾，这种姿势不仅显示出它的黑色眼圈和黑色的双耳，头部还会慢慢地上下摆动。相反，如果表示无相争之意，则把头避开，或把头埋得很低，并用掌蒙住眼圈和嘴，有时还把头埋在两腿之间，以致头顶着地。它们有时还有"侧身炫耀"的行为，彼此相互接近，围着转圈，最后身体相碰撞。我们在野外还观察到一些侵犯行为：用掌猛击，相互用嘴咬住对方，用爪撕扯，彼此或蹲坐，或直立，身体相互抵抚。如果一只转身逃离，另一只就咬住它的颈背或肩部，同时用头猛烈地摆动。

受到攻击的一只滚倒在地，或侧身或仰天倒下，四足不停地抵打对方；有时骑住对方或全力扑倒攻击，撕咬抓扯；有时咬住头不停摆动。大熊猫发情时也有非侵犯性的接触，如它们也会仰天滚倒，似乎以此引诱对方嬉戏。

　　除拉粪排尿的嗅觉信息，大熊猫有时还会留下一些视觉信息，如抓树皮、咬树枝。5月25日，我们第一次观察到珍珍采食拐棍竹竹笋后将铁杉树抓下一块长75厘米、宽15～20厘米的树皮。另一次是在秋季，1975年3月28日，我们在青川唐家河保护区的火烧岭，观察到一只雌性大熊猫在树下向上发出羊叫声，雄性大熊猫在树上烦躁不安，咬断树枝，足有7厘米粗。我们在卧龙曾16次发现被咬断的幼树，直径为3～14厘米，其中87.5%为针叶树。咬痕平均高度为92.4±36.4厘米，最高为196厘米。我们除了观察到珍珍咬断树枝并拖入产仔洞，还在洞外发现有7棵近期咬断的树。许多树上还有不明显的爪痕，其中一些爪痕很深，离地面略1.5米以下的地方，甚至在它上树离地面好几米处都留有爪痕和摩擦树干的痕迹。我们曾发现有6处被大熊猫用爪将草皮或雪拨开，直径达30厘米的地方，这些地方多在地势突起的地方或大冷杉树的基部。它们还会在石头或其他物体的表面摩擦面颊、颈部、肩部、两侧和臀部，有时也会在地上翻滚蠕动，或抓草皮擦身体。这些行为较少见。除发情季节有视觉信息，其他季节可能是表明自己的存在，或是无意。相对而言，摩擦外阴行为具有重要的意义。

　　通过对大熊猫发情前、中和后期的观察，我们发现雌性发情虽然有烦躁不安行为，但却不好动，而雄性的活动较强，发出的羊叫声也比雌性多。在发情高潮到来之前，它们之间的接触包括扭打、拍击和撕咬等，雌性表现更主动。随着交配高潮临近，接触性质会发生变化。雌性则表现温顺一些，允许雄性爬到自己背上。当雄性上爬时，雌性安静地站着，时而翘起尾，背部下沉，雄性的两只脚掌平伸，放在雌性背部的中间，这时雄性脊柱前凸比平常更明显。在发情高潮期，雌性站立好几分钟，让雄性多次上爬。有时雌性后退靠近雄性，并呈上自己的臀部；有时也仰天滚倒在地，身体不断蠕动，温柔地用前掌伸向雄性。

　　在社群内一只雌性发情，会发出多种信息，凡能感受到这些信息的雄性便开始尾随。若雌性在发情高潮期活动于开阔山脊，信息较为开阔，尾随的雄性可能多达4只或5只，它们通过打斗争配，按序位获得交配权。若雌性发情高潮期活动于地势低洼、河谷处，所发出的信息将受到环境限制，引来的雄性较少，仅1只或2只，很少在打闹争斗后才交配。故其交配制多为一雌多雄制，可能有两只以上按序位进行交配，但由于雌性发情高潮期个体之间有先后，同一社群的优势雄体可能会出现一雄多雌现象。因此，也可将大熊猫的配偶称为混合式，既有一雌多雄配偶现象，也有一雄多雌配偶现象。交配多是在树下，也有在树上的，交配时多为晴天，交配姿势有跨爬式和抱式。交配完成后，上述行为即消失，两性分离，各自过着游荡的独栖生活(图3-15、图3-16)。

图 3-15 繁殖期的大熊猫　　　　　　　　　　　　　图 3-16 交配

发情持续时间仅 1～2 周，但高潮期平均为 2～5 天。1981 年 4 月 10 日，我们开始对戴上无线电颈圈的处于发情高潮期的雌性珍珍进行 24 小时连续监测。它这一天活动于一个陡峭的山坡，相对不太活动，但很烦躁，经常改变姿势。4 月 11 日仍待在原处，依然烦躁不安。该日 18:45 和 23:15，离它约 450 米的山脊上传来一只大熊猫的叫声。4 月 12 日 19:40 观察到一只大个体雄性，它不时爬上树，距珍珍约 400 米。4 月 13 日 16:05，两只雄体穿过开阔地，小个体走在前面，朝珍珍移动。珍珍在树上发出羊叫声，5 秒后大个体爬到它身上，但没有交配。大个体尾随珍珍，另一小个体叫喊着向前靠近，此时犬吠声、咆哮声大作，然后大个体爬上去，发出"唧唧"声，珍珍发出羊叫声，小个体走近，大个体把它撵走，两只雄体都发出嗥叫和呻吟声，16:10～18:05，总共见到大个体爬上珍珍身上 6 次，肯定有一次没看到；18:05～19:15，观察到大个体爬到珍珍身上 42 次，平均每100 秒一次。记录到的 39 例中，大个体爬到珍珍身上的时间为 33.8～35.3 秒，但不知道每次是否都射精。4 月 14 日珍珍又回到 12 日的地方。4 月 15 日它回到交配区域休息和采食。4 月 16 日，它朝山坡下面移动。发情期前后共 6 天，其中高潮期仅 2 天，交配期 1天，后期 2 天，然后离开，发情期结束。

1983 年 4 月 15 日，在研究区域的两侧转经沟与英雄沟之间的一个山脊上，发现有 5只雄性尾随一只雌体，雄性间展开了持久的打斗争偶。雌体伏在一棵树上，最初有威威、貔貔以及一只前额和身上带着血迹的大雄体，在树下互相吼叫，互不相让。经过一场激烈争斗，最后貔貔爬上树与雌体交配，前 3 次交配失败，第 4 次成功。爬跨前，雄性频频发出"唧唧"声，雌性发出羊叫声，极度不安，主动接近雄体。爬跨时雌体站着不动，前低后高，其臀部后移与貔貔接近。交配时貔貔前肢抱着雌体肩部，两后肢夹住臀部。交配时，两性保持平衡，雌体翘着尾，不时发出呻吟声，同时还可以看到雄体臀部肌肉强烈收缩引起的颤动，并不时用前肢抚摸雌体的背部。交配完，雄体放开雌体，迅速离开。与此同时，树下的威威与大个体雄体，还有一只中等个体雄性，相互对视，呻吟扭打，争执不休。貔貔和雌体下树，围着其他雄体转圈，然后雌体又爬上树坐着，朝着貔貔咆哮。这时又出现一只中等个体雄性,形成五雄相争。4 岁半的龙龙也在同一个山脊里,但它没有参加雄性间的争斗。

五雄争斗中貔貔占绝对优势。4 月 14 日晨,它首先接近雌体,并在树上交配成功。之后,它却让大个体和威威交配。4 月 15 日,一只中等个体与雌性也进行了交配,貔貔也在场,但并未与它争斗,看来其他 4 只雄体按优势序位都进行了交配,但是否都成功尚不知,可以肯定的是貔貔成功率最高。

4 月 28 日,上述雄体除一中等个体,其余 4 只雄体在二道坪围绕一只身份不明的雌体聚集在一起。最初观察到是在 10:40,那时雌体正待在树上,16:00 才下树,随后又爬上那棵树,在那树上一直待到 24:00。4 只雄体在下面静候,很少争闹。雌体大概尚未进入发情期。半夜时雌体离开,雄体仍随后跟着。

雄性大熊猫通常爬上雌体身上后很快便射精,这一行为与熊和其他食肉类动物持久的交配不同。例如猫科动物为诱发性排卵,具有频繁交配的特点,它们需要反复交配以刺激雌体排卵。由于交配与排卵的时间相隔 1~2 天,雄体似乎一直待在雌体身边保护着它,避免其他雄体前来交配。但雄性大熊猫交配后不管雌体,如前述优势雄体貔貔,它大概感知到雌体什么时候排卵,因此在很短时间内就成功交配,这对自然选择优势有利,同时也说明尽管多次与其他个体交配,雌性大熊猫却仍属自发性排卵。

十三、产仔与育幼

1981 年,研究区域内的珍珍于 4 月 13 日交配,当年 9 月 2 日产仔,孕期为 142 天。圈养大熊猫发情期多在 2~4 月,少数早到 1 月,晚到 5 月。孕期最短的仅 83 天(湖州动物园,1986 年),最长的为 184 天(卧龙,1993 年)。在野外,产仔期多在秋季,但在平武和宝兴均有发现在春季产仔的现象。据了解,在秦岭有多例是秋季交配到次年春季产仔,推测秦岭大熊猫秋季开始从高山的秦岭箭竹林中下移到巴山木竹林中,这里的气温与春季巴山木竹林的相似,加上这时的巴山木竹枝叶并未枯萎,食物资源丰富,有利于雌体在孕期和产仔期获得充足的食物(春季竹笋开始萌芽)。

大熊猫初生幼仔很小,体长 15~17 厘米,尾长 4.5~5.2 厘米,后足长 2.2~2.5 厘米,体重为 36~296 克。大熊猫初生幼仔平均约为母体体重的 1/933,与体型大小相似的黑熊比较,后者的幼仔体重平均为母体的 1/193~1/287。大熊猫初生幼仔发育很不完全,两眼闭着,听觉不显,全身粉红,白色体毛稀少,而其他相似动物,母体孕育这样大小的胎儿只需 45 天孕期。研究其原因,这是由于它们在受孕以后,胚胎有延迟着床的现象,在受精卵发育到胚泡阶段,才逐渐移至子宫,而促使胚胎发育飞速的孕甾酮,直到妊娠的第三个月才达到峰值。而其他动物在妊娠初期所分泌的激素孕甾酮就达到了最高峰,胚胎很早就到了子宫着床孕育,因此产出的幼仔发育较为完善,具有视觉、听觉和爬行活动能力。例如小熊猫初生幼仔与大熊猫大小相近,为母体体重的 1/48。大熊猫于春季交配,秋季产仔,孕期一般长达 5 个月,而延迟着床却需要 1.5~4 个月。

十四、筑巢

临产前，大熊猫开始寻找适宜的洞穴营巢。在原始森林里，它们多选择古老的空心树洞或大树树根间的洞穴。在被采伐后的次生林中，缺少古老空心树洞或大树，它们便寻找林中天然石洞或石穴。能做巢的古树，其直径至少有 80～110 厘米，树龄一般在 200 年以上。大熊猫在找好树洞后，还要略加工，将抓下的朽木木屑垫在窝下，或将大树根际的泥土扩大填平，然后再衔些树枝或竹子作为铺垫。石洞和根际若大，其铺垫也随之而更大且厚。

在海拔 2700～2900 米，我们共发现了 11 个古老且大的冷杉树树洞。1981 年，珍珍在二道坪浓密的竹林中的一个冷杉树洞产仔，洞口很大，洞前堆积有 75 厘米高的粪便，宛若一个高的台阶，洞内铺垫了一层在洞内抓下的杉木屑，洞内还有 4 根小桦木和冷杉树枝。树枝置于洞口，末端朝洞内，在巢中立着一根冷杉树尖，高 155 厘米，另一根靠着洞壁，直径为 5 厘米，洞外靠近洞口处，还堆着一根长 122 厘米的树木和几根树枝。巢内显得十分清洁。1982 年，在与 1981 年珍珍的树洞相距 650 米的坡下，发现珍珍在冷杉树洞内筑巢，它在洞外 3 米处采了 11 根树枝拖入洞内，其中多数是桦木和杜鹃，有几根树枝在离地面 2～3 米处被咬断，树枝长 5 米，直径为 3.5 厘米，把这些树枝堆放在入口处，大的一端朝洞内。巢内铺垫是由从高 128 厘米的洞壁抓下的枯木屑铺成，巢内还排列着 10 来根短的树枝。洞口外有宽 100 厘米、高 40 厘米的粪便堆集。一般洞巢离水源较近，我们在臭水沟的一条小溪旁，距 3 个产仔洞约 50 米的距离处观察。所有利用过的树洞，巢内都十分清洁，其排粪多在洞口。

1981 年 7 月，我们在望猴岩西坡海拔 2600 米处发现一棵高大的稠李树基部有一个用箭竹做成的巢，巢长 230 厘米、宽 150 厘米、高 45 厘米。冷箭竹是在四周 25 米内采集的。巢下面一层是拐棍竹，上面一层是冷箭竹，推测是 1980 年用过的。

我们还在"五一棚"后山海拔 2600 米处，发现一个曾用作巢的洞穴，其位于一陡峭悬岩裂缝中，深约 6 米。深处用冷杉、杜鹃和长有刺的枝桠做成巢，树枝直径在 1 厘米以下，另外还有一些枯树和木屑作为铺垫，产仔旁留下约一天的粪便。大树根际间的巢穴，筑巢材料是 20 余根冷箭竹，被咬成 40～60 厘米长的竹段，连枝带叶做巢底，再衔入一些干燥的枝叶、苔藓，铺成线盘状的巢。

1982 年 9 月，宝兴县林业局在硗碛乡泥巴沟海拔 2830 米处的冷杉树洞中，发现了一只不时发出尖厉叫声的雌性大熊猫，我们仔细观察了其哺育幼仔的情况。

陕西佛坪自然保护区大熊猫的产仔洞穴位于海拔 1600～1800 米的针阔叶混交林内，利用岩石与地面之间的空穴或石洞建立巢穴。隧道式的洞，隐蔽性好；偏岩洞穴外大内小，隐蔽性较差，母体则衔入一些箭竹围铺成一筐状巢穴。

无论哪种巢穴，大熊猫选择的环境都比较安静，而且隐蔽条件较好，水源较近，竹林茂密，且具有避风、向阳等优良的自然条件。大熊猫选巢、做巢均由雌体承担，不容其他动物干扰。

十五、育幼

秋高气爽，高山上的箭竹正值枝叶繁茂的时令，各山系的大熊猫相继开始了分娩，它们一般一胎只产一仔，但各山系也有发现一雌带 2 仔的情况，饲养的大熊猫产双胎的情况则更为常见。上海近年更发现有一胎产 3 仔的情况，而且幼仔迄今（2016 年）已一岁了。

在野外很少能观察到大熊猫抚育幼仔的情况。我们在"五一棚"生态观察站，通过无线电监测到雌性大熊猫珍珍于 1981 年 4 月 13 日交配，8 月 13 日它开始移到距树洞300 米的区域内活动，9 月 1 日移动到树洞旁。这意味着它经过 142～143 天的妊娠期后，大约在 9 月 2 日或 3 日产仔。9 月 4 日～24 日我们对它进行连续监听。整个 9 月，珍珍的活动半径保持在距产仔洞 200 米的范围内。10 月 14 日～19 日监听珍珍的记录显示，它的活动已恢复正常。10 月 20 日 14:20，我和 Schaller 穿过一人高的冷箭竹向产仔洞接近，我走在前面，在距洞侧面约 40 米处，珍珍突然出现在前面约 10 米远的一棵树旁。它先直视着向我走近，接着在相距 6 米处，一声咆哮向我直奔而来。这时在我后面的Schaller 迅速爬到旁边一棵花椒树上 2.5 米的高处，我急速往上坡奔跑，珍珍紧追不舍，到了距我约 20～30 米后，它剧烈回转，经过那棵花椒树旁，发出鼓鼻声，站立着四周环顾，然后朝产仔洞靠近，站在竹丛中一动不动，后又朝树洞走近一些，依然静立不动，仿佛在仔细静听。树洞中的幼仔开始发出几声尖厉的叫声，它仍然不动，之后它一直在洞附近活动。直到 10 月 24 日它才携仔翻过一个山脊，到 11 月中旬之前，它都在那一带活动。总的看来，它带着幼仔移动距离不大，可是后来不知何故，幼仔夭折了。1982年 5 月 7 日，珍珍可能再次进行过交配。8 月 28 日，我们通过无线电了解到它在海拔约2600 米处的一棵树洞附近。到 8 月 30 日它已将 5 根树枝拖入洞内。9 月 1 日和 2 日，我们看见它在洞内，并于 7 和 9 日听到幼仔的叫声。9 月 17 日无线电信号异常，于是我们前往调查。珍珍坐在洞里一动不动，背朝洞口，我们站在距离它约 5 米处，它却视若无人，仍不出洞，只是偶尔把头抬起，不再像去年那样驱赶我们，似乎认为保护幼仔更为重要。由于它的无线电颈圈已经脱落，无法监听，我们又不能随时接近，避免干扰它育仔，因而不知道它们何日离开洞。1983 年 5 月，我们在海拔 2500 米的"五一棚"西侧干沟的小山脊树洞旁，发现了珍珍，我走近距它约 10 米，它发现了我，随即追赶我，我跑出不远后，珍珍放弃了追赶。我在它活动附近观察它携仔觅食后留下的残痕和粪便，发现幼仔的粪便中全是冷箭竹开花后所含的籽实。粪便直径约为 3.4 厘米，长约6 厘米。珍珍的粪便也全为冷箭竹开花后所结的籽实，说明了幼仔发育到 8 个月后便可以采食了（其他地方可以采食竹叶了）。

1982 年 9 月 23 日，在宝兴县硗碛乡泥巴沟海拔 2830 米处，林业局职工高华康发现冷杉树洞的幼仔洞。由于是采伐区，它们对人类的干扰已经适应了，见人在洞旁也不惊慌、追赶，于是高华康可以近距离对其进行连续观察。只见母体产仔后坐在树洞内，身体弯成90°搂抱着幼仔，动作十分轻柔，表达着舐犊之爱（图 3-17）。幼仔体长约 15 厘米，粉红色的身上长着白色的胎毛，并不断地颤抖着，发出轻微的叫声。出生的第二天，常听到幼仔叫声，母体随之不断地用舌舐抚幼仔。4 天后幼仔肩、耳、眼圈开始出现黑色，一周后全身黑白更为明显，这时较少听到幼仔的叫声。幼仔每天吃奶 7～9 次。哺乳时，母体前肢抱着幼仔，哺完一侧再换另一侧。哺乳以后，母体要舔舐幼仔肛门，将其排出的粪便吃掉。幼仔到了 7 天后，母体才出洞觅食，每次约 2 个小时以上。母体出洞前，先将半个身子伸出洞外观察片刻，确认周围环境安全后又缩回洞内在幼仔身上舔上一遍，才肯放心出洞。母体出洞期间，幼仔会一声不响地躺在洞巢里。虽然幼仔到了 28 天双目仍闭着，但能凭嗅觉辨别接近它的物体。这时若人接近洞口，幼仔会发出响亮的尖叫声，似在唤母体。

图 3-17　育幼

母兽一般经过 4～7 周后才带着幼仔离开洞巢。这时幼仔尚不能走动，由母兽将其衔在嘴里，或夹在腋下行走。幼兽长到较大时，母体就用一只前掌将其搂在胸前，到采食时将其隐藏。幼仔长到 7 个月大时已是第二年春天，此时幼仔已能随母行走并采食竹叶。

1983 年 4 月初，在"五一棚"研究区域内曾发现一只死亡的雌体，解剖发现它的子宫双角各有一斑痕，可能产过双胎，正值哺育期。它死时幼仔大概已有 7 个月。5 月下旬，在死亡熊猫一带，农民的 3 只狗将一幼仔撵到了树上。如果这就是那只失去母亲的幼仔，说明幼仔出生 7 个月后靠吃竹叶也可以生存下来。一般情况下幼仔长到 5～9 个月便随着母兽采吃竹叶（前述发现采食竹开花后籽实），并开始逐渐断奶。1981 年 3 月 13 日，我们在白岩后山的云杉树上所见的幼仔约一岁半，已能独立生活了。

十六、幼仔外迁

幼仔到 1.5 岁时，正值母亲春季发情季节。但刚离体的幼仔，会在母体巢域内独立活动至 2.5 岁才离开，开始漫无目的外迁行为，可能直到成年才能找到属于自己的巢域，并在那里繁衍生息。

1981 年 3 月 10 日，我们在研究领域内的"五一棚"旁不远处捕获的一只 2.5 岁的雄体大熊猫龙龙，为其戴上无线电颈圈后放归，检测到它离开了被捕捉的地方，去到西边珍珍巢域的边缘海拔 2500 米的平沟一带活动，之后再未去过被捕捉的地方。1982 年 4 月 19 日，我们捕获一只 2.5 岁的雌性宁宁，地点是在珍珍巢域内。到 1983 年 3 月 30 日，此时宁宁所戴的无线电颈圈已无信号，经过一个多月的寻找，未果，但曾有一次收到来自很远的西河传来的微弱的信号，说明它已翻过山迁移到西河去了。

大熊猫外迁出它原来的出生地，其生物意义显而易见，即可以避免近亲繁殖，这对提高种群的生存力、繁殖力、杂交率和保持遗传多样性意义重大，而隔离的孤岛或小种群，不可避免地会因近亲繁殖而逐渐衰退。

十七、生育与寿命

据动物园观察，初生幼仔很小，尾较长，约为体长的 1/3～1/5，双眼紧闭，经常高声尖叫，能用腿做爬行的动作。每天吸奶 6～14 次，每次约 30 秒。6～7 天可见眼圈、耳和肩部出现黑色，1～2 天后前足也出现黑色，10～20 天后足出现黑色，其他已出现黑色的部位变深，身上的毛也变得稠密一些。1 个月时体色与成体相近，但尾形较成体长些，尖叫声减少，体重约为 1 公斤。40 天后眼睛通常已半开，但在多数时间仍将眼睛闭着。一般到 50 天眼睛全开，但两腿尚不能很好地协调。到了 2 个月每天吸奶 3 次或 4 次，体重约为 3 公斤。80～90 天，能摇摇晃晃地站起来，并能向前迈出一两步，开始出现乳门齿和犬齿。90 天时可以看到眼球的虹膜，并能转动眼球，已经有了视觉，体重可达 5～6 公斤，这时能协调地走几步，每天吸奶 2～3 次。120 天时，变得很活泼，会打滚，能爬到母体身上，但行动仍很笨拙，体重约为 8 公斤。到了 5 个月，一般可以自由行走，并开始爬树，体重约为 10 公斤，每天吸奶 1～2 次。到了 6 个月，已长出了 3 颗门齿、1 颗犬齿、2 颗或 3 颗前臼齿，并开始能吃竹叶，体长已增至 73cm，平均体重为 13.4 公斤。7 个月时，吸少量奶，开始吃竹笋，体重已达 30 公斤。

1 岁开始已进入幼年，能随着母体一起采食竹笋，到秋季长出臼齿，随母体采食竹枝叶，冬季仍以竹叶为主，开始吃一些竹茎，一直到 1 岁半还跟随母体。

1 岁半以后，幼体离开母体已经能独立生活。这时母体开始处于发情前期，这时的亚成体已逐渐被迫离开母体到边缘地带，之后开始外迁，一直到建立起自己的巢域，逐渐过渡到成年。

一般雌体到 6.5 岁、雄体到 7.5 岁进入成年。成年即标志着性成熟，这时雌体已有自己的核域，发情后受孕育仔。雄体到 7.5 岁时，在发情期能尾随雌体，在争配中若未达到优势地位，只能成为后备，待身体强壮方可获得优势，壮年期多为 13～14 岁。成年个体以采食竹茎为主，但春季竹笋较多，秋季采食枝叶较多，雌体产仔后则采食竹叶较多。

大熊猫一般在 16 岁以后进入老年，牙齿的齿尖已经磨平，咀嚼能力衰退，以采食竹叶为主，并且咀嚼很粗糙，竹叶呈片状甚至保持其整片形状，竹茎呈现压裂状，仍保持着整体未分裂，咬节增长多在 40 毫米以上。雌体多数已衰退不能参加繁殖，但在饲养场少数雄体到 18 岁还能配种。老年个体抵御天敌的能力较差，若遇天敌容易被害、侵袭。

十八、寿命及种群生长

根据大熊猫历年的谱系记载，它们的寿命一般为 15～16 岁。饲养的熊猫由于营养条件较好，对疾病能预防治疗，且无天敌危害，平均寿命较野外大熊猫长，随机抽 293 只统计，20 岁以上的占 11.26%，15 岁以上的占 19.8%。若按性别统计，雌性年龄高于雄性，雌性共 160 只，活到 20 岁以上的占 14%，活到 15 岁以上的占 25%；雄性 133 只，活到 20 岁以上的占 7.5%，15 岁以上的占 12%，平均年龄为 14～15 岁。寿命较长的如 1962 年出生于南坪县的野外雄性都都，其 1963 年 6 月进入成都动物园，1972 年转入武汉杂技团，1999 年死于武汉动物园，活了 37 岁零 3 个月。又如 1978 年出生于青川的雌性佳佳，1981 年进入卧龙研究中心，1999 年转入香港海洋公园，寿命为 38 岁。我们根据历年收集的 69 只自然死亡的大熊猫头骨标本，对其牙齿做切片鉴定，得知其平均寿命为 12～14 岁，最大年龄为 26 岁。

根据 2013 年大熊猫谱系统计，圈养大熊猫为 375 只，两年后，到了 2015 年共产仔 36 只，即年平均增加 18 只，按此推算到 2020 年至少应增加 90 仔，到时这些还应增加一些繁殖种群的数量，即到 2020 年饲养种群应为 500 只左右。

野外大熊猫约两年一胎，而饲养大熊猫约一年一胎，加上繁殖初始年龄平均为 7 岁，到 13～14 岁共有 6～7 年繁殖期，若两年一胎全存活，年生殖率为 0.5%～0.75%。据全国第四次大熊猫调查，全国共有野生大熊猫 1864 只（截至 2014 年），到 2020 年应增加为 1900～2700 只，但实际情况并非如此。因初生幼仔生于秋季，十分弱小，加上幼仔半岁以前要与母体一道在高山之上经过 11 月至次年 3 月共计 5 个月的严寒冬季，营养不良与严酷的气候环境会导致其体况变差，死亡率高。例如我们长期观察的雌性珍珍，1978～1983 年产 4 仔，存活 2 仔；望望在 1979～1982 年产 3 仔，存活 1 仔。据此推算出 0～1 岁大熊猫的死亡率为 57.14%，说明到 2020 年野外大熊猫可以增加到 2000 只左右，这与第三次到第四次调查中其数量增长缓慢、稳中有升的情况相吻合。

十九、大熊猫种群动态及社群行为

大熊猫在不同区域有不同的年龄结构，由于其栖息于不同山系或同一山系，不同海拔的气候、地形使它们的活动和信息的交流都会受到影响，随之而产生一定的社会结构。

对大熊猫种群动态进行研究，必须对一定区域内大熊猫的年龄结构有所了解。在不同季节，在固定的观察路线上，用无线电监测，并穿过它们的巢域，进行直接观察或间接的粪便分析，对境内社群成员，按幼仔、亚成体（包括少年个体）、成年和老年进行统计。

根据境内所分布的大熊猫产仔洞，经长期观察，境内每年约有 2 个洞穴为它们产仔所利用。从产仔到育幼，1.5 岁以前，大熊猫均随着母体活动，幼仔排出的粪便多在母体卧穴附近，粪便长 10 厘米左右，直径为 3 厘米以下，咬节多在 30 毫米以下。

亚成体年龄为 2～3.5 岁，为少年期。它们开始离开母亲，逐渐离开原栖息地，无方向性地外迁出境，它们的粪便咬节为 30～36 毫米，如境内的龙龙和宁宁。少年大熊猫外迁进入新环境后，4～7 岁时它们逐渐过渡到成体的体型，粪便咬节为 36～39 毫米。主要生态特点是独栖，繁殖时不参加争配（雌体尚不繁殖）。

成体大熊猫的粪便一般长度为 40 毫米左右，境内雌体珍珍粪便的样本为 72 毫米，平均咬节长约 40.5 毫米，成年雄体貔貔粪便的样本为 155 毫米，平均咬节长为 40 毫米。成年雄体在繁殖期都参加争配（1983 年），雌体常年在核域内产仔育幼。两性粪便在繁殖交配期均有一种特殊气味，尤以雄性更浓，异于非繁殖期的竹青味。

老年大熊猫的年龄一般在 15 岁以上，其粪便主要特征是咬节在 45 毫米以上。这与它们的上颌白齿内侧已磨损 5 毫米左右、下颌白齿外侧相应磨损 5 毫米有关。若吃竹竿则拉出的粪便呈扁圆形，尚未磨损，实为压扁；吃竹叶则拉出粪便多为半片或整片，很少磨损，活动多在低山，距水源较近。

1978～1987 年，我们在研究区域 35 平方公里内进行了近 10 年的观察研究，统计境内有大熊猫 25 只。它们的分布状况是以臭水沟为界，以西为"五一棚"社群，以东为"方子棚"社群。分离成两个社群的原因是臭水沟河谷较陡，两岩谷坡植被稀疏，竹株稀少，足迹粪便多为饮水径，雌体的核域两岸相距较远，而雄体的巢域一般与 2 只以上雌体的巢域重叠，发情期的雌体容许雄体访问（平时各自分离过独栖生活）。从无线电监测发现，"五一棚"社区内的大熊猫有 14～16 只，它们的巢域都在社群的区域内，很少越过臭水沟（其中雄体威威有时越过，但它的巢域主要还是在社群区域内），而社群内的亚成体是由外迁个体组成的，如龙龙亚成体时是由臭水沟以东进入本社群区域的，从未离开。故大熊猫社群结构的特点是成体与亚成体之间无亲缘关系，而与狮社群雌体、幼仔及亚成体有亲缘关系（母亲容许为非亲仔哺乳，雄体有杀婴行为）不同。故大熊猫的社群实为移民社群，亚成体实由另一社群外迁进入。

经观察统计，"五一棚"社群近 10 年大熊猫数量较为稳定，为 14～16 只，平均为15 只。

1978～1980 年的社群组成：老年 2 只；成年 8 只，其中雌性有 3 只，雄性有 5 只；亚成体 5 只；幼仔 2 只，共 17 只。

1984～1986 年冷箭竹开花的社群结构：成年 8 只，原珍珍与威威在此时段内已死去，另有 3 只雌体和 5 雄体。它们多为亚成体成长为成体的大熊猫。亚成体 4 只，老年组仍有 2 只，由桦桦和另一只组成。原老年组貔貔已死去（年龄为 22 岁），共 14 只。

1987～1988 年，"五一棚"社群已回升到 16 只，其中老年 3 只，成年 8 只，亚成体3 只，幼仔 2 只。

从 10 年的统计可知，幼仔组平均每年稳定 2 只，亚成体波动到 2～4 只，成体稳定为8 只，老年为 2 只或 3 只。社群结构为 14～16 只，平均为 15 只。

东部"方子棚"社群由于距"五一棚"社群较远，研究期间从"五一棚"向四周布设的七条观察路线，其中仅一条延伸到"方子棚"，故收集的资料有限。在"方子棚"内仅有一只雌体憨憨戴无线电颈圈，常在望猴岩海拔 2800 米的夷平地带活动，并在那里繁殖过一次。1982 年曾见一只雌体带一幼仔，另一只雌体和憨憨均被当地布设的拟套林麝的设备套死。另外，中岗曾见过一只雌体和一只老年个体。曾在"方子棚"内见过一大一小两只雄体，望猴岩一只，另一只推测在原草地一带。因此"方子棚"社群可能有 4 对成年个体、亚成体 2 只、幼体 2 只和老年 1 只，共计 13 只。

据此，我们按每社群 15 只计算，根据水系河谷推测，卧龙大熊猫保护区共有 10 个社群，有大熊猫约 150 只。这个数字与 20 世纪 70 年代调查的 145 只很接近。

二十、探索大熊猫王国

1983 年春，Schaller 向林业主管部门提出，希望到"五一棚"以外的地方去探索大熊猫王国。4 月 24 日，Schaller 和我，加上林业局崔扬韬及邱明江翻译开始从成都出发，首站就选择了邛崃山与卧龙毗邻的宝兴县。

宝兴县旧时叫穆坪县，这个县不仅盛产大熊猫，且早在 19 世纪就闻名于西方。1869 年 2 月，法国神父 David 足足花了 6 天从成都到宝兴，最后一天甚至徒步翻越一座林木茂盛的高山。到宝兴时，他看到很多巨大的杉木倒在地上，任其腐烂，这些树是当时穆坪的土司下令砍倒的，以阻止清朝的军队从这里进入。19 世纪初，宝兴曾有一个由法国的传教士主持的海外传教团，负责人叫迪格格里特，他教授 50 个中国学生拉丁文、哲学、神学、历史等。David 于 1869 年 2 月 28 日到达后就住在这位传教士住过的地方。他到达穆坪的第一天是 1869 年 3 月 9 日，星期一，天气极佳，于是开始进入一片被森林覆盖的山谷进行调查。3 月 11 日，他从山谷归来，途经一个姓李的村民家中见到了黑白熊的皮张，看起来很大，觉得非比寻常，猎人告诉他不久就可以猎打到这种动物。1869 年，猎人为他捕捉到一只年幼的白熊（当地对大熊猫的俗称）。4 月 1 日，戴维又得到一个带皮的头骨，接着又猎杀了两只成年个体，并取其皮。David 经过仔细观察这几个标本后认定它是动物界一种了不起的新种，并将其学名定为黑白熊。但时隔一年后，1870 年，经法国巴黎自然博物馆主任米勒•爱德华兹将 David 所得的 4 个标本重新研究后，觉得这些标本的脚很像小熊猫（1825 年另一个法国人在喜马拉雅山发现的），它们有相似的毛，也吃竹子，故将其学名变更为 *Ailuropoda melanoleuca*（英文名为 giant panda），我国翻译为大猫熊。20 世纪 30 年代，因记者将其误报道为大熊猫，以讹传讹而成习惯，故我们一般通称为大熊猫或简称熊猫（但我国香港和台湾都叫它为大猫熊），有些西方人相继以考察、探险、狩猎、传教等为由到我国西部山区收集猎杀大熊猫、金丝猴、绿尾虹雉等很多珍稀动物。Schaller 不仅慕名而来，而且了解到我们第一次调查大熊猫的所在地宝兴是唯一一个每个乡都有大熊猫分布的县（1949 年以来就已捕捉 101 只，之后继续捕捉共达 136 只），因此，他态度坚定，认为一定要先到宝兴考察。

1983 年 4 月 25 日，我们从成都乘车途经雅安到达宝兴县，第二天就沿着支河途经盐井乡邓池沟，爬上一个小山坡到天之堂。这里是 1896 年 David 经过并将大熊猫、金丝猴等不少珍稀动物定为新种的地方。那里原来是一片原始森林，但天之堂一带的山谷已垦为农田。天之堂为石棉县矿工居住的地方，到处都是木材和矿工的工员，教堂的管理人员向 Schaller 介绍过去教堂里曾摆放着很多具有艺术价值的雕塑，但不幸的是后来都被砸烂了。说话间他缓慢地走进教堂庭院，穿过一个长满杂草藤蔓的花坛，坐在石坎上的残垣上，回忆起他与 David 在这里的所做所感，包括如何发现大熊猫、金丝猴、珙桐等珍稀动植物。

然后我们下山继续沿着河上行，至蜂桶寨保护区，吃过午饭后，夜宿硗碛镇。这是一个藏族居住区，是东河上游较平缓的阶地。镇上有一条不长的街，两旁为木制房屋，大多为商店，一个山丘上有一座寺庙的废墟，房屋是藏式风格的两层楼。这天，我们在烧砖场住了一宿。

4 月 26 日，我们下到泥巴沟山谷，访问宝兴伐木场，听说那里常能见到大熊猫，到冬季它们甚至跑到茅舍里翻垃圾堆。陪伴我们的是林业局的高华康，此人曾到"五一棚"生态观察站来参观学习过，我对他和蔼而开朗的笑容记忆犹新。去年他曾在这里观察过一只在树洞里的雌体大熊猫，并带我们到那树洞去观察。我们随同其迂回登山，穿过遍地横卧被砍伐的原木、树枝和乱七八糟的灌丛，到达还残留的一片森林的山顶。就在那儿，距交通繁忙的小径仅 20 英尺（1 英尺＝0.3048 米）之遥。大熊猫洞巢在一株空心冷杉树的基部，入口直径约为 15 英寸（1 英寸＝2.54 厘米），刚好够一只大熊猫进出。这头雌体于去年 9 月 24 日生仔，虽然伐木工人天天经过，到对面山坡上去砍伐，但它还是在洞巢里整整待了一个月。有时高华康会喂肉和骨头给它吃。高华康还给我们看了一张他在树洞前拍摄的照片，洞里的幼仔正在窥视他。大熊猫在缺乏筑巢条件的困境下，不得不忍受人群和周围伐木的嘈杂。回程途中，我们询问工人最近有没有看见大熊猫，他们说有，昨天就曾有人在那座山坡上听到过大熊猫的叫声。于是我和高华康及邱明江一起往山坡上爬。就在前方山谷上，看到一只大熊猫在一辆空中缆车下蹒跚走过。这种运木材下山的空中缆车，靠马达推动，声音很大，山谷里传来一片伐木的声音和呼喊声。

后来，在伐木营地附近，我们听到了大熊猫的叫声，隔了 15 分钟，又听到一声，但那家伙发现了我们，于是迅速逃离，掀起了一阵竹浪，似一阵风吹过万竿倾斜，我们只能从晃动的竹林观察它逃跑的路径。人类的活动显然并未阻止大熊猫留在这里。我们注意到这里有两种竹子仍生长在残林中，一种像是"五一棚"的拐棍竹，当时称为大箭竹（今改称为短锥玉山竹），另一种在高海拔处，为冷箭竹，不过当时这种冷箭竹正在开花，这对那里的大熊猫来说是一个不好的消息。在邛崃山，每年 4～5 月正值大熊猫发情时期，听到的叫声很可能是处于发情期的大熊猫的求偶声。

次日，我们一行加上带路的人，开始从泥巴沟沿沟一直爬到海拔约 4000 米的中岗垭口，此段地势较平缓，加上天气晴朗，碧空如洗。此时已接近 12 点，大家决定就地休息，于是拿出所携带的馒头作为午餐。餐后开始下山，山势不如北坡那样陡险。我们沿着扭角羚下坡的兽径而下，然后沿着西河的河谷中时断时现的兽径下行。两岸植被茂密，高山林下仍为冷箭竹，海拔 2800 米以下为短锥玉山竹。海拔 2000 米以下逐渐出现山区村民，我们夜宿在一村民家中。村民称附近常见大熊猫，尤以西河河谷的西侧夹金山一带大熊猫居多（图 3-18）。

4 月 28 日，我们继续沿谷河下行，经过永富乡，到达陇东镇。1928 年，罗斯福兄弟探险队曾经来此翻过夹金山，沿康定泸定河而下，途经石师县，而后穿过石棉县，在冕宁县冶勒乡猎杀了一只雌性大熊猫，还出版了《追踪大熊猫》一书。

4 月 29 日，我们在宝兴住宿一晚后，回到成都，此时已接近五一节。

宝兴县一片山坡的箭竹已开花，引起了一系列关于竹子开花的讨论，使我们又联想到在我国文献中早就有竹子开花的记载。春秋时期有本谈竹子的书说"一甲子乃产子而亡"（意指 60 年开花就要死亡）。17 世纪晚期的一本农书中，有个防止竹子死亡的偏方：竹树开花，则一境之竹皆死。处置之法如下：择最粗之竹竿锯断，只留地下三尺。将竹节凿空，填入堆肥，如此可立止开花。这个办法在农家园地或者有效，但遍山竹林，未免不胜其烦。据当地居民指出，前几次竹子开花死亡发生在 1893 年和 1935 年。他们把这些年份记得很清楚的原因是在 1893 年有一次农民起义(清时张献忠入川乱世，后湖广四次填川)，而 1935 年则是因为红军长征过宝兴的夹金山，二者相距仅 40 余年。

图 3-18　西河考察(左二为作者，左三为 Schaller)

同时，20 世纪 70 年代岷山竹子开花，大量死去；19 世纪 80 年代中期，由俄国人 M. Berezovski 等多人观察到岷山竹子开花的现象。但二者相距时间将近 100 年。

更为有趣的是，一丛与中国有亲缘关系被移植到英国的竹，仍有可能与中国的竹子同时开花。因此，由于开花期的间隔不太一致，一般认为这种变化是由环境所驱动，如太阳黑子、地震和干旱等。但这些因素并不那么容易被预测，而且也不见得所有竹子都会同时开花，即使同一种竹也不一定全部开花。例如 20 世纪 70 年代在岷山东坡，箭竹几乎同时开花，而海拔 2600 米以上的同种竹尚未开花；岷山北坡一带华西箭竹开花，同一种箭竹在高山也未开花；20 世纪 80 年代卧龙(邛崃山)冷箭竹开花，海拔 2800 米以上的同种也未开花。

1983 年五一节过后，我和 Schaller 及林业厅保护处毕凤洲与翻译李源等一起于 5 月 2 日从成都出发，沿岷江上行对岷山几个重点保护区继续进行考察。

当沿江行至汶川时，我们联想起在西侧草坡山谷中(草坡保护区与卧龙保护区相连，实属邛崃山山系)，1931 年多兰探险队、1934 年的 Sage 探险队在此猎杀了大熊猫，1936 年露丝、Smith 在此捕捉大熊猫，以及 Shelden 所描述的古老的城墙。两千多年来，岷山河谷一直是外来入侵者和传教士、商人等经过的主要地方，现在山顶上只留下碉堡与瞭望塔的废墟，任人凭吊。

山坡上保留了一些树林，跟我们开车经过的荒芜干旱的峡谷、稀疏杂草的陡峭景观截然不同。这里似乎是被春天遗忘的干枯的土地，缺乏勃勃生机，虽时令已至五月，但野草和灌丛仍呈现一片冬天的暗褐色。公路崎岖多尘土，只能慢慢前进，拳头大的乱石不时从悬崖上飞坠下来，打在引擎盖上，砸裂了车窗。我们开始进入一个有人工落叶松和桦树的山谷,这里有一个大型的松潘森工局(卧龙原红旗森工局,因卧龙保护区由 2 万公顷扩大为 20 万公顷,被迁到松潘的省级森工局),森工局安排了盛宴招待我们,我们在此住宿一夜。

5 月 4 日,车出山谷,在岷江岸有松潘县城,县城还保存了部分的城堡,是岷江上游的一个重要城镇,也是旧时外国探险队、传教士等前往岷山考察所必经的城镇。我们的车行经岷山源头过拱岗岭山垭,海拔 4000 米,岷山最高峰雪宝顶海拔 5588 米,远看可见公路盘旋直下,陡峭的石灰岩山峰和崖壁上有冷杉覆盖。我们在海拔 3100 米看到一丛丛华西箭竹,往下的山坡,华西箭竹已开花,竹杆变为褐色,叶片已脱光了,往下沿的河谷下行,与九寨沟汇合,再沿九寨沟谷上行,经过开发的农耕地,河流经过几次由地震形成的堰塞湖。湖水是鲜艳的绿松石色,阳光映照在水面,波光粼粼,像揉皱了的绿缎,湖水清得像一面镜子,沉在水下 5 米多深或更深的树木都清晰可见。湖水涌出堤坝,形成瀑布,喷流飞泻,疑是银河落九天。前方石灰岩山峰,像倒置的锯齿映入湖中,景色壮丽,正可谓"群峰倒影山浮水,无山无水不入神"。保护区管理处位于山谷的分岔处。

Schaller 极熟悉九寨沟环境,带领我们沿着附近的一个湖步行,走到北边,来到悬崖下,看见一大片华西箭竹正在开花,当时海拔 2600 米以下的竹子都在开花。保护区工作人员说,海拔在 2600 米以上的华西箭竹,早在 1975 年就开花死了。看来不同海拔的华西箭竹开花情况不同,这有助于大熊猫在不同时期上下觅食求生。5 月 4 日这天我们就留宿于管理所。

5 月 5 日早晨,我们开车至长海,这儿有个很大的藏寨,山边房舍密集,高高的族杆上挂着经幡,随风飘拂。保护区内有约 800 名藏民在此生活、种地、狩猎。公路不断向上攀升,穿过峡谷,经过已砍伐的山坡,伐后竹林仍生长着。1978 年九寨沟才被划为保护区,可此时林木已遭到砍伐(现在由于旅游开发,大熊猫已无踪影)。公路尽头为长海,碧蓝的湖水逶迤十多公里,灰色的悬崖谷岸,远方是白雪皑皑的山峰。

我和 Schaller 穿过冷杉林,爬上旁边的一座山,山坡遇上了断层,倾斜度几乎与地面垂直,唯一可扶的都是荆棘丛,很少有竹子。快到山顶时,有一个 3 米多宽的斜坡,一层厚实的砾石非常滑溜,Schaller 觉得无法通过,就原路返回到长海崖,由翻译李源划着由三根大树扎成的木筏回到了岸边。我冒着危险迈过这个滑坡,横过一段森林,见到珊瑚湖,其一侧有树木倒入湖面,大熊猫沿着倒树拉了几团粪便在湖中后沉入水中,偶尔还能见到沿路有一些大熊猫粪便,估计是冬季留下的陈旧粪便。我在此停留片刻后顺着山势而下与 Schaller 汇合返回。

5 月 6 日,我们沿着一条已废弃的往返运伐木的便道向九寨沟的分支沟走去。有一段便道上发现有大熊猫留下的较新鲜的粪便。到了尽头为滴水岩,我们则沿旁边山沟谷旁的兽径上爬,途中见到 5 只蓝马鸡从草丛中飞出,我还在溪边拾到半截白唇鹿的鹿角,很陈旧,预测至少 10 年以上,由山上冲到河谷,角的上部已被冲掉,只剩下下段,我将它带回学校以证实山上草甸曾有过白唇鹿生存。沿途见不少钢丝猎套和被套死的林麝留下的毛发。我们边爬边看,除仍有林麝粪便,还有扭角羚的踪迹。爬到海拔 3600 米以上则为高山草甸,沿途又见到了另一种马麝的粪便。山脊北侧为松潘县的界梁。我们下山见到了林业厅保护处毕凤洲带领着香港动物园的园长及夫人。晚上,我们一起围坐在火炉旁聊天。

　　5月8日，Schaller 和我沿着扎如村一条枯河床向上游走。前方石灰岩峭壁上发现有古代的海洋化石，封存在岩石里（这里曾是古地中海的海岸），再往上的小溪里有流水，被浓密的树荫笼罩着。这时我们听见一只大熊猫的叫声，长鸣、变嘶、吼叫，就在岩石不远处，我们决定等一下注意叶片的晃动，大熊猫又叫了几次，就归于沉默。我们在那里徘徊了 3 个小时，最后决定去看看。那儿有一棵冷杉，树皮被抓得厉害，到处是粪便，有一条明显的小径到溪边，它在这一带停留好几天了，以声音为通信引来雌体作配偶。

　　我们沿原路返回，不时看见有盗猎者留下的猎套。

　　5月9日，5 天的九寨沟保护区调查就此结束，我们返回成都。

　　1983 年 5 月 12 日，我们在成都与同在"五一棚"工作并和基金会合作研究植物（竹子）的中方专家秦自生汇合，翻译邱明江同行，我们 4 人一起到了岷山北段摩天岭的青川唐家河和平武王朗两个自然保护区调查。

　　1983 年 5 月 15 日，我们从青川唐家河保护区管理处毛香坝出发，调查辐射出的几条沟谷受到过去伐木场不同程度的采伐，自然更新为幼树，以及灌丛、藤蔓和浓密多刺的植物，这些地方是扭角羚在冬春季常活动的地方。

　　我们沿着公路前行，发现一座林业工人曾住过的房屋，稍加整修后可作为我们以后研究时的住处。经过我们的考察发现，大熊猫在几条河的山谷，如唐家河、石桥河、小河沟、文县河等河谷均有活动的踪迹，也能常见到森林中的金丝猴和林下扭角羚。通过这次考察，已初步定下以这里作为与"五一棚"研究的一个对比基地。Schaller 认为不久我们会返回，继续进行类似"五一棚"的研究。

　　1983 年 5 月 21 日，结束了青川唐家河的考察，我们乘车到达平武。到达平武后，我们首先参观了一座庙宇，名曰报恩寺，为清朝土司所造。该建筑初拟为土司的王宫，后来被政府追查，土司得知此消息，仓促将其定名为报恩寺，声称是为报答皇恩而筑。此建筑虽为木质建筑，但却规模宏大、结构严谨、工艺精湛，1976 年在经过一次地震后，仍完好无损。这一日我们体会到了"因过竹院逢僧话，又得浮生半日闲"的清闲时光。

　　次日，我们看见沿涪江上游浑浊的河流中有水运连成排的漂木运出。沿涪江宽谷处为木皮、木座和白马等 3 个氐族人居住的地方。氐族为藏族的一个分支（今名为白马藏族），他们习惯头戴一顶盘状的帽子，上面插着三根飘拂的长鸡毛。近村落，由于开垦种植，多为灌木，山顶有茂密森林。到了海拔 2600 米就进入了王朗自然保护区，该保护区是 1963 年建立的 4 个保护区之一，面积为 32 平方公里，西部与九寨沟保护区相连。1974 年缺苞箭竹开花，导致大熊猫死亡不少，加上 1976 年的地震，致使大熊猫非正常死亡率升高。活着的大熊猫也只能被迫逃离，几年的时间不少大熊猫相继死于自然灾害，据推测，幸存大熊猫不过 10～20 只。

　　保护区管理处有一个叫牧羊场的地方，森林有轻度的采伐。我们沿着河谷向西上行到大窝凼，这里森林保持很好，云杉茂密直立云霄，松针落叶形成一层厚厚软软的地毯，行走时像踩在棉花上一样，听不到声音，偶尔能听到枯枝落叶断枝声和惊起的灰鸟。旁边小山岗野芍药盛开，稍低处草地形成沼泽，盛开着红色的杓兰，鲜艳似火。高处的竹林已死，只立着高高的竹杆，从悬崖一直到山坡杜鹃丛盛开着粉红色的花朵，为森林增色不少，注入了活泼的气息。我们在这里发现了扭角羚和豹留下的陈旧粪便，爬到 3100 米的高处，可见到上面的山峰白雪皑皑，似戴着一圈圣洁的光环。

接下来的两天都下着雨，我们在泥泞的小路上跌跌撞撞地前进，穿过杂草丛生的山谷，发现那里的竹林依然苍翠，虽然又湿又冷，狼狈不堪，但发现有大熊猫所拉的新鲜粪便，使我们欣喜不已。这里的岩石、溪流、森林，充盈着丝丝超然脱俗的情愫，扣人心弦，直抵人心，呼唤起人们对大自然的感慨，正如那些安然在这里栖息的动物或是悠然生长的花草树木，使 Schaller 感慨万千，说这里比卧龙、唐家河、武夷山保护区更令他联想到他曾住了 4 年的阿拉斯加，给他一种回家的感觉。经过对一支叫竹根岔的沟谷和另一支名为长白沟的沟谷的考察，Schaller 认为这里的大熊猫数量太少，没有在此做研究的必要。

5 月 26 日，我们回到平武县城，这天正值 Schaller50 岁生日，这在我们的传统习俗里是一个值得庆贺的寿辰，俗称"过大生"。在旧日传统上，这代表着人开始逐渐衰老，一辈子的工作也算是完成了，有资格留着胡子，享享清福了。该县的县委书记还特意为我们举办了盛大宴会，还包括一个饰有寿字的蛋糕，为 Schaller 祝寿。

1983 年 6 月 10 日，我们又开始从成都出发，向西南方向的凉山行进。途经乐山市，可见大渡河和青衣江汇入岷江交汇处坐立着一座大佛，这是一尊雕在绝壁岩石上高 70 余米的坐姿佛像，乐山因此而驰名。三江交汇到此，江面非常宽阔，涨水期间，四周各方都闹水灾。为了求佛保佑居民，公元 613 年开始，僧侣雕塑此佛像，耗时 90 年才完工。

接着我们乘车，经过已辟为梯田的山区，弯弯曲曲地行了几小时，终于到了马边县城，住进招待所，附近不少小学生第一次见到外国人，争着往窗外看。吃过晚饭后，司机小李和我一起出外散步，狭窄的街道，两旁为木质结构的瓦房，门前挂着红辣椒，老人坐在门口闲聊，河边不少人拿着鱼竿回家，河潭中有大型的两栖类，当地称为娃娃鱼(大鲵)。

马边属小凉山地区，为彝族自治县，当时整个凉山彝族有 500 万人口。1908 年，曾有一名叫布鲁克的英国人到访马边县，据记载，布鲁克曾与当地酋长发生过争执，起因是布鲁克把手放在酋长肩上，表示友善，不料却被狠狠刺了一剑，布鲁克把酋长枪杀后逃到一座小屋，被彝族人包围，并用石头把他打晕，然后杀死。20 世纪 30 年代，西部科学院有一支动物系考察队进入马边进行调查差点失踪，幸好通过彝族村民获救， 1936 年后汉人与彝族有了亲善关系。红军路过彝族地区，饮了血酒，才得以平安通过边境。

6 月 11 日，我们乘车沿着马边河河谷，到达马边大风顶保护区。到保护区由一个曾在"五一棚"工作过的彝族人吉林知哈接待我们。他告诉我们上山一切都已安排妥当，向导和搬运工都为我们上山工作 4 天做好了准备。有首彝族叙述诗开始就说"彝氏祖先，辟山"，的确，他们把山林开发得很彻底，从林业站开始，除保护区，一眼望去，所有山林都已开垦成农耕地。

一切准备就绪，中午时分我们一行 15 人开始上山，穿过玉米、大豆农耕地，沿着山脊小径向上坡爬。天气又湿又热。当搬运工休息时，我们在路旁摘野生草莓吃。整整走了 4 小时到了海拔 1600 米的森林边缘。总算有些阴凉了，但路况很糟，杂草丛生，加上牲畜也经过这一路径，使这一路不好走。穿过森林到高山草甸，沿路还能见到山茱萸花和珙桐花齐开。山花烂漫，蝶舞纷飞。林下出现几种竹子，如箭竹、八月竹、玉山竹和冷箭竹等，据说有 15 种之多。竹种的丰富对大熊猫来说无疑是一件好事，即便有一种竹开花了，还能食用另一种竹。黄昏时，我们在一片山区找到水源，然后就忙着安营扎寨，找长满苔藓的杜鹃林下，把睡袋打开，拉开帐篷准备夜宿。我们吃过晚饭后，都蹲在火边，燃料是干的竹竿，燃烧惊起一道爆竹声，在这静谧的山野显得异常清晰。熊熊燃烧的火苗在鲜活地跳动着，带给我们慰藉。

6月12日，我们整天来回地寻找大熊猫粪便。天气阴晴不定，早晨上山乌云密布，下午雨雾交加。我们跟踪大熊猫的踪迹，但它们留下的粪便比预期少。彝民称此地大熊猫较少。据本地人估计，保护区约有20～100只大熊猫。在追踪的过程中，除了小熊猫，没有发现林麝、扭角羚和豹这些大型动物的踪迹，但发现了几个陈旧的金丝猴头骨。这些动物是否由于狩猎而绝迹了，不得而知。午餐时，我们都蹲在火旁，一边啃馒头，一边烤方竹笋，吃着香脆，别有一番风味。我们一致赞同唐朝诗人白居易所写的《食笋》："久为京洛客，此味常不足。且食勿踟蹰，南风吹作竹。"

过了一日，我们经过一条岔路向北走去，5个民工走在前面等我们，又是走的被连续几天大雨冲得泥泞不堪的山路，经过农耕地和灌丛到了山脊，眼前是森林，有一座锥形的山峰，当地叫作鸡公山。我们沿着山谷而行，来到很多高耸入云的山毛榉科的阔叶林树下，只有林间空地才有竹子，就像热带雨林一样，这是四川原始常绿阔叶林保存最好的一片森林。腐败的树叶，滋生着蚂蟥，我们不敢在林中夜宿，只好在溪边沙砾岸上勉强容纳的空间住下。

次日，彝民在一个火堆上用炭灰烤荞麦做的饼，我们则在另一个火堆上煮饭。Schaller捧着一碗饭，跑到彝民那边，换了一块又热又脆的荞饼吃。饭后，我们出发继续登鸡公山，有数不尽的蚂蟥爬到我的裤子和鞋子上，我们马不停蹄地往上爬了几十公里，直到离开了湿热的谷地，才没有见到蚂蟥的踪影。我们再往上爬，越过森林，登上石灰层的山岭，遍地是杜鹃和竹子，还有一些陈旧的大熊猫粪便。到了海拔3000米，我们止步吃花生和采沿路野葱当午餐，最后到了海拔4035米的最高峰——大风顶。我们可以望见远方小相岭冷杉林之上的高山草甸，罗斯福兄弟于1929年在那里（冕宁冶勒乡）猎杀过大熊猫。

我们在山上整整考察了4天，最后一天因下了整夜雨，返回途中雨丝毫没有停歇的意思，仍淅淅沥沥下个不停，导致我们浑身沾满泥巴，周身都湿透了。我们拖着疲惫的身体结束了此次野外考察。

第四章　各山系生态观察站

第一节　白熊坪观察站

1983 年 5～6 月，我们去了邛崃山宝兴、岷山九寨沟、王朗和凉山马边大风顶 4 个大熊猫保护区观察后，经过比较达成共识，决定在青川至唐家河自然保护区建立第二个观察站，除了在这里研究大熊猫，还要研究同域分布的黑熊。因为黑熊的体型与大熊猫接近，并且考察同域分布，有利于比较研究大熊猫。唐家河自然保护区原为青川伐木场，1974 年第一次大熊猫调查后，发现这里正处岷山山系，北段摩天岭大熊猫分布区最集中，并能连接北麓白水江，西段九寨沟、王朗等大熊猫保护区，于 1978 年经国务院批准建立保护区，之后还批准晋升为国家级自然保护区。该保护区属广元市青川县所辖，距县城 82 公里，与清溪镇相距 22 公里，由成都向东北行驶 320 公里到保护区。保护区入口处的河谷有村民 10 余户，经有关政府部门资助已全部搬出保护区，使之成为一个无村民、地区协调管理最佳的保护区，搬出的村民定居于清溪镇下属的乡村。

保护区面积有 43 万公顷。管理机构设在海拔 1420 米的河谷冲积带处的毛香坝，我们的研究基地在毛香坝沿北路河上行 14 公里、海拔 1760 米的白熊坪。研究区域的面积有 17.5 平方公里。我们在这里所做的研究仍然是与世界自然基金会合作的项目。在唐家河设立观察站的目的是要与"五一棚"的研究进行对比。

保护区境内四面群山起伏，重峦叠嶂，气势磅礴，连绵不断的高山形成一个天然屏障。在保护区入口处为峡谷的河谷通道，构成一个相对封闭的自然保护区。由于区域内的山很高大，气候和森林植被垂直变化十分明显。海拔 2400 米以下的阔叶林曾经被伐木场砍伐，但天然更新和人工林较好，海拔 2400 米以上为针叶林，尚未被砍伐，保持了原始状态。整个景观绿郁青葱，青树翠蔓，蒙络摇缀，参差披拂。有 100 余条小支沟纵横交错，奇峰异石壁立两岸，河溪源头开阔，奇山异水，可谓天下独绝，这一切构成美丽如画的大熊猫家园。这里可供大熊猫食用的竹子比卧龙的要多，从河谷到高山有刚竹、巴山木竹、糙花箭竹、青川箭竹和缺苞箭竹等。据多次调查，这里的大熊猫有 40～50 只，它们在这里过着无忧无虑、丰衣足食的生活。

沿毛香坝上行，沿河有一条狭窄的公路，是过去伐木场为运转木材所修筑，通过一座简易桥梁，然后经过急弯，山谷变宽，就到了白熊坪。所谓白熊，是四川唐家河的乡民对大熊猫的称呼。我们住的地方在河流汇合的冲积台地与公路之间，是过去伐木场弃留的一座大木房。木房和山之间有一块排球场大的平地，可停放汽车，也是供我们晨练、进行日光浴的场所。木房分成 6 个房间。一部分用泥土糊的墙壁保持着原状，漏洞处用木板和篾席修补，每个房间里都有 1 张书桌、1 把椅子、1 张或 2 张床，用些稻草作为铺垫，房间里还有一小窗。住房外另有一小木房，为厨房。储藏室和炊事员的住房处旁边小溪有 1 个小的水力发电站，可供我们照明。厨房用煤由外地运来，很少用薪炭木材。我们的工作室显得比"五一棚"更宽敞和舒适(图 4-1)。我们的工作人员不多，除我和助手王小民、秦自生和 Schaller 夫妇，还有保护区的邓启涛、盛利民、汪福林等。

图 4-1　白熊坪观察站

　　我们于 1984 年 3 月进入白熊坪观察站，阴山还有很厚的积雪，山体大部分被浓雾所笼罩，前行约 3 公里无法行驶汽车。主要河流有文县河、石桥河和汇入车道旁的主干白路河。这些河流河谷两侧的阔叶林虽也遭砍伐，但残林下还有茂密的竹林，河谷高山保存了原始的针叶林。我们把诱捕大熊猫的圈设在林下。通往各诱捕圈，在陡峻的山坡上都有很泥泞或被冰雪覆盖的小径，脚套设在河谷有悬钩子属的有刺并挂满聚合浆果的灌丛中，引诱黑熊前来采食。

　　我们无线电监测的定位点都设在白路河的公路旁或沿河旁的各支沟沟谷的小径上。每天对大熊猫和黑熊进行无线电定位或 24 小时监测，不像"五一棚"要攀崖履险，这些路比较平缓。因此，我们有更多的时间用来追踪和调查大熊猫栖息地的现状，同时对黑熊、扭角羚和金丝猴等同域分布的珍稀动物进行观察。工作站的工作人员都努力负责，相互配合默契，工作十分愉快，同时还从大自然中获得不少真知灼见。

　　1984 年 6 月 8 日，我和 Schaller 到平武去做大熊猫调查时，接到通知，唐家河抓到大熊猫了，我们立即赶回，当天下午抵达毛香坝。我们得知邓启涛在石桥河口又看到了我和王小民曾看到的采食巴山木竹笋的那只大熊猫，他和村民在一片竹林里，把它团团包围，它顺势退入一个石洞穴。为了防止它逃跑，邓启涛和村民在洞口守了一夜，躺在蚊虫肆虐的洞口旁，头上只搭了一块油布防雨。我们向洞中窥视，洞壁下有很多树根。大熊猫缩在洞的角落里，眼睛一眨不眨地注视着我们，充满着惊慌和害怕。然后我们运来笼子。Schaller 将它麻醉 5 分钟后，钻进岩洞，用一根绳将它的一条后腿拴上，然后慢慢地把它拖出来。

这是一只体重为 67.6 公斤的雄体。我们给它戴上无线电颈圈后，将其装进笼子(图 4-2、图 4-3)。我们把它抬到白熊坪，喂它吃稀饭、竹子、清水，它只是背对着人坐着，不理睬我们。有人认为它病了，应该治疗好后再放归，但 Schaller 坚持要放，它耸起了身子，四处张望，笼门一打开，便立即冲了出去。我们当天下午和第二天都监听了它的动态，它一直在附近，我们走近竹林，看到竹丛中到处都是新鲜粪便，确定它已经恢复了正常生活。我们为这只大熊猫取名为唐唐，意指它生活在唐家河保护区，同时也以此纪念我国唐代盛世。它一年大部分时间都在石桥河的河谷，但夏季要迁到 14 公里以外很远的高山，这比"五一棚"的大熊猫活动范围更大，也许是因为低山的缺苞箭竹开花，为了寻找食物才会到那样远的地方。它于 1986 年 7 月死于山上，死因可能是下颌化脓，导致骨骼坏死而亡。

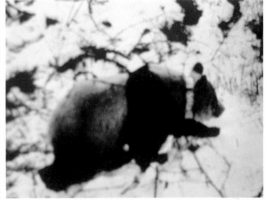

图 4-2 白熊坪观察站的大熊猫　　　　　　图 4-3 带颈圈的大熊猫

1984 年 12 月 14 日，设在山脊的一个诱捕圈捕获了一只大熊猫，它大声咆哮，还挥出爪。经过麻醉注射后，我们把它拖出，发现它是一只中等个体的雌体，乳头上面黝黑，可能孕育过幼仔。它的体重为 67.3 公斤，这与唐家河其他个体一样，要比"五一棚"的大熊猫轻 1/4。等到它苏醒后，我们将它放归野外。这一天的雪是冬季下得最大的一场雪，因此邓启涛建议将它取名为雪雪，以纪念这天特大的一场雪。无线电监测表明，它留在红石河的河谷，它和唐唐一样夏季迁移到山上，冬季又回到洪石河低处的山坡上。1987 年 5 月发现它的尸体，死因不明，它的寿命比我们推测的要短。

1985 年 4 月，在临近唐家河保护区的西洋沟，一只大熊猫受到豺的攻击，经过青川县一名医生及当地群众的急救后，被送到保护区，由芮德给它麻醉，并戴上无线电颈圈。这只大熊猫是只雌体，放出后它却一直朝它原栖息地的反方向活动，几天后无线电信息突然终止，我们站在高处收听，发现信息在西边很远处，距平武很近，而且一直是静止不动的状态。经过用无线电仔细搜索，在林线分布以上的草甸中发现了它的尸体。它虽然穿过了森林竹丛，但并没有目标方向，只是一心想避开它的天敌，以防豺的追击，因而朝反方向逃避，最终却死于高山草甸。这件事让我们开始思考：抢救的大熊猫应该放在何处？是否应该马上放归？放归到何处为宜？

一、食性的选择

我们利用无线电遥控监测白熊坪的大熊猫，结合对其他未戴颈圈的大熊猫的追踪观察，根据它们每月在不同山谷间的活动情况和我们捡回的不同地方的粪便进行分析，从而了解它们在什么地方采食、季节上有什么变化，并与其他地方的大熊猫进行对比。

这里的大熊猫每年 10 月至次年 3 月整个冬季主要到低山采食糙花箭竹，并吃些竹茎，4～6 月采食竹叶比例降低，主要以竹茎为主；7～9 月它们开始以竹笋为食，一些个体在 7 月要上移到缺苞箭竹林中，7 月 30 日我们曾在海拔 2800 米处收集到 24 团粪便，对其进行分析，其中竹笋占 21%，竹叶占 79%；而到 8～9 月它们又下降到糙花箭竹林中采食，以竹笋为主，到 10 月又重复着上一年周期性的食物选择。

但也有一些大熊猫在食性选择上表现出例外，如唐唐就表现出另一种模式，爱采食巴山木竹的竹叶。我们曾于 10 月 26 日追踪它一昼夜，发现它在 100 平方米的范围采食竹茎和叶。它吃竹茎时常把枝叶咬断丢弃，只吃竹茎；吃枝叶时就用前掌将竹茎握着，咬下整株的枝叶捏成一把，然后送入口中一段一段地咬切，稍加咀嚼即咽下。两天半后又发现它到另一处的巴山木竹林中，只吃了少量竹叶，而竹茎的比例占 68%。5～6 月，它开始以巴山木竹笋为食，一直到竹笋长高变坚硬时，才离去到西面山脊去采食。我们曾于 7 月 4 日在海拔 1900 米处，发现它主要以缺苞箭竹为食，对粪便进行分析：竹叶占 23%，竹茎占 77%。9 月它又回到巴山木竹林中，重复一年周期性的食物选择。这种周期性的食性选择类似秦岭的大熊猫，它们冬季均以巴山木竹为食，但到夏季则向山上移动到秦岭箭竹林，一年中有半年时间以巴山木竹为食。

在"五一棚"的大熊猫吃拐棍竹竹笋时，常要剥弃箨壳，这是因为箨壳表面有密密麻麻的一层刚毛，而白熊坪的大熊猫吃巴山木竹时常连箨壳一起吃。在"五一棚"，它们吃竹笋时常选择 10 毫米直径的竹笋吃，而唐家河很少有这样粗的竹笋，选择巴山木竹竹笋时选直径在 9 毫米以上的竹笋，当竹笋较少时也选择一些直径低于 6 毫米的竹笋。它们对糙花箭竹竹笋的选择多为直径 7～8 毫米，在"五一棚"很少选择较细的拐棍竹竹笋，这些较细的竹笋为昆虫所蛀食。

食竹笋的动物较多。根据样方调查，其中有 16% 的样方为昆虫所蛀食，其次是大熊猫，占 35%。1984 年调查标记的 996 根竹笋，经 7～9 月后，其中有 93.5% 的竹笋已被大熊猫所采食。这种被采食竹笋的比例与"五一棚"相类似。

又据样方调查，1984 年 4 月，在样地每平方米有 308 株成竹，到年底死去 256 株，这一年共增生 535 根竹笋，笋成长为幼竹的仅 279 株，增生的比例比死亡的低。1984 年是增殖最多的一年，平均每平方米增殖了 4～8 根竹笋，而 1983 年每平方米只增殖了 3 根竹笋。

白熊坪和整个保护区一样，在 20 世纪 70 年代共有糙花箭竹和缺苞箭竹两种竹同时开花，一直延续到 80 年代。我们再次追踪调查，得知在 70 年代糙花箭竹都在开花，早期开花的糙花箭竹经过 10 年以后可以再次供大熊猫食用了，而缺苞箭竹在海拔 2600 米以上却未开花，加上低山的巴山木竹和中山的青川箭竹尚未开花，导致唐唐季节性地远距离去寻找未开花的缺苞箭竹采食。而在平武，由于海拔 2500 米以下多垦为农耕地，2500 米以上仅有一种竹，如缺苞箭竹，故 70 年代由于竹开花而造成大量大熊猫死亡，捡到的尸体多达 138 只，而青川并未受到如此严重的损失。

二、周期性活动

大熊猫的活动形式主要是采食和休息，其余仅约 4% 的时间用于移动、修饰和玩耍。

唐唐在冬季每天活动所占的比例：一月平均为 53%，二月为 68%，三月为 36%，平均为 52%。这种活动比例与卧龙"五一棚"的 58% 接近。

它的昼夜活动，每天出现两次高峰，一次是凌晨 2~3 点，另一次是黄昏 7~9 点；活动最低潮，早晨是 7~9 点，晚上是 10~11 点，这时它多处于休息状态。雪雪昼夜活动也有两次高峰，凌晨活动高峰出现在 2~4 点，下午出现在 6~10 点；低谷期在上午 8 点、下午 3 点和午夜，这时多在休息。

但据无线电遥控监测分析，唐唐在一年中平均每天活动时间均少于唐家河和"五一棚"其他熊猫活动时间。它每天仅有 43% 的时间在活动，从 9 月至次年 3 月（11 月资料除外），它每天的活动时间占 37%~46%；6 月它曾做过一次大的移动，其中有一天 79% 的时间它都在活动，即活动时间占了近 19 个小时。唐唐喜食竹叶，并有坐着采食的习惯，很少选择竹茎为食。它每天活动时间很少，可能与它特殊的采食行为和安静的独栖生活方式有关。因此，它每天休息的时间比其他大熊猫都要长些。如 10 月 14 日，它从下午 6 点半开始一直休息到第二天 12 点 15 分，接近 18 个小时都在休息，可能是健康原因引起，之后它开始觅食竹子，并于晚上 9 点至次日 7 点半休息，睡了 10 个半钟头，健康得到了恢复。

唐唐的活动范围很大，至少有 23.1 平方公里，活动时间主要是从 9 月至次年的 6 月，它到处游荡，活动面积较大，但每天到一处实际活动的中心区域仅约 1.1 平方公里。3 月中旬至 5 月初，是大熊猫发情的季节，但没有发现其他的大熊猫进入它的活动中心区域。唐唐在夏季做长途旅行，以致无线电信号由于山的阻隔而失去联系，7 月它又习惯地向南移，一直游移到保护区的境外平武县境内。

雪雪从 11 月至次年 3 月的活动范围仅 1.3 平方公里，并常在其中很小的区域内移动。但到夏季，它要向东南方向较高的山脊转移，其活动范围达到 3 平方公里。

唐唐与雪雪的活动模式显然与"五一棚"的大熊猫有区别。在"五一棚"它们仅在春季才到山下的拐棍竹林吃竹笋，其他季节基本上都在较高的冷箭竹林里度过。

三、黑熊的生态观察

我们在白熊坪建立观察站，除追踪大熊猫，还有另一个任务，那就是把与大熊猫体型大小相差不多的同域栖息的黑熊作为比较观察的对象，比较它们的生活方式与大熊猫有什么不同，从另一个侧面探寻目前动物学界所争论不休的大熊猫是否属于熊类的问题。

与四川盆地周缘其他山区比较，唐家河保护区的黑熊数量较其他地方要多，在我们的观察区域内每平方公里有 2~2.5 只，比大巴山每平方公里 1 只高出一倍以上。

　　我们从 1984 年开始，在研究区域的河谷生长有聚合浆果的悬钩子属植物灌丛或苹果园内发现黑熊经常光顾的食物场地，用烧烤过的山羊骨肉为诱饵，设置脚套，每天上、下午各查看一次，一经发现套捕成功，就将其麻醉，并戴上无线电颈圈，然后放回山野进行无线电监测。我们先后共捕获了 3 只黑熊，一只是于 1984 年 9 月 23 日所捕获的，它是一只体型大的雄性黑熊，性情凶暴，我们给它取了《水浒传》中那个莽撞暴躁的好汉李逵的名，称它作逵逵，我们用无线电监测了它两年；1984 年 11 月 5 日，我们又捕获了一只年龄约 3 岁的亚成体雄性，体重为 70.5 公斤，我们给它取了《水浒传》中另一个英雄好汉林冲的名，叫冲冲，用无线电监测它的过冬行为；1986 年 7 月 16 日，我们捕获了一只幼年黑熊，体重仅 27.3 公斤，因其青黑的体色，取名丹丹，我们监测了它一年。白熊坪观察站的黑熊如图 4-4 所示。

图 4-4　白熊坪观察站的黑熊

　　黑熊的采食范围广，从阔叶林、针阔混交林到针叶林各林带都有它们采摘食物的踪迹。春季及秋末，它们常在海拔 1900 米以下的常绿阔叶林的食物基地内采食。在常绿阔叶林中，有蛮青冈等青冈树和包栎等栎树，其果实是它们秋季到冬季前营养价值最丰富的食物资源。过去河谷用作耕作区，黑熊零星地采食所种植的核桃、梨、柿、板栗、猕猴桃等的枝叶和果实，以及林下的刚竹和巴山木竹的竹笋，林下茂密的草本植物则是它们春季的食物来源。

　　从夏季入秋季，它们常在海拔 1600～1900 米至 2100～2300 米的常绿阔叶混交林的食物基地内摄食。它们在那里除了采食常绿的青冈树和栎类的果实，也常以林下新出土的竹笋等为食。落叶树中的灯台树、木姜子、稠李和野核桃等也为它们提供了丰富的食物资源。山麓与河谷阶地的椴木、牛奶子、糙叶五加和蟹甲草等灌丛也可以为它们提供食物。

　　夏季，它们常在海拔 2000～2700 米的针阔叶混交林或海拔 2700～3600 米的针叶林带摄食。林下还有野核桃、野樱桃、钩子木、悬钩子、花楸、五加、绣球和箭竹等灌木，以及独活、当归等草本，可为它们提供部分夏季食物，同时这一带还是它们冬季冬眠的场所。

　　从春季到秋季，根据野外观察和不同季节收集的粪便分析，发现黑熊食物中植物性食物占绝大多数，达 98%，而动物性食物仅占 2%。它们所采食植物的种类很多，达 21 科

40 余属，近 150 种植物。黑熊主要采食伞形科、菊科、唇形科等植物的幼叶嫩茎，蔷薇科、壳斗科、胡桃科等植物的坚果、浆果以及禾本科中的多种竹笋，偶尔捕食一些小动物，也食动物的尸体。

食物多样性指数包含食物丰富度的信息，也包含食物均衡度的信息。黑熊食物多样性指数表现为春季和夏季初高于夏末和秋季。从 5 月开始上升，到 6 月达到第一高峰，以后逐渐下降，8 月又开始上升，9 月达第二高峰，10 月又逐渐下降。黑熊食物多样性指数变化与生境中植物群落的盛衰有关。在春季和夏初，提供黑熊食叶、茎的草本植物等种类多，分布均匀；坚果等草本、灌丛、乔木种类较少，其分布不均匀，故食物多样性指数较低。

它们所吃的草本植物中，纤维素和木质素不能消化，而大熊猫所吃的是竹子，消化率低，平均约为 29%，能部分消化的半纤维素约占 6%，灰分占 16%，粗蛋白中，当归为 2.6%，绣球可达 35.6%，草本植物平均为 17%。其他细胞内含物(糖、脂肪)约占 31%。悬钩子和猕猴桃的浆果除灰分较低，其他化学成分与草本相似。黑熊采食壳斗科的坚果时要咬弃外壳，故化学成分只分析了果实仁，两种栎籽的营养成分与草本植物都不同，它们的纤维素和木质素都很低，仅占 6%；而半纤维素较高，约占 38%；灰分低，占 3%；粗蛋白低，占 5%；但细胞内含物多，约占 49%。栎实仁细胞所含的脂肪类似种子，故栎实是黑熊在植物性食物中含高能量的最好食物。

对黑熊在春季采食的 11 科植物进行分析，其中甲硫氨基酸最低，在植物(包含大熊猫所吃竹)中通常是缺乏的。

草本植物的含水量平均占 90%，悬钩子属的浆果含水量占 80%。4～9 月中旬，由于黑熊所采食的这类植物含水量高，可以不饮水，且排出的粪便较软，其含水较多的粪便约为 81%。秋季它们以栎实为主食，其含水量较低，仅为 52%，所排粪便含水量为 73%，这期间所食食物含水量类似大熊猫，这期间它们也必须每天饮水。

黑熊的采食对策与大熊猫显著不同，它们广泛地选择以植物为食。仅从四川的调查所知，黑熊采食的植物已达 40 多属，主要食物又随季节而变化。它们春季所食的草本植物比大熊猫所食竹子的营养要高出 3 倍，且能消化的半纤维素和不能消化的纤维素含量低。夏季以浆果为主食，含碳水化合物很高，而且采食容易，50%～60%均能消化。虽然浆果和竹笋一样含水量高，但浆果在消化道停留时间短，会加快消化，能多进食，因而所获总能量仍然不低。秋季所食的栎籽含纤维素和木质素较少，两种栎籽仅占 2.55%，而对粪便的分析可知，栎籽所占比例约高 3 倍，占 8.5%，说明它们能消化 70.2% 的栎籽，每公斤栎籽较大的约需要 3850 粒，较小的约需 12500 粒。它们在秋季每天活动时间为 11 小时，因此它们一天只需做适当的采食就可获得 5.8～18.9 公斤的栎籽，为减少转移时间，也吃一些较小的蛮青冈籽。

黑熊的食物从总的能量分析来看，与大熊猫相似，其中竹子为每公斤 18.42～20.09 兆焦，浆果为每公斤 17.58～23.44 兆焦，栎籽为每公斤 18.42 兆焦。但黑熊所食的各类食物，其消化率要比大熊猫高 3 倍。虽然黑熊的食物资源比较分散，每天移动的距离比大熊猫大，要多耗费能量，但它们每天所获的能量仍然很多。故黑熊所获得的总能量，除了保持其基础新陈代谢、活动、生长、繁殖和额外消耗，仍有节余用于储藏，以度过漫长的冬季，而大熊猫在冬季也不冬眠，频繁采食以获得足够的能量。

对捕获的 3 只黑熊进行监测，由于它们活动范围大，通过无线电定位监测获得信息不易。雄性逵逵于 1984 年 9 月捕获，无线电监测两年(含两个冬眠期)，获得的定位资料仅38 天；冲冲为一亚成体雄兽，约 3 岁，于 1984 年 11 月捕获，对其进行无线电监测至冬眠，只获得 6 天定位资料；丹丹为 1 岁的幼兽，于 1986 年 7 月捕获，获得定位资料为 116天，其中在 1986 年有 69 天，1987 年有 47 天。

24 小时昼夜监测：仅在 6 月对逵逵进行了连续 33 天的监测；冲冲在 11 月冬眠，对其连续进行了 36 天的监测；丹丹于 21:00～23:00 停止活动，晚上休息。不同季节，其活动概率除秋季采食椽籽比较高(0.61～0.67)，一般为 0.46～0.48，均低于大熊猫。

黑熊为昼行动物，除 12:00～14:00 有一段午休时间，白天都是处于活动状态，21:00～05:00 为休息时间。休息时间和大熊猫一样在地面，但黑熊的卧穴稍有铺垫，一般是就地用竹子或灌木铺卧，还曾发现它们在一个悬岩上的小平台上，用了 51 根竹子和 13 株幼树很规则地铺成一个厚 3 厘米、直径为 130 厘米的圆形卧穴，铺垫颇富弹性。卧穴周围有由草本植物组成的软粪便 5.5 公斤。

冬眠是熊类动物对严寒的一种适应对策。黑熊的冬眠时间较长，一般与当地村民停止户外活动、在家中取暖时间一致，同时又有迁移、挖洞、铺垫、储脂，甚至在洞中哺育幼兽等一系列生态、生理活动。冬眠对寒冷地区的冬眠熊类来说，是它们年周期生活中的一个重要时期。

黑熊冬眠多在树洞中、大树根际加工处或岩洞穴。无线电监测表明，冲冲于 11 月 28日仍在活动；11 月 29 日～12 月 6 日 8 天在洞周围，其活动率为 0.13；13 日 09:14～15:00都没有活动，一直到次年 3 月 26 日在石洞里稍有活动，4 月初开始出洞。逵逵于 1985 年10 月在洞附近活动；11 月底入洞冬眠，该洞位于海拔 2600 米的狭岩(45°～65°)上所生的一棵冷杉树上，树胸径为 126 厘米，洞口离岩基 1.2 米，树洞口径为 30 厘米×45 厘米，洞底直径为 110 厘米，铺垫是杉木，这里 1 月初积雪为 5 厘米；4 月 7 日～10 日出洞。丹丹利用 65°的陡岩洞，在洞内用树叶和苔藓作为铺垫，岸上没有积雪，1987 年 3 月 6 日被惊醒，转移到另一陡岩(70°)的石洞内；3 月 30 日～4 月 2 日出洞活动。我国南方黑熊冬季都游荡采食，并不冬眠。

黑熊换毛一年一次。换毛期因性别和当地条件而不同。一般为 9～11 月，冬眠前冬毛长齐才换，至次年 4～6 月，出洞后逐渐脱落冬毛换为夏毛。雌兽和幼兽开始脱毛的时间约推迟半月。温暖地区换毛一般要提前到初春。

冲冲于 1984 年 11 月 5 日戴上颈圈，根据监测，其到 12 月初入洞冬眠，在这一个月前(晚秋)一直在保护区的南坡寻找椽实为食，活动范围仅 6 平方公里。

逵逵常游移于白路河两岸各支沟的陡坡上，1984 年 7～9 月活动范围至少有 29 平方公里，9～10 月没接收到信号，1985～1986 年断断续续接收了 38 天的定位信号，其活动面积约为 36.5 平方公里。

丹丹于 1986 年 7 月 16 日捕获后，于这年的夏秋季从获得的 69 次定位信号判断，其活动范围为 5.1 平方公里；1987 年 4 月 2 日～10 月 13 日，从获得的 47 次定位信号得知，活动范围为 16.4 平方公里。它们每天移动的距离为 300～680 米，比大熊猫活动距离大，尤以秋季移动更大。唐家河保护区由于食物资源丰富，活动范围比四川其他地区要小些。

在四川、甘肃和陕西，黑熊的分布区大都和大熊猫同域，在生态位上有隔离。从营养位上看，大熊猫终年以竹为食，仅在春季偏食一些黑熊喜食的独活杆，而黑熊能适应更广泛的环境和食物，春季以各种草灌为食，也食少量大熊猫择食剩余的太细小或粗长的竹笋，竹笋分布广泛，承受力大，可同时供给黑熊和昆虫取食。从空间上看也有隔离，黑熊主要是白天活动，秋夏在海拔 1800 米以下，冬季冬眠，而大熊猫在夜间也要间断地活动，秋季活动于海拔 1800 米以上，冬季从不冬眠。

四、繁殖

野外黑熊比野外大熊猫性成熟要早一两年，一般在四五岁就开始性成熟，圈养的更早，大多三岁就开始繁殖。黑熊的发情具有明显的季节变化，一般在春末夏初，当日照在 13 小时以上、平均日气候稳定在 10℃时它们才发情，最早的开始于 5 月，晚的可至 8 月，它们的繁殖属于典型的长日照反应。

发情期间，它们白天仍然寻食，但一到夜间则发出强烈的求偶吼叫声，但没有大熊猫发情时的咩叫声和哼声。发情期间雄兽尾随雌兽，并且斗偶现象时有发生，发出呼叫声和性臭气味的信号，当彼此信号相遇，互相激应诱发，通过争偶打闹之后交配，雄体与雌体婚配后各自分散独立生活。

黑熊孕期为 199±41 天，有延迟着床现象。黑熊秋季活动期处于发育停滞阶段，待入洞冬眠时开始继续发育。它们的受孕期，由于区域和气候的原因有差异，但产仔期比较一致，一般在 12 月下旬至次年 1 月中旬，每胎常产 2 仔，也有产 3 仔的，最高有产 5 仔的。初生仔眼闭着，但发育较大熊猫要好些。初生幼仔也比大熊猫大 2～3 倍，重约 255～302 克，为母兽的 1/193～1/287（大熊猫初生仔重约 100 克，为母兽的 1/933）。幼仔 28～40 天睁眼，冬眠出洞能随母体行走，并能爬树。

哺乳期多为到幼兽半岁左右。冬眠时幼兽多与母兽各自分离入洞冬眠。冬眠后，幼兽一般还跟随母体，一直到夏天才与母兽分离。有时由于食物、气候等因素母兽可能不发情，或虽然发情但没有找到配偶，幼兽可能随着母兽到第三年的夏初。母体对幼仔的抚育期较长，这对抚育幼体的觅食能力和存活率具有很重要的生物学意义。

由于发情期、生殖率、幼仔存活率等因素，黑熊的繁殖能力比大熊猫要强很多，加上它们的食物资源丰富多样，故黑熊种群增长力也比大熊猫种群高。

第二节　凉山大熊猫生态观察站的建立

1972～1984 年我们进行了长达十几年的以科研为主的山野调查研究。1972 年，我从事过工农兵学员的教学，1977 年恢复高校招生后从事过一年的教学。1984 年开始领衔"脊椎动物资源与保护"硕士研究生教学，从此以后以教学和研究为主要任务，各届研究生继续以大熊猫的研究为主，同时也调查研究同域分布的金丝猴、扭角羚、梅花鹿、鬣羚、小熊猫、麝和黑熊等珍稀野生动物。

1985 年，与世界自然基金会国际合作研究大熊猫的计划结束。5 年后，为了深入了解不同山系和南北对照了解大熊猫的现状和生存情况，我们向四川省林业局提出要求在凉山马边大风顶自然保护区组建第三个大熊猫观察站，并获得了林业局批准和部分资助。

到 1990 年，我们在"五一棚"生态观察站和白熊坪观察站的工作基本结束。1991 年开始准备选址第三个生态观察站。1993～1996 年，我带领研究生韦毅、杨光、王维和周材权，连续 3 年在凉山马边大风顶保护区对大熊猫及同域分布的动物继续进行调查研究。这次研究由于没有与国际合作，是独立进行的，所以为培养学生如何在缺乏资金、无力购买无线电设备监测的情况下进行宏观生态学的研究提出了挑战，如同 1980 年以前在"五一棚"观察站用两条腿和一部望远镜对大熊猫等动物进行追踪调查研究的情况。

1991 年 3 月，大地开始回春，我们出发到凉山去建立第三个大熊猫观察站。我带着第一届研究生毕业后留下当助手的魏辅文，他在做硕士论文时，正赶上与世界自然基金会合作，论文是关于大熊猫的年龄鉴定，毕业以后随我往返于"五一棚"和白熊坪两个观察站。我们到马边乡后，立即赶到保护区。我是第三次到这个保护区，保护区内还有曾参加过"五一棚"观察工作的吉林知哈和秦健两人，故这次特让他们参加我们在这里建立观察站的工作。

马边县大风顶保护区位于大凉山山系以东的小凉山，是四川盆地西南边缘向云贵高原过渡的中山峡谷地带，在马边县境内的西南，大熊猫分布于最南边区域。我们于 1977 年在该县调查后，提出建立保护区的建议，1978 年经国务院批准后，正式建立了国家级马边大风顶自然保护区。保护区面积为 34.5 平方公里，最低海拔为 1500 米，最高海拔的大风顶山峰为 4042 米。我和魏辅文到了以后，与吉林知哈等人一起研究决定把站址选定在保护区西南白家湾乡的暴风坪。

然后，我们在吉林知哈的带领下，经过一整天的跋涉，到了日别依皆一个拟建磷矿厂的工棚，并向他们借用了两间用篾席隔成的房间，作为我们临时的住处。

次日，我们开始找建站的具体地址，最后选择在距这个工棚约 500 米的沟谷旁的一处平缓地带建立观察站。之后，我们连续几天到辐射地查看了几个山谷，以便确定观察站的研究范围。这里到了 3 月还是冬季，气候寒冷，雨多，雾大，随时都在下雪。一天，我和吉林知哈两人上山，山上积雪很深，到了山脊，又突然下起暴雪浓雾。我们想多看一些地方，不想原路返回，结果由于大雾笼罩，熟知山路的知哈也迷了路，经过两个多小时的摸索，始终找不到返回的另一条路。我开始意识到这样继续下去的危险性，若到了天黑，饥寒交迫非冻死在这里不可。于是我果断提出，我们沿着走过的雪迹，寻找原路返回。最初，知哈坚持找寻新路，试图找到捷径返回，但我极力反对，因为我们已经在大雾中迷失了方向，很难在体力透支前找到捷径，为保险起见，宁走百步远，不走一步险。他看到我这样严肃的坚持，最后依从了我的意见。终于，我们又花了两个多钟头走了回来。可是我们的下肢已经冻僵了，一到工棚，我就躺在床上，无力脱去湿裤湿鞋，由魏辅文用劲地帮我拉脱布袜，并脱下一身湿衣，暖和了很久才恢复过来。

接着由知哈下山组织人力，搬运建筑材料，修建考察站。在平整场地时，凡是乔木均不准砍伐，于是我们在一棵大的丝栎旁平房基。房屋设计为卡通式的，用原木铝丝捆绑，以篾席避风，然后加一层大熊猫不爱吃的刺竹子的竹杆。屋顶呈锐角三角形，很陡，先用牛毛毡盖一层防雨，再加一层竹竿，使整个房屋融入林海之中。考察站于 4 月建成，除建有男女住宿、工作间，另有厕所和气候观察简易棚。我们迁入以后，门旁还挂上了一个写着"马边大风顶观察站"的牌子(图 4-5)。

图 4-5　大风顶观察站

　　观察站所在地的地名叫涡牧挖皆，海拔为 1900 米，在一片常绿阔叶林中，观察站的观察区域面积约为 25 平方公里，最高处即大风顶峰，海拔 4042 米。观察区域内山势陡峭，山高路险，山峦重叠，沟谷相间。观察区雨水特别多，年降水量达 2100～2400 毫米，年相对湿度保持在 88%～90%。

　　在这个观察站从事大熊猫研究的研究生有 89 级的韦毅，他主要研究大熊猫的营养；90 级的杨光，他研究大熊猫分布空间格局及垂直迁移；91 级的周材权，他研究大熊猫觅食生态及微量元素食物基地的空间选择及移动。

　　在研究区域内，不同的海拔和不同森林植被类型生长着不同的竹类，为大熊猫提供了丰富的食物资源。

在海拔 2000 米以下的常绿阔叶林下主要为刺竹子分布，9～10 月发笋。这种竹于 1983 年开花，目前仅在沟谷残留了小部分，每年 3 月有少部分大熊猫下山来采食竹叶，8～9 月下山采食竹笋。

海拔 2000～2400 米区域为常绿与落叶阔叶混交林，林下有大熊猫主食的筇竹和大叶筇竹，4～6 月发笋，竹林分布的面积很大，是大熊猫一年中的主要食物基地。

海拔 2400～2800 米区域为针阔叶混交林，林下有白背玉山竹和八月竹，这一带为大熊猫秋季采食竹子的食物基地。

海拔 2800～3700 米区域为针叶林带，除下段为白背玉山竹，主要为冷箭竹分布，为夏季大熊猫采食的食物基地。

大熊猫对生境有所选择，在春季喜欢在沟谷、窝凼等温暖潮湿、乔木层郁闭度适宜的地方，其最佳生境是丝栗杜鹃林下的大叶筇竹适宜的生境，在夏季和秋季一般在山脊和山腰部凉爽的平塘选择冷杉、枫树林下箬竹适宜生长的地方。它们冬季在枯木的大树桩或活树周围采食，同时也喜欢在竹林的边缘采食。采食的大熊猫和小熊猫如图 4-6 和图 4-7 所示。

图 4-6 凉山的大熊猫

图 4-7 凉山的小熊猫

在研究区域内，大熊猫种群的空间分布格局为聚集分布，聚集程度以冬季和夏秋季最高，秋末冬初下移到大叶筇竹林采食；冬末春初向高海拔移动并扩散；6 月下旬至 7 月上旬又向上移至白背玉山竹林。影响垂直迁移的因素包括食物、气候和人为活动等。

它们采食竹时，不仅有季节性变化，而且对竹笋、茎和叶也有选择。

在研究区域内，除高山冷箭竹，其他各种竹在不同季节都有被大熊猫采食的情况。筇竹和大叶筇竹，分别为 4～5 月发笋，一直持续到 6～7 月；白背玉山竹主要为 7～8 月夏季发笋；八月竹和刺竹子主要为 9～10 月秋季发笋。各种竹发笋期间是大熊猫最喜爱的时节，这意味着它们可以饱食鲜嫩可口的竹笋，但由于竹笋是当地彝民的经济收入之一，每年彝民在春、夏、秋三季都要上山采收各种竹的竹笋，时间达半年之久。大熊猫常因人为干扰而推迟下山采食时间或直接回避。它们采食竹笋时要剥弃笋壳，仅食笋肉，而且对竹笋粗细有选择，对两种箭竹、八月竹和刺竹子，它们主要选择竹笋的基径在 18 毫米以上的为食，偶食 12～18 毫米的竹笋，而拒食 12 毫米以下的竹笋；对于白背玉山竹，它们喜吃基径在 16 毫米以上的竹笋，偶食 12～16 毫米的竹笋，拒食 12 毫米以下的竹笋。由此可见，它们对竹笋的选择多样性和粗细度都比"五一棚"和白熊坪高很多，这与这里的竹种、气候适宜、资源丰富有关，为它们良种选优的对策提供了基础。

大熊猫除采食竹笋，全年都要吃竹茎，只是在不同季节所采食竹茎的比例不同。和其他山系一样，它们常是咬断竹茎，留在地面上的残桩比其他山系平均稍高些，多在 50～83 厘米，相同的都是竹梢被丢弃。它们对竹茎的粗细也有选择，但不像对竹笋那样严格，尤其是对箭竹、大叶箭竹和八月竹，选择性不太明显，几乎随机；对于白背玉山竹，基径大于 12 毫米的不明显；而对刺竹子一般都不喜欢采食。但它们对所食的一切竹种的竹龄都有选择，这与其他山系是相同的。在马边各类竹中，它们在采食竹茎时，喜食箭竹、大叶箭竹和八月竹的幼竹，不喜欢吃较老（二年以上）的成竹；而对白背玉山竹的竹龄其选择性又不甚明显，因为白背玉山竹每年的竹节上都要生出多个较粗的侧枝，它们常爱采食较粗而嫩的侧枝。

竹叶应是竹子营养质量最好的器官，它利用太阳进行光合作用，成为能量获取的源泉，有时在研究区域内的箭竹和大叶箭竹四季常青。大熊猫喜食其鲜嫩的竹叶，特别是秋季、冬季和初春，它们对这些竹叶特别青睐，在其食物组成中的比例常超过一半。虽然大熊猫也采食白背玉山竹的竹叶，但除夏季所食的竹叶约占20%，其他季节仅占10%以下。在冬季，有的大熊猫也偶食一些刺竹子的竹叶，可是引种到卧龙去的这种竹的竹叶在饲养场却成为大熊猫最爱吃的竹叶。

在马边，大熊猫采食竹笋和竹茎时，常把这些食材搬运到一处较平缓的地方坐着择食加工，使弃食的笋壳、竹青和大的箭竹竹节堆积成堆，堆积体积常与年龄有关，成年大熊猫堆积体积大。出现这种情况是由于聪明的大熊猫根据经验、学习所获。几个同学曾在那里做过一次实验，先在陡坡上将 50 株竹子砍掉，然后在较平缓的地方做几种处理，这种做法比直接在陡坡上处理更能节省能量。

由于野外条件限制，要直接统计出大熊猫的日食量比较困难，但在野外可以估计出追踪所获的新鲜粪便，从所排出粪便的数量以及所咬竹子的株数，便可推算出所吃竹子的株数与所排粪便的关系。我们计算出一只大熊猫，每天可吃掉 459 株大叶箭竹或吃掉 690 株白背玉山竹。

我们测量在冬季大熊猫所咬竹子留下的平均残桩基径，再根据测得的两种竹子的基径与高度的关系，即可求出大熊猫所采食竹子的平均高度。根据已测得两种竹子的重量与基径、高度的关系，便可求出大熊猫所采食竹子的平均株的重量，最后再根据测得的它们采食时竹桩和竹梢抛弃部分的重量，就可算出所食中段的重量。由此推算出大熊猫吃大叶箭竹杆时日食量鲜重为 19.52 公斤，干重为 9.08 公斤；所吃的白背玉山竹杆茎鲜重为14.73公斤，干重为7.75公斤。

一、营养成分与分析

竹子的各种营养成分如表 4-1～表 4-5 所示。在研究区域，我们对大叶箬竹、箬竹和刺竹子的笋、叶、枝、茎和幼叶、混合叶、中段茎(一年生、二年生、多年生)的粗蛋白进行分析。

表 4-1　粗蛋白分析　　　　　　　　(单位：10^{-2} 微克)

粗蛋白	大叶箬竹	箬竹	刺竹子
幼叶	18.15	13.60	12.131
混合叶	15.50	11.51	—
新笋	13.85	11.20	8.50
老笋	9.48	9.15	7.41
枝	7.46	6.30	5.80
一年生中段茎	4.12	3.66	3.51
二年生中段茎	3.37	3.30	2.44
多年生中段茎	3.36	2.27	2.24

表 4-2　半纤维素分析　　　　　　　　(单位：10^{-2} 微克)

半纤维素	大叶箬竹	箬竹	刺竹子
新笋	33.3	34.75	35.45
老笋	25.12	22.37	—
幼叶	36.56	26.15	32.15
枝	30.63	28.86	29.51
一年生枝	3.45	22.45	25.47
二年生枝	22.47	23.13	25.63
多年生枝	22.88	22.07	23.39

表 4-3　纤维素分析　　　　　　　　(单位：10^{-2} 微克)

纤维素	大叶箬竹	箬竹	刺竹子
新笋	38.02	39.02	38.05
老笋	44.50	45.03	—
叶	28.02	28.80	29.24
枝	35.79	40.53	40.32
一年生中段茎	44.52	48.04	46.03
二年生中段茎	46.34	48.03	50.02
多年生中段茎	46.04	48.59	52.04

表 4-4　木质素分析　　　　　　　　　　（单位：10^{-2} 微克）

木质素	大叶箣竹	箬竹	刺竹子
新笋	5.46	5.98	5.94
老笋	13.20	14.34	—
幼叶	8.80	10.17	10.89
枝	13.33	14.92	15.19
一年生中段茎	14.77	14.89	16.67
二年生中段茎	14.80	15.39	17.17
多年生中段茎	14.85	15.38	17.25

表 4-5　总灰分分析　　　　　　　　　　（单位：10^{-2} 微克）

总灰分	大叶箣竹	箬竹	刺竹子
新笋	6.35	6.24	5.41
老笋	6.25	2.45	—
叶	7.59	6.54	6.65
枝	6.13	6.56	5.24
一年生中段茎	2.9	2.27	1.98
二年生中段茎	2.63	1.93	1.79
多年生中段茎	2.48	1.5	1.59

　　大熊猫在秋末、冬、初春喜食大叶箣竹，由此可以看出大叶箣竹的粗蛋白在叶、笋、枝、茎部分都高于箬竹和刺竹子。

　　由此可以看出，大熊猫在不同海拔、季节的活动不同，与同期的其他大熊猫采食互不相关，所采食竹的营养竹叶和竹茎化学成分含量比较稳定。而大叶箣竹的含量一年中波动很小，只有竹笋随着生长而递减，纤维素递增。

　　大熊猫吃竹叶时，总是找一片竹子长势较好，密度适中，地势相对平缓的竹林，从上至下吃竹叶，吃至尖端整整齐齐咬下，犹如剪刀修枝一样连枝叶一起咬断。如遇坡度较大而且所处位置较高时，才用前爪抓住一株或几株，使其弯曲，咬下竹叶和竹梢尖端。它们从 5 月下旬开始采食竹笋，6～7 月采食竹笋达到高峰期。我们于 5 月和 7 月曾跟踪它们的采食路径，统计了 105 个采食点，采食点平均距离为 3.5±1.8 米，地势相对较平缓，地面满布丢弃的箨壳、笋尖及竹笋较老而坚韧的部分，在 3～4 米的范围内有参差不齐的残坑，其高度随笋龄而异，当竹笋长高至 1 米左右时，大熊猫便将它从一定高度咬断，只吃竹笋中段 20～30 厘米，丢弃竹笋和尖端。

　　我们于 1994 年 4 月 20 日，跟踪大熊猫采食路径，发现 45 团粪便，共采食竹 205 株；同年 10 月 23 日，又跟踪一次，发现粪便 32 团，共采食竹 175 株。峨热竹与卧龙冷箭竹长势相似，因此我们按卧龙平均日排粪便 120 团推测出它们日采食峨热竹应为 601 株，再根据它们只吃竹茎的中段，计算其重量为 29.506 克/株，对竹子的利用率为 23.22%，其日食量鲜重为 17.73 公斤。关于它们采食竹笋的日食量，根据卧龙大熊猫在采笋期日食量为非笋期采食量的 3 倍,推算出大熊猫在采笋期日食竹笋量应为 53.20 公斤,与卧龙和秦岭采食竹笋的日食量也较相近。

二、大熊猫的营养

我们于春季、夏季、秋季和冬季采集样品,并按过去在卧龙所用的方法,对食物的有机成分和灰分进行分析。

据粗蛋白所占食物干物质百分率可知,竹叶为 15.04%,新笋为 18.79%,笋壳为 6.93%,老笋为 4.65%,两年生茎为 2.75%,多年生茎为 2.32%。每个季节的样品,相同部位的粗蛋白含量一年中都相对较为稳定。

总糖测定表明,总糖含量以新笋最高,为 8.04%,递减序为:叶为 4.095%,老笋为 3.681%,成竹为 3.50%。而一年中,各部位器官总糖的含量略有差异,冬季含量最高,其次是夏秋季,春季最低,这大概是因为峨热竹在秋季及冬季处于非生长的时期。

半纤维素是能够从细胞壁中获得部分营养的唯一部分。峨热竹叶、新笋中半纤维素分别占 35.85% 和 30.26%,老笋和茎中半纤维素的含量分别为 24.1% 和 23.67%,各季含量变化幅度小。

经分析,竹叶中粗脂肪的含量为 4.02%,为最高,其次是新笋、老笋和成竹茎,差别不大,均低于粗蛋白和糖类含量,一年中各部分变化较小。

水分含量:三种竹水分含量都略高于其他地区的竹子。大叶筇竹的竹叶和竹茎中水分的含量为 45%~65%,竹笋至少为 85%,采叶时和采茎时水分约为 75%,采食笋时水分上升为 80%~90%。

大熊猫在一年不同时期所采食的大叶筇竹和箬竹含 Cu、Zn、Mn、Fe、K、Ca、Mg7 种元素,微量元素测定结果是:它们对微量元素的选择与不同时期的生理和食谱相关。

第三节　小相岭大熊猫生态观察站的建立

1993 年,我们结束了凉山马边大风顶观察站的工作。我和魏辅文于 1994 年 3 月开始到大熊猫分布最西端的小相岭建立观察站。我们先到了凉山彝族自治州冕宁县林业局了解该县大熊猫分布情况。据了解,该县有两处有大熊猫,一处是小相岭西侧南麓安宁河上游的拖乌乡,另一处是小相岭西侧北麓冶勒乡大渡河支流的南桠河上游。这里已上报建立了冶勒自然保护区。

于是我们决定到冶勒去考察拟建立的观察站。在林业员的带领下,我们先乘车沿安宁河行驶,随后便抵达拖乌,先去考察了大熊猫的栖息地,而后见到了大熊猫留下的粪便,然后到大石镇停宿一夜,次日步行跋涉翻山到冶勒乡与林业员取得联系,又宿一夜。在林业员的引导下,我们前往石灰窑一彝民家借宿一晚之后考察了该县南北两条河及支流的河谷和山脊,最后确定了观察站的站地和研究范围。

1994~1995 年,我带领唐平和郭健两个研究生分别各用一年时间开始在保护区进行调查研究。冶勒保护区于 1994 年经国务院批准建立，是以保护大熊猫等珍稀动物及生态系统为主的省级自然保护区(图 4-8)。该保护区位于冕宁县北端，地处小相岭西段、大雪山东南段，面积为 247 平方公里。

图 4-8　冶勒保护区

区内地势北高南低。南为南桠河谷地，海拔 2000 米左右，地形平缓，河流蜿蜒曲折。河漫滩、阶地发育，为一断凹形堆积型山地。北为山地，山势雄伟，重峦叠嶂，河谷幽深，属高山峡谷地带。北为则尔山，海拔达 5299 米；西北侧为牦牛山，象鼻子峰海拔 4339 米。南北水平距离仅 15 公里，相对高差达 2800 米。

境内河流也分南北二流。北边的河流源于则尔山，汇集几条溪流后成为勒丫丫河；南边的河流源于牦牛山北段的东麓，汇集由西向东诸溪流后经石灰窑拉达，至大坝子东侧由南转北，称为南桠河，下行至西河与勒丫丫河相汇，最后经石棉县流入大渡河。

观察站的研究区域设在保护区南的则尔山北段的东麓，海拔 3100 米，总面积为 80 平方公里。美国的罗斯福兄弟曾于 1929 年 3 月在该保护区内猎杀过一只雌性大熊猫，并将其皮和头骨带回，另采集了一张大熊猫皮带回美国做成标本，随后在芝加哥动物园展出。

我们在这个观察站设置了一个简单的气象观察站。

该地区的气候受到地理位置、地貌和大气环境的制约，气候垂直差异大，海拔 2000 米以下为谷底地带，一般分冬季和夏秋季，夏季仅 50 天左右，积雪时间长达半年。观察站的年平均气温为 4.6℃，最高月平均气温为 13.4℃，最低月平均气温为-14.5℃。年极端最高气温为 22.2℃，年极端最低气温为-14.5℃。由于地势南低北高，雨屏效应十分明显，年降水量高达 2076.6 毫升，年平均相对湿度达 87.9%。气候总的特点是：低温多雨，大气湿度大，日照时间短，霜期长。

植被处于西南河谷山原地带，垂直带谱明显。海拔 2000～2800 米区域属山地暖温带针阔叶混交林带。其原先植被主要为以铁杉、槭树、白桦、糙皮桦为主的针阔混交林，但由于过去长期不合理的火烧轮歇作息与频繁采薪的影响，除部分林耕地，大部分区域已沦为亚高山草甸和亚高山灌丛，仅在谷底和沟缘地带有由川滇冷杉、麦吊杉、云南铁杉和冬瓜杨等组成混合的块状混交林，林下除有丰实箭竹，多为柳、杜鹃、栒子、三颗针、山梅花和高丛珍珠梅等。

　　海拔 2800～3700 米区域为亚高山寒带针叶林带，以川滇冷杉为主，其次为峨眉冷杉、垂枝香柏、白桦、糙皮桦、多种槭树和稠李等，大多数为过熟林，树龄为 200 年左右。林下灌木有白背玉山竹、丰实箭竹、清甜箭竹、露舌箭竹和峨热竹，其中前 3 种在该地区多分布于海拔 3000 米以下，呈零星分布，面积小，加上人类活动频繁，即使在严寒的隆冬季节大熊猫也甚少下山到此采食，它们主要是以分布海拔最高、分布面积最广的峨热竹为主食。林中动物除大熊猫，尚有小熊猫、黑熊、棕熊、豹，藏酋猴、鬣羚、林麝、马麝和扭角羚(图 4-9)等。

图 4-9　小相岭的扭角羚

　　海拔 3700～4000 米区域为高山灌丛、草甸带，主要动物有扭角羚和藏马鸡等。海拔 4000 米以上区域为流石滩。

一、食物基地与食性

　　在研究区域内，大熊猫主食竹类为峨热竹，它们分布于海拔 3000～3700 米一带的河谷、山脊缓坡地带，按坡度计算，分布面积近 10 平方公里，即占研究区域总面积(80 平方公里)的 1/8。

　　通过追踪大熊猫的足迹，我们发现它们的采食径呈"Z"字形，对竹林分布的郁闭度、坡度、竹子密度等都有所选择：郁闭度选择的是 50%～70%或 70%以上，回避 30%～50%；竹子密度选择的是 20%～40%，40%以上和 20%以下都回避；坡度最喜的是 0～30°，30°～40°随机，40°以上回避。

　　大熊猫对峨热竹的竹笋、竹叶和竹茎在不同季节组成的食谱有差异。竹茎是大熊猫一年中常食的食物。它们对竹龄有所选择，喜食幼竹和成竹，回避多年生的老竹，对竹茎也有选择，喜食竹茎为 0.9 厘米的竹子，0.9 厘米以下和以上的都回避。吃时咬断竹节，留下竹桩和弃食竹梢，只吃竹茎的中段。

　　纤维素：叶平均含量为 27.10%，新笋为 35.53%，老笋和成竹分别是 46.17%和 47.33%。

　　木质素：新笋含量为 5.32%，最低；其次是竹叶，为 7.72%；老笋为 13.64%；成竹茎含量为 18.2%。

大熊猫食物的无机成分分析：竹叶灰分含量为 8.41%，新笋为 7.67%，老笋为 3.89%，成竹为 2.16%，而且同部位的百分比在一年中变化不太大。对大熊猫不同时期所食食物的不同部位中的微量元素进行分析，常见的有 Mg、Zn 等，由此得出结论，在一年中不同季节(冬季为 11 月至次年 3 月，春季为 4～5 月，夏季为 6～7 月，秋季为 8～10 月)大熊猫所食植物中微量元素与营养物质成正比。例如 4～5 月为发情交配期，所需 Zn、Ca、Mn、Fe 较为重要，这期间它们所食的食物中这些微量元素也较高，其净收入为正值，说明不同时期的生理阶段，它们通过对食物的选择，优化食谱，以达到对所需微量元素的最佳吸收。

二、大熊猫从食物中获取的能量

根据大熊猫在不同季节的日食量和干物质的消化率，可算出它们每天获取的能量。冬季(11 月至次年 3 月)以竹叶和竹茎为主时，其每天获取的能量为 2.31×10^7 焦；春季(4～5 月)以竹茎为主时，每天获取的能量为 1.69×10^7 焦；夏季(6～7 月)以竹笋为主时，其每天获取的能量为 2.82×10^7 焦；秋季(8～10 月)以竹叶为主，每天获得 3.10×10^7 焦的能量，这比它们每天所需要的能量 3132 千卡(1.32×10^7 焦)高。

由于漫长的冬季和发情交配期耗能比基础代谢耗能高，故它们在冬季也要活动采食，从不冬眠。

从蛋白质的摄食量、干物质消化率以及可消化物质的能量值可知，它们消化大量的竹子并不是为了满足其对蛋白质的需求量，而是为了获得大量可溶性碳水化合物和可消化的半纤维素，从而获得大量的能量。它们所食进多余的蛋白质可以通过脱氨作用转化为能量。

三、数量统计及年龄结构

我们在野外使用了样带法、逆向截线法、聚类分析法、临时空间样方法以及传统的调查方法，以粪便为间接指标，对保护区内大熊猫进行了调查，并对这几种方法的调查精度及结果进行了初步的比较。结果表明：保护区现有大熊猫 8 只；在保护区以外的检测站有成年个体 1 只；太洋沟有成年大熊猫 1 只，并发现其带有幼仔。该地区共有 11 只大熊猫，密度为 0.029 只/平方公里。年龄结构：少年组 3 只，成年组 7 只，老年组 1 只，繁殖前期个体占 27.3%，繁殖个体占 63.6%，繁殖后期个体占 9.1%。

1995 年，郭健在该保护区除调查大熊猫数量分布，同时还进行了林麝的种群数量和密度调查。在保护区，适宜林麝生活的林区面积为 123 平方公里，适宜它们生活的均为针叶林带(3000～3700 米)，没有明显的生境差异。因此在进行调查时，我们根据当地实际情况采用分区抽样而不采用分层抽样，以确保穿过林麝生活范围的各种生境，研究在该保护区的马菇沟、马菇、海子沟和保山埃等地进行，同时使用了两种方法：样带的调查结果为 1.43 只/平方公里，逆向截线法为 0.99 只/平方公里。这种结果与杨光在马边大风顶对林麝进行调查的结果一致。逆向截线法是将静止的粪便假想为可移动的实物动体，能达到与实测动物相同的结果，是值得应用的一种数量调查方法，尤其是对大型动物的数量统计。据统计，保护区林麝为176～122只，平均为149只。

在野外，如果条件许可，还可同时用多种方法相互印证、补充，以使所得数量更为可信。与唐家河比较，唐家河林麝数量(7.79只/平方公里)远高于该保护区。原因在于唐家河保护区无村民居住，人为干扰破坏因素极少，而冶勒地区人类活动频繁(海拔3000米以下针叶林已砍伐殆尽，人类活动频繁，为经济贫困地区)。

在保护区内，林麝主要活动于针叶林下的竹林和竹林边缘，这些地方为它们提供了很好的隐蔽条件，减少了天敌和人类套猎的机会。在唐家河和马边，林麝主要活动于常绿与落叶阔叶的针阔混交林内(海拔1600～2400米)。在冶勒，海拔2900米以下为人类主要活动区域，十几年前，海拔3500米以下的竹林大面积开花枯死，使林麝失去了天然隐蔽条件，被迫上迁至海拔3500米一带活动，加上漫长的冬季积雪，这些都是它们数量减少的主要原因。

2004年，我还带领研究生陈炳耀对冶勒保护区的大熊猫生境破碎情况进行了研究；2006年，吴攀文对整个小相岭冕宁县、九龙县和石棉县的大熊猫进行了研究。

小相岭位于大凉山之西，为越西河与安宁河发源地。山体为南北走向，北起甘洛、石棉县交界的竹马河南岸，海拔3937米；向南沿越西、冕宁与喜德边界延伸，海拔3505米，长约100公里。最高峰在越西与冕宁交界的铧头尖，海拔4791米。境内地表崎岖，山岭重叠，地势西高东低，地貌切割较破碎，以中山和高山峡谷为主，平均海拔2500米。20世纪50年代初，小相岭的大熊猫分布区曾与大凉山系的越西和甘洛大熊猫分布区相连。自20世纪60年代凉北森工局在越西县将原始森林采伐后使大凉山与小相岭间的大熊猫分布区就此隔离。

小相岭河流多为大渡河支流，少数为雅砻江支流，各支流西岸岩壁陡峭，峡谷幽深，蜿蜒曲折，水流湍急。北部与东部为大渡河水系的竹马河、南桠河、松林河及菩萨岗，以南为冕宁河的河源。气候受高空西风南支总流控制。夏季西南季风和东南季风越岭下沉，到达河谷形成焚风效应。那里气温高，光照多，雨量少，春风多，形成干热河谷气候，有明显的干湿季节变化，冬暖夏凉，热量丰富，年降水量为1000毫米左右。

海拔2000米以下为干旱河谷灌丛，林下有丰实箭竹、刺竹子和短锥玉山竹，在稍湿润处有松树、青冈等常绿阔叶林，一些偏僻的地方在冬季偶尔有些大熊猫会下到河谷饮水及到谷坡采食竹枝叶。

海拔2000～2400米区域为山地常绿与落叶阔叶混交林，由青冈、桦树等多种桦木所组成，林下竹林仍有丰实箭竹、短锥玉山竹、空柄玉山竹和八月竹，为大熊猫春季的食物基地。

海拔2400～3700米为山地暗针叶林和亚高山暗针叶林。山体下部为铁杉林，杂有一些落叶阔叶林，山体上部为冷杉、云杉林，阳坡和半阳坡为多种高山栎类。这一带的竹林阴坡或半阴坡为大熊猫夏、秋季主要活动地带。

海拔3700米以上区域主要为高山灌丛草甸。

小相岭大熊猫分布在九龙、冕宁和石棉，我们重点调查的是石棉县。根据各县山地的东南阴坡及半阴坡的山脊、斜坡面的山脊、河流源头等不同地形地貌，按大熊猫活动区域设置路线和样方进行调查。进行调查时，陈炳耀主要在冕宁进行调查，吴攀文主要在石棉进行调查。

调查结果：石棉栗子坪大熊猫保护区有大熊猫 18 只，其中老年个体 1 只，成年个体 13 只，亚成体 3 只，幼体 1 只；冕宁县冶勒保护区有大熊猫 8 只，保护区外的林区有 3 只（2 只成体及 1 只幼体），拖乌乡林区有成体和幼体各 1 只；另外，在石棉县保护区外，第四次大熊猫调查时还有 3 只。因此，整个小相岭的大熊猫共有 37 只（其中，九龙贡嘎山保护区 3 只，冶勒保护区 3 只，栗子坪保护区 18 只，共 24 只）。

我们按调查设置的路线和样方，发现大熊猫实体、足迹、粪便、抓树的爪痕、蹲树的斑痕，采食竹笋及竹株留下的竹笋桩、枝稍，咬弃的竹节及竹皮，卧穴等各种踪迹，采用资源选择率、资源选择系数、资源选择指数，详细记载调查时的样方和路线，记载大熊猫活动与不活动区域生境影响因子的各种数据，进行数学分析统计，得出选择生境的特征和影响生境选择的各种因素。

大熊猫选择生境的主要特征有海拔、坡向、坡度、均匀坡、植被、植被层、各层密度、盖度、高度、树桩、倒木、水源及干扰度等。

各县大熊猫主要分布在中、高山，海拔 2400 米以上人类活动少的区域，以 3100～3500 米为主的山坡地、山脊和河源地，坡向为西坡或南坡，坡面坡度为 31°～50°。

植被主要为针阔叶混交林，乔木层高 31～35 米，乔木层的郁闭度为 0.11～0.25 或 0.86～0.95。林下灌木层高度为 2.1～8.0 米，密度为 0.41～0.65 株/平方米。

竹林的盖度为 0.03～0.13 或 0.95～1.00，其竹笋高度为 151～175 厘米，密度为 1～5 株/平方米。幼竹高为 321～400 厘米，密度为 11～13 株/平方米。成竹高 154～230 厘米，密度为 26～40 株/平方米。枯竹高度小于等于 85 厘米或 141～195 厘米，密度小于 1 株/平方米。

草本盖度为 0.10～0.30 或 0.51～0.90。

树桩高度为 82～120 厘米，密度大于等于 0.42 桩/平方米。

倒木长度为 626～850 厘米，密度为 0.47～0.88 根/平方米。

水源距离小于等于 200 米或为 1501～2000 米。

人类干扰度为人数少于 4 人。

由此可见，影响小相岭山系大熊猫生境选择的关键因子主要是草本的盖度和竹林的盖度；其次为坡度、避风情况；再次为干扰种类、枯竹直径、地形、乔木高度、乔木密度、灌木高度和水源距离。

如果从岷山、邛崃山、凉山等各山系比较生境选择，其结果显示有相同之处，也有不同之处，这与各山系的地理、植被有关，也体现了大熊猫对生境的主动适应性。

根据大熊猫喜欢选择的生境特征和受影响不同的关键因子，在它们所处的不同海拔、植被和地形，出现的伴生动物的频率依次为：小熊猫＞鬣羚＞黑熊＞豹猫＞小鹿＞豹＞林麝。

与大熊猫同域分布的伴生动物，以小熊猫、鬣羚、牦牛、毛冠鹿、野猪、竹鼠、豪猪和人的生态指数最高，种间竞争最激烈。

我们对斑羚、藏酋猴、豹猫等这些伴生动物与大熊猫共存机制进行了分析，认为大熊猫通过与伴生动物在对资源利用的时间上、空间上的分化及相关行为的调控，如边缘效应、扩散行为、干扰作用等，已达到了两者共存或多者共存的状态，但愿青山绿水，相依相存，天人合一为好。

第四节　大相岭

我们曾经对大相岭做过一些零星调查，但未曾建立过大熊猫生态观察站。2006 年，研究生张文广和齐敦武同学在大相岭进行了一年的调查，其中张文广在大相岭北坡对大熊猫的适应生境进行了研究。

大相岭位于大凉山北部，处于大渡河下游的亚高山河谷地带，山脉大体走向为西北—东南，南北长约 88 公里，东西全长 130 公里，包括峨眉山和瓦屋山。西北端在汉源县西北与二郎山主峰相连，向东南沿荥经县和汉源县交界地带延伸，主要山峰有大雪包(海拔2701 米)、金顶(海拔 3073 米)，最高峰在汉源白洛和洪雅交界处的小凉水井(海拔 3522 米)。河源为岷江。

境内地表崎岖，山岭重叠，地势西高东低，地貌切割破碎强烈，以中山和高山峡谷为主，平均海拔 2500 米左右。气候受高空西风南支急流控制。夏季西南季风和东南季风越岭南下，到达河谷形成焚风。因此，气候冬暖夏凉，干湿明显，年降水量为 1000 毫米左右。大渡河和青衣江水系中下游小支沟的发源地的山地两坡面，切割深邃，谷地陡峻，其沟谷、河谷及山脊各支沟的源头是大熊猫分布的地带。

海拔 2000 米以下区域为干旱河谷灌丛，在稍湿润处有云南杉、云南油杉，在阴坡或阴湿沟谷还保存有由青冈林和川桂等组成的常绿阔叶林。林下有刚竹和桂竹，春季发笋时偶有大熊猫下山采食竹笋，其他动物尚有小熊猫、猕猴、小鹿和毛冠鹿等。

海拔 2000～2400 米区域为山地阔叶林，主要由青冈和多种槭树组成，林下有短锥玉山竹和八月竹等，为大熊猫的食物基地，其主要采食竹笋及枝叶，其他动物尚有小熊猫、藏酋猴、林麝、斑羚、果子狸、竹鼠等。

海拔 2400～3600 米区域为山地暗针叶林和亚高山暗针叶林，山体下部为铁杉，杂有多种落叶树木，林下有八月竹。山体上部为冷杉，并有油麦吊云杉和云南铁杉分布，林下主要为冷箭竹，为大熊猫夏秋季常年活动的地方，其他还有小熊猫、扭角羚、云豹、黑熊、鬣羚、斑羚、白腹锦鸡和白鹇等珍禽异兽。

大熊猫主要分布于大相岭的北坡中段，青衣江水系各大小支流的河源地带，以荥经县和洪雅县为中心，西及汉源，东扩散至雅安雨城、名山，南及峨眉。由于开矿和修水电站，使大相岭整体的大熊猫种群被分割在西边的荥经和东边的洪雅，两个种群现已完全分割，两边各有大熊猫约 20 只，大相岭共有大熊猫约 40 只。

2005 年，我带领研究生张文广和齐敦武在大相岭进行调查，其中张文广主要对大相岭北坡大熊猫生境适宜性进行了研究。

2005 年 3～11 月，我们在大熊猫分布区域内每 2.5～3 平方公里布设一条路线，按此标准在 1:100000 地形图上划定调查小区，共设置了 186 条路线，林业调查过程中根据地形等实际情况选择路线，使其能穿过大熊猫在不同季节活动的各种生境，并能控制整个调查小区。调查中仔细观察和记录调查路线上发现的大熊猫实体、粪便、卧穴、足迹、爪痕、摩擦的蹭痕及夜间休息的卧穴等一切踪迹,并将具体位置标示在地形图上。记录粪便数量、新鲜度和组成成分, 并在室内进行数据处理。

通过利用样方法发现大熊猫痕迹频次,对栖息地的适宜性进行景观连接度(适宜性)赋值,对大相岭北坡大熊猫栖息地的质量进行分析评价。研究区面积约为 2266.79 平方公里,其中竹林分布面积约为 842.3 平方公里,仅有约 56.8 平方公里(占 6%~7%)的竹林面积适宜大熊猫生存;有 96.3 平方公里(约占 11.4%)的竹林较适宜大熊猫生存;适宜性较差地区的面积约为 177.4 平方公里(占 21.1%)。3 个等级加到一起共为 330.5 平方公里,占竹林面积的 39.2%,主要分布在海拔 2200~2800 米的平缓山坡, 有 60%以上的山地不适于大熊猫生活。

通过野外调查发现, 大相岭山系的大熊猫主要活动在海拔 2000~2600 米区域,植被以落叶阔叶林、针阔混交林和针叶林为主。由于季节不同,大熊猫在不同海拔之间移动。在不同的海拔它们留下痕迹的频率也不同。由此可以判定,大熊猫活动的痕迹频率高的地区为大熊猫最喜爱的地方,即最适合大熊猫生存的栖息地。

在大相岭山系有 7 种竹,但它们所食用的主要有八月竹及冷箭竹。八月竹分布于海拔 2000~2400 米区域,大熊猫于春、秋、冬季在此活动;冷箭竹分布于海拔 2400~3200 米,是大熊猫夏季的主要觅食地;在冬季,大熊猫偶尔也采食分布于海拔 2000 米以下的金竹和桂竹。

我们在野外调查过程中,发现和其他山系一样,坡位也是影响大熊猫栖息地选择的主要因子之一,就地形而言,发现它们主要活动在山脊和山体的上部,只有很少时间在山体中部以下地区活动。

大相岭地区经济条件相对比较落后,人民的生活水平较低,主要的经济来源是开矿山、修建水电站和打笋。为了大力发展当地经济、提高人们的生活水平,人们兴建水电站、开发矿山资源以及开发旅游,已将公路修建到中高山地区,这对大熊猫栖息地造成了一定影响。

但人类活动对大熊猫的生境所造成的影响不是很大,只增加了 13.1 平方公里的不适宜它们生存的面积。但由于人类活动是沿着河谷进行的,因此这 13.1 平方公里受干扰的地方呈带状分布于河流的两岸,将大熊猫适宜的生境分割,对大熊猫迁移造成了一定的阻碍,使大熊猫种群内部景观连接度降低、大熊猫个体对新斑块的利用率降低、在斑块之间移动利用率降低,阻碍个体在斑块间的迁移和变换,长此以往将降低该地大熊猫的遗传多样性。

在洪雅县,由于开矿、修水电站和发展瓦屋山旅游,洪雅与荥经的大熊猫种群完全隔离。据不完全统计,在每条河流从源头到城乡各约有 10 个功率不同的电站。由于在洪雅县内修电站和开发矿山,大力发展经济使沿洪雅县与荥经县之间的两条河流修建的公路直接贯通,而且车辆从 05:00 一直持续到 22:00,对大熊猫之间的交流产生了严重的影响,使荥经和洪雅的大熊猫分离,大熊猫不能自由迁移扩散。另外,由于大量修建电站,电站蓄水区还延伸几公里,河流两岸森林破坏比较严重,使大熊猫的栖息地也遭受破坏。而且,由于大量的人类进入保护区,在河流两岸形成了人类的聚集斑块,灯火通明对大熊猫交流的影响显而易见。大力开采矿山和砍伐树木，使有矿山分布的地区森林面积大量减少，基本上都已演替为亚高山灌丛，大熊猫的生境难以恢复，如团宝山、轿顶山。

人为活动对大熊猫的影响除了以上因素，人们采食竹笋对大熊猫栖息地的竹子质量也有影响。每年8～10月，当地居民大量采食八月竹笋，使本来分布不很广泛的八月竹的竹笋产量急剧下降。据不完全统计，在主要采笋期间，平均每个乡有 500 人进山，每人每天采笋40 千克，按 50 天计，则每个乡的竹笋产量可达 1×10^6 千克，两个乡共损失 2×10^6 千克新笋，平均每平方公里损失 2373.3 千克。调查时，曾调查 100 个小样方，平均每平方米有竹笋16 根，而采笋地区每平方米仅 1 根竹笋，没有经过采笋的地区每平方米平均有 2～4 根竹笋。随着年复一年的采笋，因采大留小，竹子群落也会随之衰败。大熊猫每年秋季的食谱是以八月竹笋为主，而且是择其粗大的为食，因此必须移动到更远的地方去采食。可见采笋活动直接影响了八月竹的再生能力，导致种群衰落，使大熊猫只能采食劣质的多年生竹笋，影响了大熊猫的生长和发育，加大了它们的觅食活动范围，使大熊猫的巢域面积扩大，减少了大熊猫种群的容纳量。

第五章　寻踪山野珍奇异兽

巴山蜀水，山峦重叠，孕育了天府之国奇山异水之间众多的珍奇异兽。

我求学期间所学专业为脊椎动物专业，分配就职于南充师范学院，时值新设生物学科之际，这里聚集了我国 20 世纪 30 年代生物专业毕业后在成都等地中学从事生物教学多年的先辈。1956 年组建了南充师专，我们成为生物系师资的骨干。1957 年以后，中国第一批生物专业毕业的研究生和本科生被陆续分配到生物系，在始建生物系先辈老教师的带领下，我们逐渐成长壮大，发展成为 1958 年的生物系，并拥有动物、植物、动物生理、植物生理等各种生物专业人才汇聚而成的师资队伍。

我们动物教研组的老教师杨文长先生毕业于中华民国时期的国立中央大学，在阆中中学是一位很有名的生物学教师，被调到南充组建生物系后成为动物教研组的组长。那时生物系的课程包括动物学的两门课，一门为低等脊椎动物学(简称动物一)，另一门为高等脊椎动物学(简称动物二)。最初这两门课皆由杨老师任教，1957 年后，两门课逐渐分开，各组建了师资队伍。我在脊椎动物教学小组，先后加入这组的有陈鸿熙、邓其祥、余志伟，他们分别于 1956～1959 年由西南师范大学生物系毕业并分配到生物系，其中陈鸿熙在 1959 年后被派遣到北京师范大学，在孙儒泳教授(后来为中国科学院院士)指导下进修动物生态学；邓其祥在 1959 年后参加中国科学院动物研究所组建的"南水北调"调查队，在川西横断山脉进行动物调查；1959 年，余志伟被派遣到华东师范学院(现华东师范大学)，在生物系周本湘教授的指导下，主修鸟类学。邓、余二位各在外进修一年后，陆续返回学校，成为动物教研组脊椎动物教学小组的组员，加上我和陈鸿熙以及一名教辅人员共 5 人。

我们 5 人除教学上彼此配合协调，在野外采集标本和进行科研时更是优势互补、配合默契，是一支优秀的团队。前面提到，生物系除在老教师带领下，逐渐能独立进行教学，还需要不少教学用具，如解剖的模型、分类的标本。在教学时，这些教具一时很难备齐，因此，我们这个团队便在教学期间利用星期日和寒暑假，携带着学校采购的猎枪、鼠夹、网具等狩猎工具，在近郊采集各种脊椎动物标本。我们也会在教学期间给学生讲授了课堂内容后，带领学生一起前往近郊观察，号召学生一同采集，提高实践能力，通过标本采集丰富课本知识。课程结束后，还有一次远程野外实习，时间较长，通常长达一个月。实习是先到重庆或成都参观动物园的动物，然后到盆地周缘的山地进行野外实习和采集各纲的脊椎动物标本，教学生如何解剖，熟悉各器官系统，同时教他们如何采集制作各类型的标本，这样既印证了教学，使理论与实际紧密结合，又丰富了标本的收藏。

20 世纪 70 年代以后，教学开始与科研相结合。科研的课题主要是两方面。一是陆生动物的兽类课题，以大熊猫等珍稀动物、保护动物为主。20 世纪 80 年代以来，研究生的课程基本上全是兽类，每年招研究生 3 名或 4 名，后期因带研究生的老师增多，研究生逐渐增至 10 名以上，随之兽类标本增多，尤以小型动物如翼手类、啮齿类和食虫类数量增加最多。二是水电建设的环境评价，四川省(过去含重庆市)的科研课题基本上全由我院邓其祥和余志伟两位负责。因此，他们两位带领学生对鸟类、爬行类、两栖类和鱼类标本进行了收集。由此，对有关标本的鉴定、整理和管理，我们 3 人各有分工，我负责兽类标本以及研究生兽类学的教学，余志伟负责鸟类标本及研究生鸟类学的教学，邓其祥负责鱼类、两栖类和爬行类的标本整理和有关方面的教学指导。

1956 年建立生物系以来，关于标本收藏，除少部分从省外购买，其余基本全由我们带领学生经过 60 多年进行采集收藏。脊椎动物的标本有 1100 多种，其中鱼类约 180 种，两栖类约 90 种，爬行类约 80 种，鸟类约 500 种，兽类达 209 种，加上省外分布的 28 种兽类标本，我校的动物标本种类覆盖四川省(含重庆市)全省脊椎动物种类的 93%以上。在全国高校开设生物专业的学校中，毫不夸张地说，当时我校所拥有的标本种类数量居首位。

以兽类为例，我国拥有的兽类共有 13 目，除鲸目和海牛目两目为海兽，其余 11 目的动物中我们拥有兽类的标本为 194 种，占全国陆栖兽类总数的 34%。四川省和重庆市有兽类 209 种，我们拥有全省兽类总数的 93%，其中珍稀兽类、国家 I 级重点保护的有 13 种，如大熊猫、金丝猴等；国家 II 级重点保护的有 25 种，如小熊猫、黑熊等。我们拥有的兽类标本除省内物种，省外的还有 28 种，其中国家 I 级重点保护的有 6 种，II 级有 1 种。此外，我们还有国外分布的单孔目(仿标本)、袋鼠目 2 种、食肉目 1 种(狮)、奇蹄目 2 种(独角犀皮和斑马)；另有披毛犀化石，偶蹄目 1 种(亚洲象)。我在校任职已 60 年有余，1977 年以前仅授本科脊椎动物一门课，之后 30 年都在带领脊椎动物资源与保护专业的研究生，讲授过哺乳动物学、行为生态学、生理生态学、鸟类学等课程，还给在职(主要是保护区、动物园和林业保护部门)的两个研究生班讲授兽类学以及两栖类、爬行类、保护生物学等课程。因此，除结合课程收集的标本部分为兽类标本，我收集的标本也以兽类为主。

第一节　动物资源概况

20 世纪 50 年代至 1976 年，四川省科学技术委员会非常重视四川省资源动物的调查研究工作，在过去调查的基础上，特别是在四川省珍贵、稀有动物调查，水产资源调查，药用动物调查完成的情况下，决定组织编写《四川资源动物志》，并委托中国科学院成都生物研究所主持这项工作。

《四川资源动物志》共分 5 卷，第 1 卷为总论，第 2~5 卷为各论，我们生物系主要参加了 1~3 卷的编写工作，其中第 2 卷"兽类"主要由我负责(图 5-1)；第 1 卷总论由施白南教授负责，我们参编；第 3 卷"鸟类"由李桂恒(四川农学院，现四川农业大学)负责，我们参编。

《四川资源动物志·总论》，我们参编的有两部分：①资源动物概况；②四川脊椎动物名录及分布、兽类的名录及分布。

当时统计四川省共有脊椎动物 1100 多种，其中列入资源动物的占一半以上。按当时行政区划分，共分 15 个专区和自治州，再按各资源类型，分别介绍它们在各专区和自治州分布的概况。

图 5-1   四川资源动物志

由于各专区、自治州所处地理位置不同，不仅自然环境条件有所差异，而且人类活动的频繁程度对动物的数量和分布也有一定的影响，表现在资源动物在各专区、自治州的分布各有其特点，为适应各有关部门业务上的需要，特将四川省各专区、自治州的资源动物分别做了介绍。

绵阳专区(现绵阳市)：绵阳专区北为四川盆地北缘山地，其余为丘陵河谷纵贯全境，资源动物多，共有 260 种，其中兽类有 57 种，鸟类有 105 种，爬行类有 15 种，两栖类有 11 种，鱼类有 72 种。按资源类型划分，珍贵稀有的全省有 55 种，本专区有 36 种，占一半以上，如大熊猫(图 5-2)、金丝猴、牛羚、绿尾虹雉、小熊猫、红腹角雉、血雉(图 5-3)及大鲵等；毛皮、羽用、革用类等资源动物，全省共有 121 种，本专区有 83 种，毛皮类如貂皮、獭皮，革用类如麂皮(含小鹿、毛冠鹿皮)，羽用类如黄鼬(制作毛刷、毛笔)、各种野鸡和野鸭的羽绒毛和饰用毛；渔猎类资源动物全省有 188 种，本专区有 113 种，如野猪、野兔、野鸡、野鸭、龟、鳖和各种鱼类；药用类资源动物全省有 166 种，本专区有 93 种，如麝香、熊胆、龟鳖甲、蟾蜍等；有益类资源动物全省有 210 种，本专区有 99 种，如黄鼬、豹猫、各种猛禽、蛇类(图 5-4)多以鼠为食，蛙类和部分鱼类捕食害虫和水生虫类及幼虫；有害资源动物全省有 210 种，本专区有 61 种，如山区的黑熊、野猪危害庄稼，各种鼠类传播疫害。本专区各种资源动物以北部山区的青川、平武和北川最为丰富，其次是绵竹、安县、旺苍、广元等丘陵山地，河流主要是鱼类资源，分布于各县。

图 5-2　大熊猫

图 5-3　血雉

图 5-4　菜花烙铁头蛇

南充专区（现南充市）：位于四川盆地中心，境内山丘起伏，北为深丘，南在岳池、广安接华蓥山西段，而大部分为方山浅丘，丘陵面积占 80%以上。嘉陵江及其支流纵贯全境，多被垦为耕地。本专区共有资源动物 286 种，其中兽类较少仅 37 种，鸟类多达 137 种，爬行类 13 种，两栖类 9 种，鱼类也有 90 种。按资源类型划分，珍稀资源动物很少，仅林麝、水獭、红腹锦鸡、大鲵等；毛皮革资源动物有 55 种，有赤狐、麂、野兔等；羽用的主要是鸟类；渔猎资源动物较多，有 131 种，主要是鸟类，兽类较少，爬行类和两栖类更少；药用动物资源有 87 种，有麝香、熊胆、豹骨、猴骨等；有益动物有 127 种，主要是以鼠及飞虫为食的鸟类猛禽和翼手类，其次是以鼠为食的豹猫、黄鼬及蛇等；疫源及有害动物共有 24 种，主要是危害山区作物的鼠类、野猪、猪獾等。本区各种资源动物主要产区是苍溪、阆中和仪陇，其次为岳池、广安和营山。

达县专区（现达州市）：北部为大巴山和米仓山，东接平行岭谷，西麓多属中山和低山，西南为丘陵地带，河流为渠江及其支流。本区有资源动物 286 种，其中兽类有 56 种，鸟类有 129 种，爬行类 14 种，两栖类 11 种，鱼类有 76 种。按资源类型划分，珍稀动物资源有 13 种，如豹、林麝、水獭、金猫、白冠长尾雉等；毛皮革用资源动物有 67 种，如狸子皮(豹猫)、狐皮、獭皮、制革的麂皮，野鸡类等羽用为多，但未充分利用；渔猎资源动物有 118 种，除鱼类，主要有野猪、野兔、果子狸和各种野鸡、野鸭；药用资源动物有 94 种，主要有麝香、熊胆、龟甲、鳖甲、蛇胆、蛇蜕(蛇皮)、蟾酥等，已被广泛应用入药；有益动物资源有 130 种，主要有以鼠为食的兽类和消灭农林害虫的有益鸟类和两栖类；疫源及有害动物有 31 种，如豺狼、野猪等对家禽和农作物有危害及鼠类传播多种疫源。境内资源动物主要分布于万源、南江和通江等大巴山和米仓山的山区，其次为巴中、宣汉、平昌等市县。

万县专区(现重庆市万州区)：东北为大巴山和巫山，西北有平行岭谷，多处于中、低山，长江干流及其小江、汤溪、大宁河等支流横贯本区。本区资源动物有 312 种，其中兽类 69 种，鸟类 124 种，爬行类 15 种，两栖类 12 种，鱼类 92 种。按资源类型划分，珍稀动物资源有 15 种，如华南虎(城口)、林麝、云豹、白冠长尾雉及大鲵等；毛皮、革用动物资源 61 种，主要有狐皮、豹猫皮、水獭皮，革用的主要有麂皮(包括毛冠鹿)，以及鸟类等；药用动物资源有 186 种，主要有麝香、熊胆、蛇胆等；有益动物有 140 种，主要有鸟、兽、龟鳖及蟾蜍；疫源及有害动物有 35 种，如鼠类及山区对农作物危害的野猪、猪獾等。资源动物主要分布于城口、巫山、巫溪等山地，其次为开县、云阳和奉节等县。

江津及重庆市(现重庆市汇沣区及重庆市部分地区)：专区东北为平行岭谷，向南接大娄山、金佛山等中山和低山，其余大都属丘陵，农耕区面积大，人类经济活动频繁，森林较少，境内河流有长江及嘉陵江、綦江、笋溪河等。资源动物共有 226 种，其中兽类 38 种，鸟类 75 种，爬行类 14 种，两栖类 7 种，鱼类 92 种。按资源类型划分，珍贵资源动物仅有 8 种，如林麝、大灵猫、云豹、红腹锦鸡等；毛皮革用资源动物有 49 种，如狐皮、貉皮、獭皮、兔皮等，革皮有麂皮等和鸟类的饰羽，为本区传统出口的商品；渔猎资源动物主要是鱼类，其次为野猪、野兔、果子狸和龟鳖；药用资源动物有 27 种，如麝香、熊胆、豹猫骨、龟鳖甲等；疫源及有害动物有 24 种，主要是鼠类、有害动物和山区危害玉米的兽类。资源动物主要分布于江津、合川、綦江、巴县(今重庆市中区)和长寿等地，永川、璧山次之，其他各县较少。

内江及自贡专区(现内江市和自贡市)：地处广大丘陵地区，大多数被垦为农田，人类活动频繁，境内主要河流有沱江及其支流。资源动物主要由丘陵农田动物和水产动物组成，共有资源动物 240 种，其中兽类 24 种，鸟类 127 种，爬行类 11 种，两栖类 7 种，鱼类 71 种。按资源类型划分，珍稀动物有小灵猫、水獭、野鸡等；毛皮、革用动物有赤狐、豹猫、貉、果子狸，革用动物有小鹿，羽毛动物有野鸡、野鸭等，但因数量少，未充分利用；渔猎动物有野兔、野鸡、野鸭和鱼类；药用动物有灵猫、龟鳖和蟾蜍等；有益动物如黄鼬、猛禽和蛇等多以鼠类为食，不少鸟类和两栖类多以害虫为食；有害动物主要是鼠类，其危害较山区严重。这些动物在各县均有分布，但种类很少。

温江专区及成都市(现成都市温江区及成都市部分地区)：本区位于四川盆地西部，包括成都平原、茶坪山和邛崃山南段部分高山深谷山地，境内河流有岷江、沱江及其支流。

资源动物组成复杂，既有山地动物，也有农田和水产动物。该区共有资源动物257种，其中兽类有57种，鸟类95种，爬行15种，两栖类10种和鱼类80种。按资源类型划分，珍稀动物有大熊猫、金丝猴、扭角羚、小熊猫、藏酋猴、红腹锦鸡、勺鸡、大鲵等；毛皮、革用动物有赤狐、水獭、松鼠、豹猫、野兔、黄鼬等，革用动物主要有小鹿和毛冠鹿，野生鸟类羽毛也有一定产量；渔猎动物主要有野猪、野兔、野鸭、野鸡以及各种鱼类；药用动物资源有熊胆、麝香、龟鳖甲、蛇胆和蟾酥等；有益及有害动物有以鼠类为食的鸟兽和危害较严重的各种鼠类。山地动物主要分布于大邑、大足、都江堰和彭州市，农田动物主要分布于都江堰各县灌溉区。

涪陵专区(现成都市涪陵区)：地处大娄山和武陵山等中山、低山地区，北部多为低山和丘陵，南部为长江干流，是乌江和酉水的丘陵河谷地带。资源动物主要由中低山的山地动物、农田动物及低山丘陵河谷农田动物所组成，共有288种，其中兽类51种，鸟类121种，爬行类17种，两栖类8种和鱼类91种。按资源类型划分，珍稀动物有华南虎(武隆，现已灭绝)、黑叶猴、穿山甲、林麝、云豹、红腹锦鸡、大鲵等；毛皮、革用动物有赤狐、貉、獾等，鹿皮可以制革；渔猎动物有野猪、猪獾、果子狸、小鹿、草兔、野鸡、野鸭等，以及龟鳖和鱼类等水产动物；药用动物资源有熊胆、麝香、穿山甲和脆蛇蜥等；有益动物有吃鼠的猛禽、豹猫、黄鼬和蛇等，以及多种食害虫的鸟类、两栖类动物；有害动物主要是山区危害庄稼的野猪、猪獾、猴及鼠类等疫源动物。资源动物主要分布于南川、武隆、黔江和彭水等地，其他各地均分布有农田动物。

宜宾专区(现宜宾市)：该区与小凉山相接，南与云贵高原大娄山相连，东北为低山和丘陵，境内河流除长江干流，还有金沙江、岷江、横江、南广河、长宁河和赤水河等。资源动物以山地动物和鱼类资源最丰富，共有资源动物263种，其中兽类有45种，鸟类99种，爬行类17种，两栖类10种，鱼类92种。按资源类型划分，珍稀动物有23种，如云豹、林麝、穿山甲、鬣羚、斑羚、大熊猫(近年发现屏山有大熊猫)、红腹锦鸡、白腹锦鸡、四川山鹧鸪、白鹇等；毛皮、革用动物有黑熊、豹猫、貉、黄喉貂、獾、赤狐、水獭等，革用资源主要有麂皮，鸟类的羽毛也有利用；渔猎动物主要有野猪、野兔、猪獾、果子狸等，水产动物以中华鲟最有名，包括白鲟和其他多种鱼类以及龟鳖等动物；药用动物资源有麝香、熊胆、穿山甲、蛇胆、鳖甲等；有益动物有食鼠和有害昆虫的猛禽、蝙蝠及蛇蛙类等。资源动物主要分散于屏山、古蔺、叙永、长宁等山区县，低山丘陵河谷主要分布农田动物，河流河谷主要分布水产动物，各县均有分布。

雅安专区(现雅安市)：位于盆地西缘山区，西部为邛崃山及夹金山，南部为大相岭、小相岭，境内河流有大渡河、青衣江及其支流。资源动物复杂，共有289种，其中兽类77种，鸟类140种，爬行类16种，两栖类14种，鱼类42种。按资源类型划分，珍贵稀有动物达31种，如大熊猫、金丝猴、白唇鹿、水鹿、雪豹、豹、云豹、小熊猫、黑颈鹤、绿尾虹雉、藏雪鸡、雉鹑、斑尾榛鸡、藏马鸡、红腹锦鸡、横斑锦蛇、大鲵等；毛皮、革用动物有75种，毛皮动物主要有石貂、藏狐、黄喉貂、果子狸、水獭、獾、藏原羚、豹猫、黄鼬等，革用动物主要有小鹿和毛冠鹿，羽毛主要是各鸟类的羽毛；渔猎用动物有97种，猎用的有野猪、熊、鹿，其他的还有野兔、高原兔、旱獭、竹鼠等，鸟类有斑尾榛鸡，各种野鸡和野鸭种类很多，鱼类以裂腹鱼类(俗称雅鱼)种类最多，还有很多其他鱼类；药用动物资源多达 110 种，以鹿茸、麝香、熊胆最有名，其他还有豹猫骨、鹿角、蛇胆、山溪鲵、蟾酥等。有益动物有 140 种，主要是以鼠及害虫为食的兽类、鸟类、蛇类、蝙蝠类、蜥蜴和两栖类等动物；疫源有害动物主要是鼠类、豺、狼等动物。资源动物主要分布于天全、宝兴、芦山、名山、洪雅、石绵等山区，低山、丘陵、河谷和江河也有分布。

乐山专区(现乐山市)：境内西部为峨眉山和小凉山，东部为丘陵。境内河流有大渡河、青衣江、岷江和四望河。资源动物比较复杂，有山地、农田和水产动物 306 种。其中兽类 69 种，鸟类 129 种，爬行类 18 种，两栖类 16 种和鱼类 74 种。按资源类型划分，珍贵稀有动物有 27 种，如大熊猫、扭角羚、鬣羚、斑羚、云豹、豹、藏酋猴、小熊猫、大灵猫、小灵猫、水獭、白腹锦鸡、红腹锦鸡、四川山鹧鸪、白鹇等；毛皮、革、羽用动物有 60 种，毛皮以野兔、黄鼬、豹猫、鼬獾、小灵猫最多，另有水獭、鼯鼠等，羽用主要是鸟类；水产以鱼类为主；药用动物资源有 96 种，如麝香、熊胆、灵猫香、豹猫骨、龟鳖甲、蛇胆、脆蛇蜥、山溪鲵和蟾酥等；有益动物有 147 种，主要有以鼠或害虫为食的鸟、兽、爬行类和两栖资源动物；疫源有害动物有 29 种，主要是鼠类、危害山区庄稼的野猪、獾及毒蛇。

西昌专区和渡口市(现西昌市及攀枝花市)：本区地处横断山脉中段，岭谷高差向南逐渐增大，转为金沙江河谷。境内河流有金沙江、木里河、雅砻江、安宁河和黑水河等及其支流，此外西昌的邛海为省内著名的湖泊。动物组成主要为南方种类。资源动物有 207 种，其中兽类 61 种，鸟类 92 种，爬行类 13 种，两栖类 8 种，鱼类 33 种。按资源类型划分，珍稀动物有大熊猫、牛羚、白唇鹿、马鹿、水鹿、小熊猫、林麝、马麝、岩羊、斑羚、鬣羚、穿山甲、藏马鸡、绿尾虹雉、白腹锦鸡等；毛皮、革、羽用动物有 55 种，制裘的如豹、水獭、赤狐、貉等，褥垫的如黑熊、棕熊、猪獾，领帽的如树鼩、松鼠、豹獾等，革用皮以赤鹿质量最好，野鸡羽毛亦被利用；渔猎动物有 70 种，其中赤鹿、灰尾兔、竹鼠、猪獾和旱獭最多，以熊掌、鹿筋、鹿尾为珍品，鸟类以斑鸠、野鸡为主，水产动物分布于各河流域；药用动物有 87 种，境内有林麝的麝香，3 种鹿的鹿茸及鹿角，两种熊的熊胆，另外尚有蛇胆、龟鳖甲和山溪鲵等，均可入药；有益动物有 104 种，它们多以害兽和害虫为食，属农林、卫生保健有益动物；疫源有害动物有 24 种，主要是多种鼠类和毒蛇，以及豺等。资源动物主要分布于境内高山、低山、丘陵和河谷，各县分布广泛。

凉山彝族自治州：本州东北属小凉山，西北为小相岭，中部为大凉山，境内多处为高、中山岳，南接金沙江河谷，为中、低山，境内河流有金沙江、马边河、越西河、西溪河和黑水河等。资源动物有 200 种，其中兽类有 61 种，鸟类 79 种，爬行类 14 种，两栖类 14 种，鱼类 32 种。按资源类型划分，珍稀动物有 24 种，如大熊猫、扭角羚、小熊猫、云豹、豹、黑熊、马熊、水鹿、鬣羚、斑羚、藏酋猴、红腹角雉、绿尾虹雉、四川山鹧鸪、大鲵等；毛皮、革、羽用动物有 56 种，其中作为制裘、褥垫、领帽、笔、刷等的动物有赤狐、豹、貉、豹猫、岩羊、斑羚、黑熊、草兔、竹鼠、小麂、毛冠鹿、野鸡等动物；渔猎动物有 67 种，以熊掌、鹿筋、鹿尾为珍品，有小麂、野兔、赤鹿、野猪、猪獾、竹鼠等兽类，野鸡、野鸭和鸠鸽等鸟类以及鳖鱼等水产品；药用动物资源有 83 种，名贵药材如麝香、熊胆和鹿茸有一定产量，豹骨较少，豹猫骨较多，脆蛇蜥、山溪鲵和蛇胆有一定数量、蟾酥未充分利用；有益动物有 87 种，为农林、卫生保健有益；有害动物有 28 种，其中有野猪、黑熊、猪獾、豺、鼠类和毒蛇等，它们危害庄稼、人畜。资源动物主要分布于各县山地、河谷和山溪急流。

甘孜藏族自治州为全省最高地区，平均海拔为 3500～4000 米，高峰常达 5000 米以上，东北大雪山主峰贡嘎山海拔 7556 米，为全省最高峰。自然地理属青藏高原主体部分。高原及山原面积辽阔，不同气候交汇。境内有雅砻江上游及支流和大渡河中游，向北向南贯穿，河流切割很浅，河谷为宽阔的草甸，并有沼泽湖泊出现。动物区系组成简单，资源动物个体数量丰富。全州共有资源动物 200 种，其中有兽类 69 种，鸟类 110 种，爬行类 6 种，两栖类 6 种和鱼类 9 种。按资源类型划分，珍稀动物较多，有 34 种，如大熊猫、金丝猴、扭角羚、野牦牛、野驴、雪豹、白唇鹿、马鹿、盘羊、藏羚、藏原羚、小熊猫、马熊、黑颈鹤、藏马鸡、白尾梢虹雉、绿尾虹雉、藏雪鸡、疣鼻天鹅、大天鹅等；毛皮、革、羽用的动物有 68 种，毛皮质量好、数量丰富，野生毛皮年产 12 万张，水獭皮、石貂皮、猞猁皮和豹皮为名贵毛皮，旱獭、灰尾兔皮最多，赤狐、藏狐和黄鼬、香鼬毛皮产量也不少，制革以赤鹿质量最好，野猪、麝、鬣羚等常作为口袋自用，各种鸟类华丽羽毛尚未充分利用；渔猎动物有 68 种，其中旱獭、灰尾兔、麝和鹿类年产可达 1 万公斤，尤其是鹿肉和麝肉，其次是藏原羚等有蹄类动物和各种野鸡、野鸭，以及高原河流盛产的鱼类，但藏民一般很少捕捞，唯进入的汉人常捕捞；药用动物资源有 87 种，麝香年产量属全省首位，鹿茸、熊胆产量居全省首位，豹骨仅 1977 年达 918 斤，此外，还包括藏原羚角及鹿角、蛇胆等；有益动物有 108 种，其中兽类 10 种，鸟类 83 种，爬行类 6 种及两栖类 9种；疫源动物有 31 种，主要是鼠和毒蛇。

阿坝藏族羌族自治州属青藏高原，东南有岷山、茶坪山、邛崃山和夹金山，为高山深谷地带，在西北波状起伏的丘状宽谷中有白河和黑河两支流，东南部丘陵边缘，河流属长江水系，主要有白龙江、岷江和大渡河，形成中下游的深切河谷，山岭海拔一般都在 4000 米以上，个别峰如岷山雪宝顶海拔高达 5588 米，邛崃山脉的四姑娘山海拔 6250 米。资源动物仅次于甘孜，较丰富，种类较多达 215 种，其中兽类 87 种，鸟类 94 种，爬行类 11 种，两栖类 6 种，鱼类 17 种。按资源类型划分，珍贵动物种类最多，达 41 种，有大熊猫、金丝猴、扭角羚、雪豹、白唇鹿、梅花鹿、马鹿、水鹿、麝、野驴、黑颈鹤、白鹤、3 种天鹅、红腹角雉、绿尾虹雉等；毛皮、革、羽用动物有 79 种，毛皮以旱獭产量最高，年产 2 万张，黄狼皮、兔皮也不少，其他的有豹猫、赤狐、藏狐、水獭等，有一定产量，制革多用麂皮、野猪和鹿等，野生鸟类的羽毛和绒也开始被利用；渔猎动物有 70 种，狩猎以野兔、旱獭、麂、毛冠鹿、麝为主要对象，鸟类以斑尾榛鸡为珍品，其他鸡类、野鸭和鸠鸽类有一定产量，鱼类以虎嘉鱼为稀有，仍以裂腹鱼类为主，资源丰富；药用动物有99 种，麝香产量在全省仅次于甘孜，在四川所产的鹿类 4 种全有，两种熊胆有一定产量，蛇胆、山溪鲵、蟾酥及某些鸟的肉和内脏在藏药中应用比较广泛，并有一定疗效；有害动物有 39 种，疫源动物以鼠兔、旱獭和灰尾兔危害最严重，此外豺狼、黑熊、野猪、豪猪对牧区、农区都有危害，农作物播种期乌鸦的危害也较重。资源动物主要分布于该州以北的阿坝、马尔康、若尔盖、松潘、茂汶、九寨沟和汶川等山地，及湖泊、沼泽地带。

由于全省面积辽阔，资源动物分布广，东西两部尤其是西北部差异大，地理区系组成复杂。这一方面反映出资源动物对现代自然环境的适应，另一方面也表现出它们对历史变迁适应的结果。按动物地理区划，资源动物在古北界和东洋界的南北方都存在。若再分，可分为青藏的高原动物，西南区的山地动物和华中区的南方动物，这是四川省资源动物复杂多样、丰富多彩的基本原因。再据高原和各山系，以及资源动物对自然环境的适应，可将资源动物分成 7 个生态、地理动物群。

一、古北界、青藏区分两个地理动物群

本区东大致从若尔盖起，经红原、黑水、马尔康、小金、丹巴、康定；南以九龙、雅江、理塘、巴塘等高山深谷为界。境内河流除东北有黄河水系的白河与黑河，其他主要为金沙江、雅砻江及其支流鲜水河的中上游。地貌为平缓起伏的高原、丘原，平均海拔 4000 米左右，高峰达 5000 米以上，雀儿山和贡嘎山更是终年积雪的现代冰川。境内气候干寒，植被组成简单、食料也稀少。资源动物主要由高寒高原草甸灌丛组成动物群及适应于高寒高原严酷条件的穴居性的动物组成。同时，由于地质历史古老、地势开阔和气候严寒，致使资源动物中珍稀动物较多，毛皮动物的个体数量大，质量优越。根据地理差异可分以下两个地带。

(一)川西北高原地带，高寒高原灌丛、草甸动物群

本带东起若尔盖和红原，为黄河水系的黑河和白河流域，位于壤塘、色达、邓柯一线以北，地势高亢，为典型丘状高原，平均海拔 4000 米左右，河谷开阔平坦，牛轭湖群星罗棋布。气候恶劣，严寒期近半年，多冰雪和大风，霜雪全年可见。植被以草甸、灌丛为主，局部有流石滩、沼泽植物群落和高山针叶林；有一定数量和质量的中小型动物。珍稀动物除有野驴、野牦牛和藏羚等青藏高原典型的种类，尚有隐居的兔狲，高原灌丛和高山针叶林有蓝马鸡，沼泽和牛轭湖群有黑颈鹤、白鹤、大天鹅、小天鹅和疣鼻天鹅等涉禽和游禽。毛皮动物有藏狐、狼、豺、艾鼬和荒漠猫等，有蹄类有狍和藏原羚；兔有灰尾兔和多种鼠兔；啮齿动物除喜马拉雅旱獭较多，尚有松田鼠栖于高原草甸；鸟类有以鼠类为食的玉带海雕、草原雕和金雕；在沼泽和湖泊有赤麻鸭、斑头雁和鹊鸭，属于青藏高原典型的有褐背拟地鸦、楔尾伯劳、褐翅雪雀、棕颈雪雀和朱鹀等；爬行类很少，有沙蜥和高原蝮蛇；两栖类有几种适应高寒的物种，如倭蛙、西藏齿突蟾。

(二)川西山原地带，高寒山原针叶林、灌丛、草甸动物群

本带位于川西高原之南，地貌以波状起伏的丘原为主，其次为高山与极高山，日照强烈，干湿季节分明，降水少，气候垂直差异大。植被主要为高山针叶林和高山灌丛、草甸，海拔 4000 米以上为流石滩植被。资源动物组成较川西北高原复杂和丰富。珍稀动物有青藏区的代表动物白唇鹿和马鹿、盘羊，食肉目有雪豹、石貂、伶鼬、猞猁和兔狲，鸟类有藏雪鸡和绿尾虹雉。毛皮动物有棕熊、黑熊、狼、豺赤狐、藏狐、艾鼬、水獭、荒漠猫、狍、藏原羚、灰尾兔、白颊鼯鼠和喜马拉雅旱獭，多种鼠兔，长尾仓鼠和松田鼠等属高原特产动物。鸟类有高原山鹑、雪鹑、秃鹫、胡兀鹫、西藏沙鸡、地雀、石雀和多种朱雀、朱鹀等，多属青藏高原的典型种类。爬行类和两栖类都较少。

二、西南区，为季风区南部的横断山脉地区，尚分两个地理带

本区位于青藏高原东南方，四川盆地西缘，为西南山地的一部分，境内有岷山、邛崃山、夹金山、大雪山和沙鲁里山等。岷江上游，大渡河、雅砻江和金沙江在境内几乎平行，均自北向南流，属横断山脉的一部分，多属高山深谷，有极明显的垂直变化，同时，由于第四纪各冰川期中无大面积冰盖，或仅受到山麓冰川的影响，因而南向的纵谷受寒冷气候影响较少，形成动物的"避难所"，保存了部分比较古老的动物，其中一些种类较特殊。此外，由于山脉为南北走向，所以有南北动物混杂的现象，资源动物相当丰富，根据区域差异，境内可分为两个地带。

（一）盆地西缘高山深谷亚热带森林的动物群

本带位于川西高原南侧岷江上游，包括岷江、摩天岭、龙门山、茶坪山、邛崃山、夹金山、二郎山、大相岭及峨眉山等，大致以大渡河为界，为涪江、岷江和青衣江的上游，以青藏高原向东南呈辐射状深切，高山深谷气候受季风影响，自然条件优越，资源动物复杂，由亚热带动物群所组成。珍稀动物有大熊猫、金丝猴、扭角羚、四川梅花鹿、水鹿、雪豹、藏马鸡和藏雪鸡等青藏高原的典型代表。它们向东延伸，可分布于本带的西部即小熊猫分布的北界和蓝马鸡分布的南界。本区广泛分布的南方种有大灵猫、小灵猫、云豹、鬣羚和白鹇等，在境内东南也有分布。毛皮兽有狼、豺、赤狐、藏狐、貉、鼬类、獾类和水獭，大小灵猫、果子狸、斑林狸、食蟹獴等都属亚热带的典型种类，猫科动物除兔狲、猞猁、金猫、云豹、雪豹和豹，尚有豹猫。熊类有马熊和黑熊。有蹄类狍和藏原羚为北方种，小鹿为南方种，是最好的革用动物。食虫类中的许多为单型属，均以本带为分布中心，分布区域与大熊猫相同，故本地带是迄今古老种类和原始种类保存最丰富的地区。鸟类以鸡类和画眉类占优势，其中斑尾榛鸡和蓝马鸡为北方种，华中区所产的红腹锦鸡也向东南延伸，可见鸟类区系不仅丰富，还很复杂。爬行类和两栖类都很丰富，不少锄足蟾类均为特有种，从区系成分看，多为华中区向西南区过渡的物种。

（二）川西南横断山热带森林、农田动物群

本带地貌主要为川西南高山深谷地带，属川滇纵谷的东北部，主要山脉有锦屏山、鲁南山、小相岭、大凉山和小凉山等，河流有雅砻江下游、安宁河、黑水河、西溪河、马边河、越西河。山地与河流相间，山势雄伟、河流急湍，山地河流并列，海洋气候可逆谷直流。复杂的自然环境以热带森林农田动物为主，特产动物不少，资源动物也比较丰富。珍稀动物有大熊猫和扭角羚，它们分布的数量较少。小熊猫在境内广泛分布、数量较多，小爪水獭为我国南方种，在境内主要分布于木里河。白尾梢虹雉产于云南，向东北延伸至巴塘、理塘高山纵谷，白腹锦鸡主要分布于境内。四川山鹧鸪为四川特产，南方广泛分布的白鹇在小凉山亦有分布。毛皮兽有藏狐、豺、水獭、鼬獾、大灵猫、小灵猫、斑林狸、果子狸、食蟹獴，均属于热带种类，丛林猫、豹猫在境内分布广。马麝在高山深谷有分布，

但数量向南递减。盆地边缘低山丘陵除有小鹿外，均由赤鹿所替代，高原产的白唇鹿、马鹿顺横断山脉向南伸入境内，有少量分布，但水鹿比川西北高原分布广、数量多。鬣羚属云南亚种，有别四川的亚种。啮齿类种类很多，如赤腹松鼠、帚尾豪猪、花白竹鼠、黄毛鼠、青毛巨鼠、锡金小鼠、板齿鼠，有不少特有种。鸟类包括各种画眉，不少属于国内特产，河谷还有大绯胸鹦鹉。爬行类种类和数量都有所增加，其中不少为国内或境内特有种，如宜宾龙蜥、裸耳龙蜥、美姑脊蛇、棕网游蛇、黑绒乌梢蛇等。两栖类很丰富，共有 34 种，其中在普雄有国内少见的北鲵、大凉疣螈、凉北齿蟾、秉志齿蟾、普雄齿蟾、圆疣齿蟾和胫腺蛙；沙坪角蟾、棕点湍蛙和四川狭口蛙在国内除分布于本州，也分布于四川各地，其中以西南最多，其中不少为云贵高原的特有种，如大蹼铃蟾、无趾盘臭蛙、滇蛙、双团棘胸蛙、威宁蛙、云南小狭口蛙和多种狭口蛙。我国南方的宽头大角蟾和黑眶蟾蜍也向北分布于本地理带，反映了某些热带沿横断山谷北延的特点。

三、华中区，北亚热带，润湿，落叶针阔叶林和落叶常绿阔叶混交林农田动物群

境内四周山脉海拔 1000～2000 米，盆地底部海拔 300～600 米，华蓥山以东为平行峡谷，以西与龙泉山之间为方山丘陵，龙泉山以西为成都平原。河流有岷江、沱江、涪江、嘉陵江、渠江、乌江和长江干流。植被以亚热带常绿阔叶林为主。由于与相邻的华北区和华南区无显著的自然障壁，使南北动物可直深入境内，故资源动物复杂，特有种少，种类多而混杂，既适于与人类一起生活，也适于农田和林栖，除少数田野动物，如鼠类数量较多，其余动物资源匮乏。根据地貌、植被和动物组成差异，共分三个地理带。

(一)盆地丘陵常绿阔叶林亚热带动物群

四川盆地底部地势低下，海拔 300～500 米，以丘陵为主，局部见低山、平原，气候冬暖夏热，四季分明，湿润，日照少，仅低山保留少量小片亚热带常绿阔叶林，广大丘陵平原已垦为农田，资源动物主要为南方亚热带农田动物。

盆地东部平行岭谷和长江两岸的高丘，其气候较盆地西部稍高，具有春旱、夏热、秋雨和冬暖的特点，山地林栖和南方的种类较盆地西部有所增长。资源动物主要是一些与人类经济活动有关的中小型种类，珍稀资源动物有水獭、云豹、豺、猕猴、大灵猫，小灵猫、红腹锦鸡和鸳鸯。其他资源动物有黄鼬、鼬獾、果子狸、毛冠鹿、草兔、赤腹松鼠、狐、貉、豹猫、小鹿，以穴居式潜伏的多种菊头蝠、大蹄蝠、鼠耳蝠、蝙蝠所组成的资源动物为特点。鸟类有雉鸡、竹鸡、白鹭、牛背鹭、画眉等。爬行类多为田野动物，唯四川狭口蛙为四川省特有蛙。

盆地中部方山浅丘和川西平原为四川盆地广大地区，川南为穹窿低山丘陵，川中为方山浅丘和宜宾至合江一带的河谷地区。境内地势平坦、有沱江、涪江、渠江和嘉陵江纵贯其间。资源动物种类和数量都较贫乏，珍稀动物偶有小天鹅、鸳鸯、水獭、小灵猫，其他资源动物很少，如貉、赤狐、果子狸，但草兔、黄鼬、豹猫分布较多。农田动物最多的是

各种鼠类。鸟类有白鹭、苍鹭、斑鸠等和多种农田园林鸟类。爬行类和两栖类与平行岭谷相似，均为可见种。

（二）盆地北缘低山，亚温带及热带森林农田动物群

本带由以米仓山和大巴山所组成的北部边缘山地林栖、林缘和灌丛生活的种类为主，其次是山地田野动物，也具有一定数量。就分布而言，北方种类有所增加，但总体是南方种类居多，为我国东洋界在四川境内的北界。珍稀动物有豹、云豹、金猫、大灵猫、小灵猫、水獭、林麝、红腹锦鸡和大鲵等；小鹿和毛冠鹿是长江流域和东南沿海的特产，主要分布于我国。境内还有一些北方典型种类，如狍、黑腹绒鼠和罗氏鼯鼠等。资源动物有赤狐、貉、黄喉貂、狗獾、猪獾、豹猫、果子狸、草兔、鼯鼠、竹鼠等，这些多为我国南方种和广布种。鸟类和爬行类中北方种有一定数量，但多为南方种。两栖类南江角蟾、光务臭蛙仅分布于境内，其他与陕西秦岭和湖北西部邻近地区的相似。

（三）盆地南缘中、低山，亚热带森林农田动物群

境内主要有大娄山和武陵山，实为云贵高原东北缘，海拔1000～1500米，境内主要河流有赤水河和永宁河。气候和植被垂直带显著，自然条件复杂。但由于植被破坏严重，动物组成也相应复杂，但数量贫乏，并大多数广泛分布于我国南方地区。珍稀动物有林麝、鬣羚、斑羚、大灵猫、小灵猫、金猫、云豹、猕猴、豺、穿山甲、红腹锦鸡等。其他为我国南方各地的动物，如毛冠鹿、赤狐、貉、黄喉貂、黄鼬、鼬獾、猪獾、豹猫、果子狸、野猪、小鹿、鼯鼠、竹鼠、帚尾豪猪等。鸟类种类和数量都有增加，国内的不少常见种都能见到。在境内以雉鸡为重要鸟类资源，我国南方分布的种类在境内更多。蛇类除部分分布于沟谷和山间盆地田野外，主要分布于我国南方，如脆蛇蜥、纹花林蛇、白头蝰、尖吻蝮和竹叶青，北方种类很少，仅有蝮蛇。两栖类种类也多，分布于川东北山区等地，优势种隆肛蛙在境内无分布。本地以华中区种类为主，西南区仅有峨山掌突蟾和华西雨蛙等两种。

第二节　兽类资源论述

（1）在《四川资源动物志》第一卷所列脊椎动物名录中，哺乳纲9目，31科，105属，195种；鸟纲，珍稀18种，羽用32种，狩猎35种，药用47种，有益127种，疫源有害5种；爬行纲，皮用6种，猎用6种，药用29种，有益18种，疫源有害6种；两栖纲，珍稀1种，猎用3种，药用8种，有益15种；鱼纲，珍稀55种，渔用107种，药用10种，有益2种，有害1种。总的资源动物中，哺乳纲有150种、鸟纲228种、爬行纲33种、两栖纲31种、鱼纲101种，总计为543种。

（2）第2卷《四川资源动物志·兽类》，因编委会知道我长期在野外观察山野动物，主要是观察兽类，故责成我和王酉之两人负责主编此卷。王酉之负责食虫目、翼手目、啮

齿目和兔形目 4 个目的小型兽类；我负责灵长目、食肉目等 5 个目，主要是较大型的兽类。

本卷概述了原四川省（含现重庆市）140 种资源兽类，包括其分类及其特殊形态。对各资源兽种的论述包括以下各项：

（1）名称，中文名、拉丁学名、别名（地方名、产业名、古名等），拉丁学名的原始文献及模式产地；

（2）鉴别特征，外形或头骨的主要明显特征，供做初步识别的主要依据；

（3）形态，包括外部形态、体色，并列出其量衡度；

（4）生物学资料，包括栖息地、结群情况及数量、活动与习性、繁殖、食性、天敌与疾病的关系，体外寄生虫及其他各项；

（5）分布，列出四川省有资源动物分布的县名，然后列出全国各省数据作为参数；

（6）资源价值，包括总论中所列的各项资源类型，如珍稀资源类型。

1. 灵长目

灵长目多栖于热带、亚热带的山林中，通常营树栖生活，少数间或生活于地上，多为群栖性，杂食，体型多为中型，为高等哺乳动物，大脑特别发达，一般颜面裸露，颜面肌发达，富表情，两眼向前，视觉发达，前肢能转动自如，手掌裸露，善于攀缘，大多具 5 指（趾），并具指甲、能握物。我国灵长类共 3 科 6 属 17 种（现分为 22 种）。

猴科在类人猿中属于狭鼻猴类的低等类群。脑相对较小，前后肢等长（或前肢稍短），但均有握力，行动迅速，一般颊囊发达，臀胼胝明显，尾较短或很短（但叶猴和金丝猴尾很长，无颊囊，胼胝小）。本科包含种类很多，分布于东半球。我国共 4 属 13 种（现分为 15 种），四川仅 2 属 3 种。

（1）藏酋猴（*Macacus thibetanus* Milne-Edwards.1870.C.R.Acad.Sci.Paris. 70:341）（模式产地：四川宝兴）。20 世纪 70 年代将其定位短尾猴，分为两个亚种，其中一个亚种主要产于四川，1870 年法国神父 David 在穆坪（今四川宝兴）发现的新种即藏酋猴；另一亚种即今短尾猴，它主要分布于华南的广东、广西壮族自治区等地，四川没有分布。两者均为猕猴类尾最短的猴，其尾长不及脚长，故这两种猴俗称为断尾猴。

藏酋猴，别名四川断尾猴、大青猴、藏猴、川猴、阿哈（藏）、女诺、猳貜（《蜀中广记》），体型比猕猴稍大，身体粗壮，尾短于后脚，背部毛色青或黑褐色，腹毛淡黄，毛较深而长，成兽两颊和颏下有一圈髭毛呈须状，类似人的胡须，头顶的毛向后覆盖。这些形态特征都与断尾猴有别（体毛短，毛色深而带褐色，腹毛带灰色，不具长的髭毛，头顶毛由正中向两边分开，为华南物种）。

藏酋猴主要生活在高山深谷的阔叶林、针阔叶混交林或稀树多岩的地方，树木种类繁多，冬季积雪，气候严寒，夏秋多雨，温暖而潮湿，栖息地较为固定。晚间多住岩洞或岩崖，有时也上树过夜，白天在树上采食。喜群居，少有单独活动。群体数量不等，少则十几只，多则百余只，一般为 40～50 只。食性以植物为主，也吃昆虫、蛙类、小鸟和鸟卵等。春夏季主要食各种树枝的幼芽、嫩枝、嫩叶、花及竹笋和野菜；秋季则多以野果为食；冬季食物较匮乏，除吃部分野果外，主食树皮、树叶、竹叶。农作物成熟时，藏酋猴常爱盗食玉米等作物，在峨眉山等旅游区，它们爱向游人讨吃。性成熟在 4～5 岁，雌体有月经现象，发情期多在 10～12 月，孕期为 150～160 天，每年一胎，每胎多为 1 仔，偶产 2 仔，哺乳期为 4～5 个月，可活 20～25 年。

藏酋猴主要分布于四川省西部高山深谷地带，包括邛崃山、茶坪山、大雪山、大小相岭和锦屏山，见于峨眉、洪雅、荥经、汉源、石棉、天全、宝兴、芦山、冕宁、盐边、米易、木里、盐源、康定、丹巴、泸定、九龙、雅江、乾宁、炉霍、道孚、新龙、白玉、德格、甘孜、理塘、稻城、乡城、得荣、巴塘、马尔康、小金、汶川、青川等川西各高、中山各县。省外见于长江中低山谷崖、稀树或中山密林中，主要分布在湖北、江西和安徽等省。

藏酋猴是我国特产的珍稀动物，国家将其列为国家重点保护的二级动物，未经批准，不准捕捉、猎杀，仅供动物园展出，更为重要的是藏酋猴可供医学试验；难于饲养，易得消化系统疾病，抗病能力差，传染快，死亡率高。

(2) 猕猴，又名广西猴、恒同猴、黄猴、折(藏)、女色(彝)。该猴尾稍长，长于后脚，身体较藏酋猴稍小而瘦长，全身棕黄色或棕灰色。它们栖息于中山或低山的阔叶林、针阔叶林、针阔叶混交林、竹林及稀树裸岩等地，多在悬岩洞穴或悬崖休息，有时也在树上过夜。白天它们活动于林间，或在树上采食，或在地上嬉戏追逐，或相互梳理毛发找痂皮。夏秋食物丰富，活动范围较小，冬季食物欠缺，活动范围较大，常到河谷活动。喜群栖，少有单独活动，小群为 15～30 只，大群为 100～200 只，一般为 40～50 只，群中有一强壮雄体为首，带领群猴活动。食性很杂，和藏酋猴一样。农作物成熟时常危害庄稼。性成熟在 4～5 岁，多夏季产仔，孕期为 150～165 天，产 1 仔，偶产 2 仔，哺乳期为 4～5 个月，正常情况可存活。它们分布于省内盆地周围和川西南低山和丘陵各县，和其他猴一样，为国家二级重点保护动物，由于易于驯化、温顺、聪明，因此有较高的展出价值，为主要的试验动物，国内外每年需要量很大。

(3) 金丝猴（*Rhinopithecus roxellanae* Milne-Edwards.1870.C.R.Acad. Sei.Paris.70:341）（模式产地：四川宝兴）。金丝猴，又名川金丝猴、金绒猴、蓝面猴、长尾子、果然兽或狖（《蜀中广记》），面部天蓝，鼻孔向上仰，无颊囊，颊和颈侧毛为棕红色，背部有金黄色长毛，尾与体长相等或更长。它们栖息于海拔 1500～3500 米一带针阔叶混交林或针叶林，完全树栖，很少下地，无固定栖所。它们白天喜在树间或枝桠间采食、嬉戏、追逐和攀缘跳跃，活动疲倦后，午间于树权间睡觉和休息，晚间则 3～5 只成群地蹲在高大的树权间睡觉。随着季节和食物基地的变化，它们的栖息地每年有两次较大的迁移。夏秋气候热、高山雪融，食物丰富，它们向高山迁居，多在 3000 米左右的针叶林内。冬天气候寒冷，食物欠缺时，它们就下移到 1500～2500 米的针阔叶混交林内，在更高或更低处很少发现它们的踪迹。它们过着群栖生活，少则 20～30 只，多则 200 只以上，每群约 100～200 只。群中雄、雌、老、幼都有，其中小猴较多，老猴较少，多在猴群边缘活动，有的老年雄体常独栖于群体之后。猴群中常有 1 只或多只强壮的大个体雄猴统师猴群，它们性格甚为机警，喜爱攀上高树"放哨"，如遇敌情，如鹰类，立即发出"呷呷"的尖锐叫声，此时攀枝、喧闹立即停止，迅速逃离。跑时均携带幼仔，并不时发出呼唤声，甚至个别还有催打幼仔的现象。它们胆小怕人，如遇人，虽距很远，一旦"哨猴"发出警诫声，则立即逃跑。逃时一枝跃一枝，一树接一树，很快就翻过山岭，由一片森林转移到另一片森林。

活动时爱嬉戏，好喧闹，一枝刚折，又折另枝，有时数只共折一枝，折声一响，即四跃它枝。故群猴只要一到某处，很远就能听到抢食喧闹声以及搬枝声。它们的食物很杂，春夏季主食红桦、槭树、花楸、冷杉、冬青、楤木、木姜子等树的幼芽、嫩叶和花序；秋季则以各种籽实和浆果为食，如山樱桃、花楸和胡颓子等；冬季食物较为贫乏，除吃少量野果外，主食多种树的树枝。它们也吃竹笋，偶食小鸟及昆虫。性成熟在 4～5 岁，雌性早于雄性，配偶不固定。雌性性成熟后出现月经，性感皮肤不明显，雌猴发情盛期多在 9～11 月份，这期间，最易受孕，孕期约为 7 个月，多在次年 4～6 月产仔，每年一胎一仔，偶产两仔。哺乳期为 5～6 个月，在正常情况下，可以活 20～25 年。

金丝猴的天敌有云豹、金猫等兽类，雕、鸢、鵟等可危害其幼仔，但由于它们过着群栖生活、性格又机警灵活，行动十分敏捷，因此受害的概率较低。

金丝猴是我国特有的珍稀动物之一，久已闻名于世，加上分布狭窄，数量稀少，和大熊猫一样早就被列为我国第一类保护动物，主要分布于岷山和邛崃山原始成片的森林中。这些林区主要在大熊猫保护区，在区外只要森林成片其也有分布。但在相岭和凉山由于人类活动频繁和森林破坏严重，过去虽有，现已不见踪影。

金丝猴展出价值很高，但因饲养很难，故国内只有几个大的动物园有少量展出，国外更少有。

2. 鳞甲目

本目多栖于南亚和非洲，全球有 1 科 2 属 8 种，我国仅有 1 属 3 种，四川仅 1 种。

穿山甲（*Manis penta dactyla* Linnaeus，1758，Syst.10thed.1:36）（模式产地：台湾）。穿山甲又名鲮鲤、龙鲤，全身覆鲤鱼状的角质鳞甲，腹面被毛，体形狭长，呈半筒状，两端尖形，受惊时蜷成球状，四肢粗短有强爪，尾粗大而扁长，行走时前肢以爪背着地，为爪行性，体重 2～8 公斤，地栖兽类，掘穴而居。穴掘于半山或山麓地带的草丛中，以及丘陵或杂树灌丛潮湿的地方，洞口甚为隐蔽，昼伏夜出，白天隐藏于地穴里。遇敌、睡觉则蜷缩成球状，头在内，尾在外，以鳞甲保护身体。舌细长能伸缩，有黏性唾液，便于伸入蚁穴。食物以白蚁为主，也食其他蚁类和蜂类及幼虫。解剖其胃观察，胃壁肌肉甚厚，胃内食糜为黑色或深绿色，内有许多小的砂粒，如石英粒、泥沙等。据说它们常在有鸡枞菌的地方活动，一般喜雨后活动，夜间行动活跃。粪便为黑色、节状，如指头大。4～5 月交配，分娩期在 12 月至 1 月，每胎产 1～2 仔。外出时，幼体伏于母体的背上。它们分布于四川省长江以南各县的低山、丘陵杂灌丛的潮湿地方，数量十分稀少，加上中医常以其甲片为药和猎杀肉食，现已处于极危状态。过去我国将其定为国家二级保护动物，近年由于其在全球都处于极濒危状态，因此国际和我国都将其列为国家一级保护动物。

3. 食肉目

食肉类动物体形大小因种而异，多为中大型，体格匀称，强健有力，大脑发达，嗅觉、听觉发达。足具 4 趾或 5 趾，各趾具有尖锐而弯曲的利爪，行动快速敏捷。门齿 3 对，较强大，犬齿强大而锐利，为主要攻击武器。上颌最后一对前臼齿和下颌第一对臼齿特别强大，齿峰高而尖，齿脊锋利，供切裂用，故称为裂齿。胃、肠短，肝很发达，乳头位于腹位。毛厚细绒，且多具色泽，多为重要的毛皮兽，珍稀动物也不少。我国有 7 科 31 属 53 种，四川省有 7 科 20 属 38 种，资源兽类有 33 种，其中珍稀兽类有 17 种，这些动物将在以后详细介绍，其他资源动物概述如下。

(1)小熊猫科(过去将其列入浣熊科)。体型较小而似熊，粗壮肥胖而四肢较短，前后肢均具 5 趾，跖行性。尾长超过体长之半，常具环纹。省内仅小熊猫一种，小熊猫为国家二级保护珍稀动物。

(2)猫熊科(熊猫科)。体型介于小熊猫和熊科之间，国外根据分子生物学将其列为熊科，我国的动物形态学、生态学、地质学等学科从生物学角度认为其应为独立一科。它与熊类比较，体形相似，但前后脚都内撇(熊仅后脚内撇)，脚板具毛，而熊光滑，尾短而且丛毛，尤幼仔尾长过体长之半。从发育学看，它是由长尾类的食肉兽演化而来，其尾长与小熊猫的近似。胃肠均保留了食肉类简单而短的特点，缺少盲肠，上下颌骨宽大强壮，矢状脊很高，颧弓强壮，臼齿臼冠宽，无锐利的齿尖，而为丘状齿突和瘤状突。繁殖行为特异，交配器官和姿势与熊不同，求偶声复杂，尤以羊叫声和"唧唧"声特有，而熊为吼叫声等。它们属于南方动物区系，而熊多属北方动物区系。我国仅一种。

(3)熊科。体型大而肥壮，初生到成体尾都很短，眼小，四肢粗壮，后足内撇，跖行性，掌不具毛，齿大而不锐利，裂齿不发达，臼齿宽而平，前 3 对前白齿通常仅留痕迹，甚至脱落。本科国内仅 3 属 3 种。四川省有 1 属 2 种，均属国家二级保护动物。

棕熊，四川的为青藏亚种，称为马熊，过去曾独立为一种，主要分布于青藏高原、四川西部高山地区。

黑熊，分布于四川高、中山的阔叶林、针阔混交林和针叶林内。

(4)犬科。体型中等，面板长，犬齿发达，上颌裂齿有二齿尖，其内前方多具一小突，下颌裂齿亦具二齿尖，其内后方有一小突，后部还有低而大的后叶。四肢细长，爪钝而不能伸缩，适于快跑，听觉、嗅觉发达。它们以动物性为食，也吃植物性，多数种类能在地上掘穴，不能攀树，但能游泳。本科在国内共有 4 属 6 种，四川省有 4 属 5 种，其中仅豺一种被列为国家二级保护动物，其余 4 种被列为资源毛皮动物。

豺是凶猛而成小群的动物，栖息于高原、高山、低山、深丘等地区，属南方动物区系，现已稀少，并被列为国家二级保护动物。

狼，又名灰狼、江克(藏)、日舍(彝)。

狼的胸部较狭，前腿相距较近，吻略尖，嘴较阔，耳竖立，尾低垂。身体较家犬略大，躯体强壮，四肢有力，尾比家犬短，蓬松而不弯卷，端毛黑色，体色浅棕而带灰(变化变大)，背上杂有黑色、棕色毛，体侧和四肢外缘色浅，为浅黄灰和浅棕色，前肢内前方的上部有黑色纵带；头部浅灰色，额顶和上唇为暗棕灰色，耳背为浅棕褐色，颈部背面为浅褐色，腹部为棕灰色，四肢内侧为白色，尾背面和背色相同，腹面尾基为白色，其余为灰棕色，尾毛长，尖端黑。

狼是一种狡猾、凶悍、贪婪而又合群的动物。它们的栖息范围很广，主要分布于草原地带，山地和森林也可见，多在有灌木丛和草丛的地区活动，一般独居或两性同居。昼伏夜出，白天隐居岩洞，从黄昏至第二天黎明一直活动，白天偶尔可见。狼的嗅觉很敏锐，听觉也较佳，善奔跑，机警多疑。食物很杂，主要以中、小兽为食，如麂、毛冠鹿、野兔、林麝、家畜等，亦食腐肉、尸体，有时甚至危害幼童。喜早晚嚎叫。春季发情追逐交配，孕期为 60～67 天，每胎产 3～7 仔，雌狼每年生育，寿命约为 15 年。

狼主要分布于各州县，它们对畜牧业危害大，但可作为毛皮、褥资源，据称其肉可补益五脏，肠、胃、油等可入药，由于过度猎杀，现已稀少。但它在生态系统中仍有一定作用，可平衡有蹄类动物的发展，捡食病弱动物及尸体，也有利于卫生防疫。

(5)鼬科。多为中、小型食肉兽，体形细长，尾中等或较长，四肢短，跖行或半跖行性。上下前白齿 4 枚，裂齿大而锐利，上白齿为横向，内缘比外缘长。多数穴居，亦有半树栖和半水栖的。鼬科广泛分布于北温带。全国有 9 属 18 种，四川省有 7 属 12 种，其中资源动物有 3 属 11 种(其中有 3 种为国家保护动物)。

石貂，又名樺貂、扫雪、阿岗(藏)。它比黄鼬大，似东北产的紫貂，毛色浅黄或浅灰色，喉具浅色大斑，尾长而蓬松，常长达头躯长的 2/3。它们分布于川西北高原一带，为珍贵的制裘原料，为国家二级保护动物。

黄喉貂，又名青鼬、黄猺、黄腰狸、里列(彝)、虎狸(《本草纲目》)，为中型，但在貂属中是最大的一种，体形似果子狸，但头较尖细，身体细长，尾为圆柱状，超过体长之半，躯体为黄色，喉为白色，颈下至胸为棕黄色。它们栖息于山地林区，为毛皮兽，为国家二级保护动物。

水獭，又名水猫子、鱼猫子、扁獭(《本草纲目》)。它们是中型半水栖动物，头扁、体细长呈咖啡色，四肢短、趾间有蹼。尾长超过体长之半。它们是一种珍贵的毛皮兽，为国家二级保护动物。

獾类有 3 种，鼬獾是最小的獾类，体长 36 厘米左右，体重约 1 公斤，毛色青灰，头顶至躯干有一条白色或黄白色的脊纹。它们栖息于低山、丘陵、田野、林灌、草丛等潮湿环境中。獾和猪獾，这两种为中型，体型粗壮肥大。獾，毛色黑白混杂，喉为黑棕色，听包突出。猪獾，体毛黑色、白色或黑白相杂，但喉为白色，听包低扁。3 种獾都是毛皮兽，可制裘、褥垫，毛可制刷或画笔。它们对山区庄稼有一定危害。

鼬类，种类较多，有艾鼬、黄鼬、香鼬、黄腹鼬、伶鼬(银鼬)等 5 种。它们都是小型兽类，体长在 40 厘米以下，体细长，尾也长，分布广泛，高、中、低山，丘陵，平坝均有鼬类分布。它们既是毛皮兽，又是以鼠类为食的有益动物，毛皮为制裘的原料，毛可制笔，其中黄鼬数量最大，分布最广；其次为香鼬，多分布于中低山；艾鼬和伶鼬分布于高山；黄腹鼬分布于川南。

(6)灵猫科。多为中型，似猫而吻突出，体细长，尾亦尖，常具环，上下白齿多为 4 枚(斑林狸上仅一枚)，白齿横向，最后一枚上裂齿内叶小于外叶，下裂齿高而侧扁，后叶有 3 个齿尖。它们多数具芳香腺，分布限于亚热带、热带。我国有 9 属 11 种，四川省有 6 属 6 种，其中资源动物仅 5 种。

大、小灵猫，有两种体型，外形似猫，吻尖，耳稍长。大灵猫全身灰棕色，尾长，具黑白相间的 5 个色环，趾行性，前趾有爪鞘；小灵猫稍小于大灵猫，头、体和尾细长，通体呈深灰棕色，尾长为体长的 2/3，具 7 个或 8 个色环。四肢较细小，第一趾很短小，位于其他趾之后。两种均具香腺，为重要的动物香料，毛皮板好，毛长，底绒厚，可作褥垫、裘衣，针毛是做毛刷、毛笔的原料，尾可作戏剧的道具。它们都被列入国家二级保护动物。

果子狸，又名花面狸、青猺、巴吾(彝)、玉面(《本草纲目》)，体型中等，成体头上有明显的白斑。整体没有斑纹和斑点，尾长不具色环，体毛越向后越长，基部为棕黄色，中段黑褐色，往后逐渐变为棕黄色和棕白色相间。它们不具香腺，但具不发达的臭腺，趾行性，能攀缘。它们是一种易驯养的毛皮兽，是制裘帽、领、手套等的原料，毛可制刷、笔，肉味香美，亦为猎兽。

斑林狸，又名彪鼠，是灵猫科最小的一种，大小与松鼠相似，吻尖，头颈狭长，躯体细长，尾长与体长相等，并具有 10 道色环，体色为浅棕黄色，并具黑褐色斑块，具 5 趾，爪具半伸缩性，善攀缘，常栖于常绿阔叶林，独栖，性敏捷机警，凶猛，以小动物为食，甚至攻击大些的动物，故名彪鼠。它们为毛皮兽，商品名叫彪皮，分布于盆地东南缘山地，十分稀少，毛皮的毛密而厚，色鲜艳，质地优良。

食蟹獴，现已被列为獴科动物之一，体型较小，体毛粗长，吻部细长，体微粗壮，尾部粗大而扁，往后逐渐变细。周身毛为黑色和棕色相间，尾无色环。四肢不发达，具 5 趾，趾间有新月形蹼，具臭腺。它们栖于山溪河谷、梯田，善游泳，也能攀缘，以蜗牛、螺、蟹、蛇为食，也食鼠。獴类主要分布于非洲、我国仅分布于热带、亚热带地区，且仅有两种，四川省仅有一种，分布于盆地东南低山、丘陵的沟谷、田野。它们为一般毛皮兽，商品名为石獾皮，拔去针毛可制毛刷，底绒柔软，色泽鲜艳，不黏结，可制裘。

(7)猫科。大多为大、中型兽类，头圆、面短，趾行性，爪具伸缩性。臼齿上下为 3 枚，下前臼齿有减少趋势，犬齿锋利，裂齿发达，上裂齿具 3 齿尖，内侧缘有一小齿尖。多晨昏活动，以潜伏跳跃猛袭其他动物，分布广泛，国内共有 4 属 12 种，四川省有 4 属 10 种，有 9 种为资源动物，5 种为国家一、二类保护动物，仅豹猫一种为常见毛皮兽。

属国家一级保护的有虎、豹、雪豹和云豹 4 种。虎在我国曾有 5 个亚种(东北、华北、华南、印支虎和孟加拉)，现除华北虎已灭绝外，其他也很少，四川省曾在盆地周围各山区广泛分布有华南虎，但在 20 世纪 70 年代已灭绝。川西北曾有孟加拉虎(我曾在甘孜见过一张虎皮)，现恐已灭绝。雪豹在邛崃山和川西高山尚有分布，但很稀少。豹在岷山、邛崃山、小相岭和凉山等高山针叶林下尚有分布，但也很稀少。云豹主要分布于这些山地的阔叶林中，所有现存的各种豹都已成为极危物种。

猞猁、金猫、丛林猫、荒漠猫和兔狲等均为国家二级保护动物。猞猁外形似猫，但比猫大；两耳尖端有撮竖立的长毛；颊毛长，向左右垂伸；尾短，仅普通猫一半长；全身带粉棕色。金猫为大型猫，尾长略为体长的 1/2～1/3。尾腹面一般均具白色纵纹直至尾端，毛色变化很大，毛皮收购站把金猫分为 4 种：红椿豹或红金猫，毛为棕红色；芝麻豹或麻金猫，毛为棕褐、棕黄、棕灰、棕栗色相杂，但杂色较常见；狸豹，或称花金猫，毛色为暗棕黄色，但杂有纵纹、横纹、波状纹和斑点；乌云豹，或称黑金猫，毛色全体乌黑，但体侧、四肢外侧隐约可见深色斑点和横纹。所有 4 种色型的金豹均以中小型兽类，尤以鼠类为食，有时也猎食鸡类，故又通称为鸡豹子。它们活动于 500～1500 米以上的低山、中山阔叶林、针阔混交林和针叶林，数量稀少。它们的毛皮，毛长绒丰厚，花纹美观，皮板薄，质坚韧，是制裘、领、帽、垫褥的材料，亦为动物园观赏的珍稀动物。

丛林猫、荒漠猫和兔狲等三种均为小型猫类，其中以兔狲最小，它形似猫，稍小，体较肥胖，耳短圆，体后和尾基部有横斑，尾短于体长的 1/2，较粗圆；荒漠猫耳背为黄灰色，体色为灰棕色，颊部具二纹且较长，多分布于西北；丛林猫耳背为红棕色，颊部不具短纹，体色为棕红色，多分布于西南。

豹猫又名山狸、野猫、狸猫，体形似猫；背为浅棕色，从头顶至尾基有 4 条黑色纵纹，全身遍布褐色大小斑点；尾细长，超过体长的 1/2，并且有棕褐色斑点和半环纹。它们栖息于平原、丘陵、山地森林、草坡、灌丛、作物地等，昼伏夜出，活动与鼠类活动近似，常候于鼠类活动的地方，进行突然袭击，是鼠类的天敌，但它们的天敌却是豹类。唐代就有人将其驯养捕鼠。毛皮商称它的毛皮为狸猫皮，为制裘上等原料，骨可入药。豹猫为动物园观赏动物之一。

4. 奇蹄目

奇蹄目是草原奔驰的有蹄类，脚长，蹄为奇数，主要是第 3 趾负重，趾端具蹄，蹄行性。最后一对前臼齿似臼齿，臼齿宽大，咀嚼面有复杂的棱脊，适于磨研。胃为单室，具有大的盲肠，乳头位于鼠鼷部。奇蹄目主要产于非洲，我国仅 1 科 1 属 2 种，四川仅产 1 种。

藏野驴（*Equus kiang* Moorcroft.1841，Travels in the Himalanyan Provinces.1:312）（模式产地：克什米尔东部拉达克）。

藏野驴外形似骡，比家驴大，但耳缘较家驴小。颈背具短的鬃毛，前肢内侧有胼胝体，尾下半段具暗棕色长毛。

藏野驴体重为 200 公斤左右。耳比马大，比驴小，长 21 厘米，鬃毛在背脊中央，最长的达 12 厘米。四肢较马粗短，蹄比马小，而大于家驴。背毛为棕黄色，背中央具有一条深棕色脊纹，腹侧较背侧色浅，上下部毛色分界线明显（蒙新野驴不明显）。

藏野驴栖息于海拔 3800～5000 米的高原寒带开阔地带的草甸和寒冻半荒漠、荒漠地带，无固定的栖息地，过着游移的生活。有迁移性，一般夏季喜在水草丰盛的地区活动，冬季迁往避风而向阳的丘原山谷，有时追逐优良的环境，还可长距离地水平迁移。群居性，常结成小群活动，但有孤独游荡者。冬季常结成较大的群体，由于它们生活在开阔的环境，视觉、听觉、嗅觉都很敏锐，常在 500 米内均能发现敌情，近 200 米则全速急奔，也适登山，奔驰力强，时速可达 45 公里。逃逸时，常雄体在前，幼驹居中，雌体垫后。藏野驴不怕风吹日晒，性又耐寒，为典型高原高寒动物，有时它们与藏原羚、藏羚、盘羊等同时出没于丘原、草甸。每年 5～7 月换毛，至秋冬季毛长齐。

食物以禾本科、莎草科和百合科等粗草为食，耐饥性强，可数日不食。饱食后多在距水源不远处休憩打滚，傍晚返回较高、僻静的丘原处过夜，清晨到有水源的地方去饮水。因其长期来回走过，形成明显的饮水兽径，在兽径上还可发现大堆粪便。夏天还常到宽谷河流或沼泽湖中洗浴。

每年 8～9 月发情交配，偶斗激烈，常互相咬伤唇鼻、耳壳、颈、尾和肢体。雄驴求偶声不及家驴洪亮，似马嘶，较短促而嘶哑，但鼻孔发出喷鼻声与家驴相似。妊娠期为 11 个月，翌年 6～7 月产子，每胎产 1 驹。幼驹 4 岁可达性成熟。

藏野驴的天敌有豺和狼，有时雪豹也袭击它们。

藏野驴为中亚特产动物，在自然界中已濒于灭绝，同时它们也是珍贵稀有的展出动物。

它们与马、家驴杂交，作为科学实验、培育新品种，也有重要意义。国际上早将它列入保护对象，我国更将其列为一类重点保护动物。

5. 偶蹄目

本目多为大中型动物，多营群居的有蹄类。四肢的趾均为偶数，第 3 趾特别发达，通过中间两趾支撑躯体，趾端具蹄，为蹄行性。一般在额上长出一对骨质角，鹿类为实角，有分枝；牛类为虚角，外为角质鞘，无分枝，又名洞角。盲肠小，胃特别发达，营反刍的 4 室胃(但猪不反刍，为单室胃)。乳腺多位于鼠鼷部，为假乳头，多数的乳头位于腹部。偶蹄目广泛分布于世界各地，我国共计有 5 科 24 属 36 种，四川省计 3 科 14 属 20 种，其中资源动物仅 14 属 19 种。

(1)猪科，吻突出，末端具鼻盘，颊齿 7 枚，臼齿为丘形齿，广泛分布于旧大陆，我国仅 1 属 2 种，四川省仅 1 种。

野猪，又称山猪，于 1871 年由法国神父 David 发表为新种，模式产地在今四川宝兴。野猪外形与家猪相似，吻端具鼻盘，四肢细长，尾细，雄体具獠牙，雌体不具，肩高大于臀部，体重可达 200 多公斤。全身被很硬的针毛，背脊的鬃毛特别发达，针毛与鬃毛的毛尖有分叉。两耳竖立。体毛的基部为黑色，毛尖为沙白色，故体色为沙黑色，雌体为浅棕黑色。幼体具浅黄色纵纹 6 条，6 个月后消失，故有花猪之称。

野猪栖息在山区的阔叶林或针阔混交林等各种林型和灌木丛及林间草地。群居性，大群可达 100 多头，多由雌体和幼体组成。性成熟的雄体常独居。它们一般过着游荡的生活，性较凶猛，受伤时能对猎犬和猎人进行反扑，奔跑迅速，善泅水，夏季常在泥塘中打滚，黄昏或夜间活动。杂食性，主要食物为植物性，有拱土取食的习性，喜食地下块茎和蕨根，也食幼树枝、种子、果实、青草以及动物尸体、昆虫等，在耕作区会食农作物。一般于 10 月交配，雄猪间有争配现象，一年可繁殖 1 窝或 2 窝，筑巢于灌丛或丛林中，用树干、树枝堆积成似坟堆般大，巢内垫有杂草，巢外有细的猪粪。次年 4～5 月产仔，每胎产 5～8 仔，生下后 5～6 天即随母外出。

野猪广泛分布在川西和盆地周缘的中、低山及丘陵一带各县，是山区重要的狩猎动物之一。皮可制革，毛制刷，近年常与家畜杂交，其后代当野猪在市场上出售。

(2)鹿科，体为大、中型，头较尖细，体较长，耳直立，四肢细长，主蹄大，侧蹄小，尾短，乳头两对。少数成体有斑点，幼体都具斑。通常雄具实角。刚生出的，角质地柔软，布满血管，称为鹿茸。骨化后为骨质实角，多分叉，不同种，又多少不同，每年脱换后，又新生鹿茸。上颌缺门齿，犬齿退化，上下臼齿均为二枝，为月型齿。我国共有 10 属 18 种，四川省有 5 属 11 种。它们全为资源动物。

林麝与马麝，它们是国家二级保护动物(省列为一级)。林麝较马麝身体稍小，通体毛色为棕褐色，颈部有明显的白纹，臀部毛色近黑色，生活在林内，能攀缘斜树；马麝较林麝大，通体为沙黄色，颈部缺白纹或不显，臀部毛色与背部相同，生活在高山灌丛草甸，不会攀树。两种雄体都产麝香，是名贵的中药。目前因猎杀过度，已十分稀少。

小鹿，在鹿类为小型，体长 70～80 厘米，体重约 12 公斤，雄性有短角，仅一分叉，并具獠牙，夏毛棕黄色，故名黄麂，冬毛较夏毛色深，额腺呈"八"字形。它们栖息于低山、深丘的林缘或杂草丛中，性情懦弱，营独栖生活，很少结群，活动范围较小。晨昏活动频繁，这段时间叫声多，生殖期叫声大，很远能听见。它们以各种青草、树皮、嫩叶、芽等为食，也危害作物。冬季交配，孕期约为 6 个月，多在 4～5 月产仔，每胎 1 仔，少数有 2 仔。主要天敌为豺、黄喉貂和云豹。它们分布于盆地周缘低山、深丘地带各县，因猎杀过多已很稀少。它们是我国特产动物，肉细味美，视为上等野味，麂皮是高级制革原料，应严格控制猎杀。

毛冠鹿，又名青麂、青鹿，外形似麂，但额部有一簇马蹄形毛，雄有角，很小，隐于毛丛中，无额腺，泪孔大于眼窝的直径。雄性上犬牙呈獠牙状，露出唇外。体毛较粗糙，一般为黑褐色，冬毛呈深黑色，夏毛呈暗褐色。它们分布于海拔 1000～3000 米的常绿阔叶林、针叶林内，白天多隐藏于灌丛或竹林中，晨昏以青草、竹叶为食，也吃竹笋和山地豆类。秋末发情，次年 4 月产仔，每胎产 1 仔。天敌有黄喉貂、豺和豹等。它们的分布地与小麂相似，但海拔较小麂高，主要分布于我国。它的皮革常称为麂皮，质地也很优良。

狍比毛冠鹿稍大，但无角，上颌无犬齿，具一小角，分 3 叉，尾极短，外形不显，隐于毛内，泪孔不如毛冠鹿，很小。它们属北方种，分布于四川西北和大巴山的高山灌丛中，为猎用动物，其皮可制垫褥。

鹿类，四川省从低山到高山有水鹿、梅花鹿、白唇鹿和马鹿等。其中，梅花鹿和白唇鹿为国家一级保护动物，其他为国家二级保护动物。新角为鹿茸，角骨化后茸脱落为枯鹿分叉，分叉可作为区分几种鹿的依据：水鹿为 3 叉，角干粗大有纵棱和疣突，春季有茸，故称春茸，生活于低山阔叶林至高山针叶林；梅花鹿又称四川梅花鹿，仅分布于若尔盖县高山林缘，茸角称鹿茸（或关茸），高品茸多为鹿茸，鹿角分 4 叉；白唇鹿多分布于川西北海拔 4000 米以上的灌丛草甸，角分 5 叉以上，角干扁，又叫扁角鹿，鹿茸名叫岩茸；马鹿分布海拔略高于白唇鹿，高至 4500 米以上，至流石滩，角干不扁，鹿茸名叫草茸，它的角还有一特点，即第二叉和第一叉（眉叉）很近，故又名双棱鹿。

（3）牛科，大中型草食兽，体型多样，牛体粗壮而四肢粗短，而羚羊体型轻捷，四肢细长，主蹄大，侧蹄退化为小蹄。雌雄都有角，不脱换，角概为虚角，外为角实鞘。幼体不具斑纹。上颌无门齿和犬齿，不具獠牙。牛科均为反刍类，胃具 4 室，与鹿科不同，具胆囊。它们多为群居，栖于草原、山地森林，分布广泛。我国有 11 属 15 种，四川有 8 属 8 种，均为资源动物，其中野牦牛、藏羚羊和羚牛为国家一级保护动物，其他为国家二级保护动物。

牦牛，又称野牦牛、野牛、伸（藏）、旄牛（《山海经》），体形似家牦牛，但更粗重，颈下无肉垂，但体侧及四肢均披下垂的长毛，尾毛更长，几乎触地，体重达 500 公斤以上。两性均有角，两角相距较宽，角粗长，基部略侧扁，微具环棱，角尖光滑。颈短，肌肉丰厚，胸部特别宽大。全身毛色为黑色或乌褐色，家牦牛有时全身白，或夹白色、黑白、灰白、棕色与杂色。

牦牛栖息于海拔 4000～5000 米的高原寒漠地带，怕热耐寒，不惧雨雪，是高山草甸及寒漠的典型动物。结群性强，一般由雌体、未成熟个体及幼兽组成群，大者可达数十只。成体较孤独，常游荡生活，2 只或 3 只结成小群。野牦牛善于攀登高山履险，性较凶悍，嗅觉敏锐，很难接近。牛群受惊，往往是成体领先和押后，中间夹着幼体。奔跑时头略微低下，而尾部上翘。夏季成群活动于海拔 5000 米以上的山野，冬季高山积雪，可下降到海拔 4000 米的低山活动。它们适应性极强，能忍饥，习惯在空气稀薄的高寒区生活。夜间和清晨觅食，饱食后，白天则退居于荒山峭壁背风向阳处休憩，或躺或站，反刍。食物以早熟禾、莎草、蒿草、针茅、红景天和垂头菊等高寒、荒漠的植物为主。爱饮水，冬季由于水源冻结，则舔饮冰雪。每年 8~9 月发情，可延至 11 月。发情时，雄性常发出"哞妈哞妈"的求偶声，并有争斗现象，一只雄体常与 4 只或 5 只雌性结合。交配后，孕期为 9~10 个月，于次年 4~5 月产一仔。初生犊大而强壮，出生后数小时，最多一天即随群奔跑，很难捕获。发情期也可与家牦牛交配，或裹诱上山，长期野化，但体形较小，性较温顺，毛色具杂色。天敌有豺和狼。

牦牛仅川西北若尔盖偶有分布。它是家牦牛的祖先，为青藏高原特产动物，保存它们有演化价值。同时还可与家牦牛杂交，培育新的品种，在自然界中已濒于灭绝，为动物园极为珍贵的展出动物。我国已将其列为一级重点保护动物。

（4）羚羊类有鬣羚、藏羚、藏原羚、牛羚、斑羚、岩羊、矮岩羊和盘羊。牛羚和藏羚为国家一级保护动物。

牛羚，又称扭角羚，地方名野牛或盘羊。它介于牛和羚羊之间，但体大似牛，重 300~600 公斤，体形粗大，四肢粗笨，肩高大于臀高，尾短，前额向上隆起，毛短而蓬松，喉具较长的毛(通称羊胡子)，角先向上而向后外扭曲，故称扭角羚。我们有研究生专研此种，后文将详述。

藏羚，又称西藏羚羊，体似黄羊而稍大。成体吻鼻部肿胀而粗大，角长而笔直，尾较短，背为浅棕红色，腹毛呈白色，为中型，重约 50 公斤。它们栖息于海拔 3500~6000 米的高原地带，是高山寒漠代表动物，常结小群活动。夏季在开阔的山谷或草原上有水、草的地方生活，冬季在避风向阳的山谷生活。冬季交配，妊娠期约为 6 个月，夏季产羔。它们分布于川西北石渠，主要分布于西藏、青海等高原。皮可制革，毛绒柔软，为贵重制裘原料。它们为国家一级保护动物。

鬣羚，又称山驴、岩驴、长鬃山羊等，似羊而体型较大，两性都具角，但短而尖，耳形似驴，颈背有鬣毛，尾短小，外形似中型牛科动物，体重为 100~200 公斤。颈背鬣毛为棕色、棕褐色或黑褐色，尾基和腹面为锈棕色，尖端为黑色，腹部为棕褐色。它们栖息于裸岩、环山、陡岩下，以及肩坡石岩、跌岩和乱石河谷的针叶林、针阔混交林或多岩石的杂灌丛。它们常在平坦或稍有小坑的林下或峭壁下定点拉粪，粪便堆直径大者可达 1 米，当地称为"粪堆子"。秋季繁殖，5~6 月产仔，多产 1 仔。它们分布于川西、川东北及西南山地各县。鬣羚商品名为"山驴皮"，可制革和垫褥，在山区驯化后可推磨。由于猎杀严重，现已稀少，为国家二级重点保护动物。

（5）羊类有斑羚、矮岩羊和盘羊 3 种。斑羚又称青羊、岩羊、灰包羊，形似家山羊，体重约 30 公斤，但颈下无胡须，角干有显著横棱，角尖光滑，耳背暗灰，又称灰耳羊。颈有鬣毛，为黑褐色，向后成脊纹，背白棕灰色，毛尖黑褐，喉白色，具浅赭黄边缘，耳内和腹为白色。它们栖息于高、中山林中。栖息场所比较固定，一般都在向阳山坡，冬季下降至森林或山崖晒太阳；夏季隐身于岩洞后垂岩。冬季繁殖、孕羔，每胎产 1 仔，偶产 2 仔或 3 仔。

岩羊，形似绵羊，体较斑羚大，重 40～70 公斤。角粗大，稍向外弯曲而扭，并具弯曲角棱，当地叫它"盘羊"。它们栖于高原、丘陵和高山裸岩与山脊间的草地，是高山草原的代表动物。冬季繁殖，孕期约为 10 个月，6～7 月常产 1 仔。矮岩羊过去常归入岩羊，近年将其列为一独立种，它与岩羊的主要区别是角型，其角较岩羊短，弯曲小，角棱稍弯，而岩羊多达 90° 以上。栖息于金沙江河谷中山灌丛森林缘，藏名为绒那。岩羊藏名为贡那，矮岩羊为低山羊，分布仅限于金沙江河谷，岩羊栖息于高山、高原。盘羊，体形壮，是最大的野山羊，体重为 110 公斤左右，角很粗大，弯曲时呈螺旋状，毛为灰棕色，杂有白色的毛，被长而厚的毛被，有丝状绒毛，栖息于 3000～5000 米无林的高原、丘原和山麓间，是高山草地的典型代表动物，常晨昏采食，饱食后，攀登高山裸岩休息反刍，也常到雪线附近舔食积雪。冬季发情，妊娠期约为 5 个月，5～6 月产仔，多产 1 仔，偶产 2 仔。以上几种羊均可制裘、垫和革，也是重要的猎物，但日益减少，尤其是盘羊，主要分布于西藏、青海，四川现仅石渠县有少量。几种野山羊都被国家列为二级重点保护动物。

第 3 卷《四川资源动物志·鸟类》由李桂垣教授负责主编并邀请了四川大学张俊范和我院余志伟等参加编写，我参加了鹳科、鸭科、鸨科和鸥科等四科部分鸟类的编写。编写的体例和资源动物相同，主要介绍鸟的鉴别特征，形态方面重点是头部和喙的形态，头顶、颊、颏、羽毛的颜色；颈部的长短及其颜色；躯体方面，介绍翅的形态，是什么翅形，如狭翅、宽翅及相关的初级、次级和三级飞羽以及其颜色，整体的颜色；尾部是什么尾型，如平尾、凹尾、凸尾、燕尾等；四肢、腿部长短，被羽情况，跗跖的长短、色泽等。各种鸟都具有不同形态和羽毛，不少鸟类的雌雄色不同。

量衡度：体重、体长、嘴峰、翅长、尾长、跗跖长。

生物学资料；活动是单独或偶见成群；栖息环境及类型，如涉禽类、游禽类、攀禽类、鸠鸽类、鸣禽类，各种鸟栖息环境及食性不同；是留鸟、夏候鸟还是冬候鸟；繁殖(鸟巢、产卵数、色泽、大小、育雏、初飞、离飞)、天敌等。

分布：留鸟在哪些县，迁徙鸟(夏候鸟、冬候鸟)在哪些县常见等。

经济价值，包括珍稀鸟保护的级别，资源鸟根据猎用质量，可分为珍品、佳品、一般；渔用如鸬鹚协助捕鱼；羽用包括尾羽、翅羽、绒羽以及毛皮；观察动物园展出或笼鸟。鸟类食性为植食性，若食粮食作物则称为害鸟，如各种麻雀；若以杂草种子为食则称它为益鸟，如各种鹑。杂食性(多益害都兼)，肉食性如小鸟、家燕、雨燕和纹母鸟等类多以昆虫和蚊类为食，称有益鸟；以鼠为食的鹰类、鸮类等既是益鸟，又全被视为珍贵鸟类，为保护的对象，如我编写部分的白鹳、黑鹳为珍稀保护鸟，小鸨为偶见(唯一一个标本)稀有鸟。

6.《四川兽类原色图谱》

1975 年，由成都中科院生物研究所组织四川省各高校和各部门有关人员，根据收获的标本和资料，分别参与《四川资源动物志》各卷的编写。1988 年 11 月，国家公布了《中华人民共和国野生动物保护法》，同年 12 月公布的《国家重点保护野生动物名录》中，收录了四川省有一级保护脊椎动物 28 种，二级 107 种，共 135 种。1991 年 6 月，省林业厅又公布了《四川省有益的或有主要经济、科学研究价值的陆生野生物动物名录》397 种，1995 年又经过一次修订。然后由省林业厅组织我和王酉之，以上述脊椎动物保护的一、二类和有益、有经济价值、有科研价值的"三有"资源动物为基础，结合自己掌握的标本和资源，编写一部《四川兽类原色图鉴》，分工与兽类资源动物一样：王酉之负责小型兽类(食虫目、翼手目、啮齿目及兔形目等种类很多)共 152 种，其中翼手目 42 种由我院吴毅所写；我只负责灵长目、鳞甲目、奇蹄目和偶蹄目，共 65 种兽类，全书共编写兽类 217 种。按保护级别分为一类 10 种，二类 20 种，省重点保护 8 种，有一定经济意义和其他共 79 种，我所写的共 65 种，其中一类 10 种，二类 20 种，其他 35 种均为经济有益动物。之所以一、二级等保护动物基本都由我写，是因为这些动物都是大型动物，小型动物按类型分主要是有益动物(食虫类和翼手类、兔形类)，有害动物基本上是啮齿目的鼠类。

　　图谱的不同之处在于，包括了四川省全部动物，并且每种都有原色彩画(小型兽类大都有头骨和齿列的颌骨)，所写内容扼要，一页仅一种，包括彩图和文字。内容包括名称、量衡度、体型及形态特征，生物学，仅高山、高原、低山、丘陵、盆周山地、盆地、河谷及河流、湖泊与沼泽等，以及相适应的生物学特点，分布仅到大的区域，如川西北、川西南、盆缘丘陵、盆地等，省外仅涉及有关省、保护等级等，为了便于区分各种动物，还列出了目、科、属和种的检索表。

　　我具体编写的是鳞甲目的穿山甲，为二类保护动物，灵长目的金丝猴、蜂猴和黑叶猴为一类(四川不产蜂猴，曾发现的是饲养跑出的个体，黑叶猴产于重庆南川金佛山，现四川也不产)，猕猴和藏酋猴均为二类保护动物。食肉目犬科的豺、黑熊和马熊为国家二级保护动物，其他狼、貉、青狐、藏狐均为资源动物。小熊猫科的小熊猫为二级保护动物，大熊猫科的大熊猫为一级保护动物。鼬科的白貂、黄喉貂、水獭和小爪水獭 4 种为国际二级保护动物，伶鼬、银齿伶鼬、黄鼬、香鼬、黄腹鼬、艾鼬、鼬獾、狗獾和猪獾为省重点保护或资源动物；灵猫科的大灵猫、小灵猫、斑林狸为国家二级保护动物，花面狸和椰子猫(现已绝迹)为资源动物；獴科的食蟹獴为资源动物；猫科的雪豹、豹、华南虎(现已绝迹)为国家一级保护动物，金猫、丛林猫、漠猫、兔狲和猞猁为国家二级保护动物，豹猫为毛皮资源动物。奇蹄目的藏野驴为国家一级保护动物。偶蹄目麝科的林麝和马麝为国家二级保护动物(省列为一级)；鹿科的四川梅花鹿和白唇鹿为国家一级保护动物，水鹿和白臀鹿为国家二级保护动物，小鹿、赤鹿和狍为毛皮资源动物；牛科的野牦牛、藏羚和扭角羚为国家一级保护动物，藏原羚、鬣羚、斑羚、盘羊、岩羊和矮岩羊均为猎用和毛皮资源动物。另外，猪科的野猪为猎用资源动物。

　　编写《四川兽类原色图鉴》是因为省林业厅的职责之一是主管陆生动物，下属林业系统的职工很多，编写一部图文并茂的书籍，能使广大林业职工在实际工作中，通过实物和彩图，与文字对照，即可查出所辖地方野生动物有哪些种，它们的中文名、学名，同时也知道该物种的栖息环境、一般习性、保护级别等知识，为职工在开展野生动物保护管理、驯养繁殖、开发利用和科学研究等工作时提供一些基础知识，有利于提高保护管理效率和向群众宣传，为野生动物保护事业做出更大的贡献。

　　自 1984 年以来，我们开始招收脊椎动物资源与保护专业的研究生，兽类学是他们的专业必修课，而全国又缺少一部关于哺乳动物学的教材。我时任这门课的教师，在此情况下，只好根据我读研时学这门学科的笔记，结合前期 20 多年从事兽类野外调查的实际知识和收集的有关文献，编写了兽类学讲义，最初仅供几届研究生使用，后期在此基础上将讲义做了修改补充，编写出《哺乳动物学》教材，由北京人民教育出版社正式出版。

　　教材不同于《四川资源动物志》，《四川资源动物志》只提供应用的一部分资料，而教材要求给学生传授更系统的知识。本教材绪论介绍近代兽类学的发展历史，共分 13 章，主要介绍了我国古代对兽类的认识，近代才有了兽类学的出现，该学科首先建立于西方，我国到 20 世纪 40 年代才开始接触兽类学，80 年代才有所发展。

　　哺乳动物的基本结构和特征，表现在皮肤及其衍化物，骨骼系统、肌肉系统、消化系统、呼吸系统、循环系统、泌尿系统、神经系统及感觉器等都比爬行类、鸟类有所进步。

　　古老而原始的兽类出现在中生代澳洲大陆与欧亚大陆，分离之后，它们在大洋洲得到了发展，出现了原始的兽类。单孔目，如鸭嘴兽，后来更出现了有袋类的兽。它们在大洋洲独具一格，属古老而独特的一支，在新生代负鼠目的基础上，进一步发展为现今新袋鼠目等 7 个目的兽类。欧亚大陆自澳洲大陆分离后，则发展为另一进步的分支，统称真兽类，这一类最原始的是食虫类，在这类兽类的基础上开始向欧亚非发展，在亚洲成为食虫类的发展中心，即食虫目（包含鼩鼱、鼹和猬等科），在非洲演化为非洲鼩目和象鼩目，在美洲演化为原猬类、沟齿鼩和乌鼩。

　　古食虫类还发展出另两支生态类型：一支为在空间飞行的翼手目和在林间滑行的皮翼目；另一支演化为栖于地面掘土活动的鳞甲目、披毛目和带甲目，鳞甲目只分布于亚洲和非洲的热带、亚热带（亚洲）地区，披毛目（如食蚁兽）和带甲目（如犰狳）分布于南美洲热带。

　　食虫目在亚热带演化出树栖的树鼩（攀鼩）目，并演化出兽类中最高等的灵长目。在亚非，包括猴、类人猿和人类；在非洲原始的狐猴主要分布于东非州马达加斯加及亚非热带、亚热带，包括共有的指猴和懒猴，以及南美洲较原始的美洲狐猴和类人阔鼻类卷毛猴、青猴、僧面猴和蛛猴。

　　由古食虫类演化为古食肉类，进而演化为食肉目，包括陆栖的犬形类（犬科、熊科、浣熊科、大熊猫科、小熊猫科、鼬科和臭鼬科）、猫形类（獴科、灵猫科、食蚁狸科、双斑狸科、鬣狗科和猫科），海栖的鳍脚类的海豹、海狮和海象等科。

　　由古兽类演化为适应海洋生活的鲸目，其中以食肉为主的齿鲸类和大型吞食的须鲸类。

　　由古兽类以草为食的有蹄类，进而演化为原蹄类的有生活于非洲的管齿目，古蹄类的有生活于非洲的蹄兔目、生活于亚洲的长鼻目（非洲象及亚洲象）以及生活于海洋的海牛目。

　　由古兽类演化的另一大类为啮齿类，包括啮齿目及兔形目。

　　《哺乳动物学》除系统地讲述全球现生的 27 目，从目一级（国外分布的目最多，共14 目）只概述目的鉴别特点及分布，如有袋类 8 个目仅分布于澳洲大陆（其中部分分布于南美，有少数负鼠类，在澳洲大陆分离美洲大陆前留下部分兔鼠），有 4 个目（非洲鼩目，象鼩目、蹄兔目和管齿鼩目）分布于非洲，2 个目（披毛目和带甲目）分布于美洲；对国内产的 13 目的特征和分布进行了较详细的讲述；科一级的只讲鉴别特征，国家一级、二级保护动物讲到种的鉴别特征及分布；关于哺乳动物的起源和生态地理分布，一般只做概述，重点目、科、种进行较详细的讲述。

第三节　珍稀兽类的资源概况

　　1974 年前，我们尽可能地全面收集动物标本，70 年代开始转向兽类的标本和资料收集，重点在资源兽类动物。1974 年以后，我们开始以大熊猫为主，结合与它同域分布的伴生动物的珍稀兽类和资源兽类，收集尽可能多的实物和文献资料。

　　1988 年，国家公布了《中华人民共和国野生动物保护法》，随后国务院批准相应的《国家重点保护野生动物名录》，其中四川省(含现重庆市)国家保护的兽类有 42 种，占全国被列为保护的陆栖兽类总数的 48%，可见兽类珍稀动物资源之多。因此，根据历年在野外和文献收集的资料，我们结合 1974 年以来对大熊猫的追踪调查以及 1984 年以来的 10 届研究生在野外收集和汇集的珍稀动物资料，到 1994 年前后 20 年的资料汇集，编写了《天府奇兽》一书，由四川科技出版社出版。《天府奇兽》将四川分布的 42 种国家重点保护的一级、二级珍稀动物按生态类型进行了论述(图 5-5)。

图 5-5　天府奇兽

　　四川珍稀兽类之多，与得天独厚的地形地貌、气候和植被类型的多样息息相关。地表是兽类栖息的藏身之处，也是它们的活动场所，地表的形态起伏变化使其演变，不仅影响它们的生活和迁移，更主要的是通过气象、水文、土壤、植被等环境因素影响着兽类的分布，使四川的兽类区系组成复杂，古老珍奇。

西部是雄伟的高山和高原，东部是山地环抱的巨大盆地，它们相互依偎，地势高低悬殊。按其形态划分，高原、山地、丘陵应有尽有。究其成因，流水地貌、岩溶地貌、重力地貌、冰川地貌、冰缘与冻土地貌，无所不具，各种不同的地貌，必然栖息着不同的珍稀兽类。

河流是它们赖以生存的源泉，巴山蜀水有大小河流一千多条，这些河流大多属于长江水系(川西北白河和黑河属黄河水系)，山山水水成为孕育天府珍稀动物的摇篮。

万木争荣，山清水秀，空气清新，既是兽类直接或间接的食物来源，同时也给它们生存提供了良好的气候条件和可靠的隐蔽场所。

四川东部和川西南地区，包括四川盆地和盆缘山地，境内冬暖夏热，雨量充沛。盆地和川西南的河谷为亚热带四季常青的常绿阔叶林和低山亚热带阔叶林以及草丛。典型树栖的有云豹，林栖和半林栖的有猕猴、金猫，山地地栖的有食肉类的豹、黄喉貂和斑林狸，穴居的有以白蚁为食的穿山甲，林缘灌丛有大灵猫和小灵猫，岸边林灌有丛林猫，河岸溪流有水獭等。盆缘山地植被有垂直差异。中山常绿与落叶阔叶林中有豹、水鹿、藏酋猴；亚高山针叶林和常绿混交林中有黑熊，过去还有麂和林麝；环山众石和悬崖峭壁有鬣羚和斑羚。

川西为高山山原峡谷，其基带植被为常绿阔叶林与落叶阔叶混交林，在河谷或为旱生灌丛，但其主体为亚高山常绿针叶林和高山灌丛草甸。典型树栖的有金丝猴，半树栖的仍有猕猴、藏酋猴和黑熊，密林深处更有马熊(棕熊)，林中或林间有四川梅花鹿和水鹿，裸岩林缘有矮岩羊，岸边溪流有小爪水獭，岸边林灌有丛林猫，密林竹丛有大熊猫和小熊猫，林边灌丛坡地有石貂，高山稀树灌丛有荒漠猫，高大密林有猞猁，林缘山脊灌丛、草丛和高山草甸有马麝、扭角羚、白臀鹿(马鹿)和藏原羚，荒漠中有兔狲。海拔 4000 米以上的高山，有流石滩植被，栖息的有白唇鹿，岩栖的有雪豹，接近草原的裸岩有结群的岩羊。

川西北为青藏高原的延伸部分，地势高亢，起伏很小，为典型丘状高原。境内冬季严寒，全年无夏，风大雨小，日照强烈。土壤为高山草甸土，排水不好，为沼泽土，以一望无际的草甸灌丛为主。栖息的以高原寒漠动物为主，如藏羚、野牦牛、藏野驴、盘羊等，大型兽有雪豹。一些特殊的高山针叶林、流石滩植被和沼泽植被分布的地方，有白唇鹿和白臀鹿(马鹿)。

这些珍稀的国家保护动物，在书中是按系统对每种做单独介绍，包括其形状特征、栖息地及习性、繁殖状况、分布数量及国家保护等级等。

按分类可归纳如下：灵长目有金丝猴、藏酋猴、猕猴和黑叶猴，其中金丝猴为一级，藏酋猴和猕猴为二级，但金丝猴和藏酋猴还是我国特产动物，猕猴为南方物种，分布广泛，黑叶猴为一类，出现在重庆南山金佛山市。

鳞甲目仅穿山甲一种，分布于长江以南，为国家二级保护动物，很稀少。

食肉目最多，属国家一级保护动物的有大熊猫、云豹、豹、雪豹、华南虎(20 世纪 70 年代已绝灭)，它们最稀少，已处于易危、濒危、极危境地，共有 5 种。其余有黑熊、马熊、小熊猫、石貂、黄喉貂、水獭、小爪水獭、斑灵猫、小灵猫、大灵猫、兔狲、荒漠猫、丛林猫、金猫、猞猁，共有 15 种。

奇蹄目仅藏野驴一种。

　　偶蹄目种类很多，属国家一级保护的有白唇鹿、四川梅花鹿、野牦牛、藏羚、扭角羚，共有5种，国家二级保护动物有林麝、马麝(省按一级保护)、白臀鹿(马鹿)、水鹿、藏野驴、斑羚、鬣羚、岩羊、矮岩羊和盘羊，共有10种。

　　最后，《天府奇兽》还列出了四川省兽类检索表，以便查阅国家保护动物的分类地位和同域分布的其他兽类。

1.《中国濒危动物红皮书·兽类》

　　1998年，中国科学院动物研究所牵头组织国内研究有益兽类、鸟类等同仁编写《中国濒危动物红皮书》(后简称红皮书)，并成立了编辑委员会，主编是动物研究所的汪松，除了我，还有中国科学院动物研究所的冯祚建，华南濒危动物研究所的刘振河，黑龙江省自然资源研究所的马逸清，华东师范大学的盛和林，中国科学院昆明动物研究所的王应祥和中国科学院西北高原生物研究所的郑昌琳等，均是来自全国研究兽类的同行。书中详细、全面地论述了中国兽类濒危物种的分类地位、濒危等级、现状、致危因素、现有保护措施、饲养繁殖状况、建议保护措施等，旨在使政府部门、科学界和公众较为清楚地了解中国兽类的现状，提高有关政府人员及公众对中国濒危兽类的保护意识，并针对现状制定和实施相应的保护措施，为中国的物种保护和持续利用提供科学依据。

　　我的任务主要是编写大熊猫、金丝猴、牛羚等珍稀濒危物种部分，按分类：灵长目有川金丝猴、滇金丝猴和黔金丝猴3种国家一级保护动物；食肉目有大熊猫、小熊猫和豺3种，其中仅大熊猫为国家一级保护动物，其他为国家二级保护动物；偶蹄目有白唇鹿、牛羚秦岭亚种，另有马鹿、岩羊和矮岩羊3种国家保护的二级动物。总计国家一级保护的有9个，二级保护的有6个，共编写了15个种和亚种。

　　猴类有三种，四川省仅四川金丝猴一种，这一种现除四川和重庆市，在陕西秦岭和湖北神农架以及甘肃岷山北麓也有分布。与四川省的分布现状不同，陕西和湖北是两个分离的种群，甘肃种群与四川岷山种群连续，岷山种群在全国是最大的种群，这个种群由于山脊有森林相连，尚未分割成小种群。第二个大种群是邛崃种群，由于境内有宝兴河、天全河，河谷森林破坏严重，现已分割成4个小种群。四川凉山和小相岭曾经有金丝猴，由于森林被破坏，20世纪80年代以后，已无金丝猴踪迹(80年代我们在马边山上曾获得几个金丝猴的头骨，说明80年代后已经灭绝)。陕西和湖北两个分离种群数量均小，不如四川邛崃山几个分离种群大。

　　四川和甘肃南部金丝猴的分布面积在岷山约有1300平方公里，在邛崃山约有1000平方公里，在凉山、小相岭和大雪山约有200平方公里，总计2500平方公里。但它们栖息地的生境离不开森林，实际栖居地约为分布区总面积的1/5，即大约为500平方公里。在四川，猴群数量最多，一般种群数量为200～300只，每群活动范围为30～60平方公里，忽略猴群之间的距离，估计全省约有100群，若每群以200只计算，加上甘肃、四川与重庆，总计23500只左右(据Eudey1987年估计)。我认为四川的总数不超过1.5万只。陕西秦岭约有53个群体，每群小约50只，大的群约100只，最多300只，估计陕西约有5340只(李保国，1994)。湖北神农架有4个群，最多的群有123只，估计总数约500只，重庆市大巴山东段巫山有2～3个群，数量不足100只(据王应祥等1990年估计)。金丝猴分布的四省市的种群现状约为 2.1 万只。

金丝猴致危原因主要是猎杀，四川在 1963~1974 年猎杀了约 300 只；其次是森林采伐，造成种群隔离而成小种群，如邛崃山。

金丝猴仅北京动物园繁殖到子二代，但无进一步发展。重庆动物园曾繁殖产过一代，主要原因是人为干扰，其次是消化道疾病，动物园无法满足其青枝、嫩叶、枝芽和松萝等它们在野外常食的食物需求。

由于它们与大熊猫同域分布，随着 1974 年开始进行大熊猫调查，调查后增加了一批保护区，迄今大熊猫保护区已建立 67 个，湖北神农架建立了以金丝猴为主的保护区，故现有大熊猫种群也都主要分布在保护区内。

应认真贯彻国家对野生动物的相关保护法，对违法者严加惩处，禁止大规模采伐和砍伐，加强保护区技术力量，严格控制监督饲养繁殖。

红皮书对以上各项都有详细的英文摘要。

红皮书中我所撰写的食肉目动物只有 3 种，即国家一级保护的大熊猫，二级保护的小熊猫和豺。关于大熊猫和小熊猫皆不做介绍，对豺按红皮书要求概述如下。

(1) 豺大小似狗，小于狼，分布于我国东南大部分山区，在四川分布于川西和四川盆地周缘山区，分布广泛，栖息地亦多种多样，既能抗寒，也能耐热，群居性，少则 2 只或 3 只，一般为 7 只或 8 只，甚至更多，聚合成群，并集体猎食，常采取围攻方式，大小兽类它们都能对付。巢域有 40 平方公里，捕食活动区域在 15 平方公里的范围内。社群中雄兽居多，雄雌比为 2:1。种群分布虽广，但数量稀少，种群濒危。致危原因，主要是由于受自然环境破坏的影响，它们失去了栖息地和隐蔽条件，各类野生动物减少，捕食困难；其次是因为常被当成有害兽类捕杀，致各地处于濒危。饲养情况：大中型动物园均有展出，但饲养繁殖者少。现有保护措施：过去都以害兽对待，未予保护。国家将其定为二级保护动物，在保护区内已禁止捕猎，保护区外数量更稀少，十分罕见。保护措施建议：应多做它们在整个生态系统中所起的作用、维持生态平衡的宣传，动物园中应注意繁殖饲养，以减少在野外捕捉的压力。

(2) 偶蹄目中我负责撰写的有白唇鹿、四川梅花鹿、牛羚秦岭亚种、高黎贡亚种、四川亚种、不丹亚种等 6 个种及亚种（亚种近年可能提升为种），为国家一级保护动物，马麝、岩羊和矮岩羊 3 种为国家二级保护动物。

白唇鹿为大型鹿，体重可达 250 公斤以上，鹿角较扁，第二叉与眉叉较远，唇、颌及喉均为纯白色，是我国青藏高原的特有种，在川西北分布于约 28 个县，省外分布于甘肃、青海和西藏等地，是一种生活于高寒地区的山地动物，活动于海拔 3500~4000 米的森林灌丛、灌丛草甸及高山草甸带。草原地带，尤以林线一带为最适生境。营群栖生活，到繁殖季节集群可达数十只，乃至百余只。繁殖期多在 9~10 月，孕期为 8~9 个月。雄性幼鹿次年开始长出茸角，但不分叉，3 岁性成熟时开始分叉。它们的种群现状：主要活动于祁连山、昆仑山、唐古拉山和横断山脉，活动范围大，每座山仅有几个大群，以川、青、藏三省数量最多，总数有 7000 只左右，但有逐渐减少的趋势。过去藏族群众多，白唇鹿被视为"神鹿"，处于自生自灭状态，但自 1958 年以后，猎杀逐年增加，加上捕捉饲养和畜牧业扩大，草场退化，使青藏高原边缘地带分布区呈岛状，遗传逐渐衰退。20 世纪

70 年代开始，川、青、藏各地开始饲养繁殖，有 1500～2000 只。目前一些地方已禁止捕捉，在四川建立了新陆海保护区，在甘肃建立了盐池湾保护区。在查明资源的情况下，制定了保护和持续利用的对策和计划，以保护其栖息地和生态系统，坚决制止猎鹿取茸行为，饲养繁殖的基地应加强科学管理，建立严格的谱系，提高饲养繁殖的发展水平，以满足经济发展、科学研究的需要。

（3）牛羚从北到南，有秦岭牛羚、四川牛羚、高黎贡牛羚和喜山牛羚等 4 种，它们由于大小似牛，角型有异，尾又短，而统称为牛羚，过去将其划分为 4 个亚种，近年来根据其地理分布、毛色和角型的一些差异将其分别划为 4 个独立种。红皮书中是以 4 个亚种名称叙述，下面以 4 个种的名称介绍。

（1）秦岭牛羚（*Budorcas taxicolor bedfordi*），英文名为 Golden takin。濒危等级。国家重点保护野生动物名录列为 I 级，IUCN（International Union for Conservation of Nature，世界自然保护联盟）列为濒危，CITES（Convention on International Trade in Endangered Species of Wild Fauna and Flora，濒危野生物种国际贸易公约）附录 II。

识别特征。较其他三种更大些，毛色较浅，通体白色或黄白色，老年个体为金黄色，背不具脊纹，吻鼻和四肢为黑色。幼体通体为灰棕色—棕褐色。

分布。它们是秦岭山脉的特产动物，分布于秦岭主脊冷杉林以上，主要分布县为周至县，一般分布于太白、宁陕、泸县、佛坪和柞水等地，有分布过的地区有宁陕、凤县、略阳、留坝、勉县、城固、镇安、鄂邑区、眉县、蓝田和长安等，有少量分布，总计有 16 个县。另外，按地理分布，四川的青川县毛寨亦有牛羚，因它与上述宁陕县和略阳县同属泰巴山地，我们仅在毛寨获得过一张头的毛皮，与秦岭牛羚幼体相似，尚未做进一步研究。

生境与习性。牛羚一般生活在 1500～3600 米的针阔叶混交林，亚高山针叶林和高山灌丛草甸。晨昏采食，有季节变化，它们和其他食草动物一样爱舔食岩盐和硝盐。集群性强，每群约 20～30 头，有的群达 50 头左右，冬季还有更多的聚集群。7～8 月发情，次年 3～4 月产仔。

种群现状。主产县有 587 头，一般县有 104 头，洋县约 225 头，宁陕县有 135 头，太白县有 191 头，少量分布的县有 50～100 头（估计），17 个县约有 2000 头左右。IUCN 羊类组专家和国内专家提供的资料称约有 1200 头。

致危原因。有逐年减少和种群数量递减的趋势，主要原因是森林采伐；其次是人为干扰和捕捉；再次是种群分割，岛状分布。国内外提供资料，周至县在 1950 年有 200～300 头，现今约有 72 头在保护区内（据 IUCN 羊类组专家 1997 年统计）。

饲养情况。在全国大的动物园，饲养繁殖均取得成功，在秦岭山区曾有人捕捉幼犊驯养后用以耕犁。如有计划开展驯养，尚可扩大畜源。

现有保护措施。由于牛羚与大熊猫及金丝猴同域分布，这些保护区内都有牛羚，能受到同样的保护，加上它们都是国家 I 级保护动物，应严加保护，对违法犯罪活动严加打击，做好宣传教育，近年盗猎现象已被杜绝。

保护措施及建议。由于牛羚活动范围广，巢域大，常超出保护区的范围，冬季下移到低山河谷，容易被盗猎。应加强巡护和宣传，提高公众的保护意识，同时还可进一步研究驯养，以扩大畜源。

(2) 四川牛羚(*Budorcas taxicolor tibetana*)，英文名为 Sichuan takin。别名为四川羚牛、扭角羚、藏牛羚、盘羊(川北)、野牛、封牛(川西)、野水牛(甘南)、食盐盐(《北川县志》)、勒依尼(彝族)、弄(藏族)。

濒危等级。红皮书中定为濒危，国家重点保护野生动物名录Ⅰ级，IUCN 定为易危，CITES 附录Ⅱ。

识别特征。成体体重 300～600 公斤，体长 2 米左右，体庞大粗重，四肢粗，肩高大于臀高，尾短(10～15 厘米)，体为浅棕褐—灰褐，背中具灰黑色脊纹，背及臀有黑色斑纹，鼻部大而裸露，喉具长尾(俗称羊胡子)，额具向上而后弯向外后的扭状角。

分布。它们分布于横断山脉北端、四川盆地向青藏高原过渡的高山、亚高山地带，为横断山脉的特产动物。四川牛羚分布于岷山甘肃南与陕西秦岭山脉西段的 8 个县，主要分布于四川西南高山深谷和四川盆地西缘山地的岷山、邛崃山、大小相岭、凉山、大雪山和沙鲁里山的高山深谷，共计有 52 个县，如青川、汶川、宝兴、越西、洪雅、九龙山、理塘等。

生境与习性。栖息于高山、亚高山森林、灌丛或草甸，海拔 1500～4000 米，比秦岭高。多营群居，集群数量变化很大，少数老年雄体常独栖外，少的 3～5 头，一般为 10～45 头，冬季常聚合成 60～130 头，四川青川唐家河保护区中这样大的聚集群就有 4 个之多，活动范围可达百余平方公里。食性与陕西、西藏和云南的相似，只是所产种类更多且复杂，各季节不同。性成熟在 4 岁，6～8 月交配，孕期在 8～9 月至次年 3～4 月，一般产 1 仔，偶产 2 仔。据葛桃安(西华师范大学研究生)1987 年在青川唐家河的调查，在 100 个雌体中，平均产仔 37～48 头，每年有近半数的雌体参加繁殖，而且有利于护幼集体方式，故其存活率也比较高。主要天敌有豺、豹和马熊。

种群现状。据对岷山山系青川和邛崃山系汶川的调查。在重点产区县有分布的区域内，每平方公里有 1.2～1.3 头。其中重点县有 7 个，每县有 500 头左右，共计约 3500 头；一般县有 3 个，每县有 100～200 头，共约 450 头；少量分布县有 42 个，每县有 50～100 头，共约 3150 头。据此推算，全省 52 个县共有四川牛羚约 7100 头。在保护区内，唐家河保护区的四川牛羚数量有增长的趋势(据我们长期研究)。

致危因素。四川牛羚在受保护前遭任意猎杀，森林采伐、环境破坏，使其成为孤立种群，如青川毛寨及大相岭的种群。

饲养情况。与秦岭牛羚相似。

现有保护措施。与秦岭牛羚相似。

保护措施及建议。基本与秦岭牛羚相似，但由于四川大熊猫分布县多达 30 多个，在重视大熊猫的分割现象时，不仅要注意大熊猫扩散的地方，也应注意四川牛羚的扩散地区，注意在扩大森林面积时，不仅要多营建大熊猫生存环境，也应兼顾四川牛羚适应的生存环境、加强保护宣传。

(3) 高黎贡牛羚(*Budorcas taxicolor taxicolor*)，英文名为 Mishmi takin。别名为米什米牛羚、扭角羚、捷门呀(藏)、波谨(珞巴族)、阿爱哥(傈僳族)。

濒危等级。红皮书中定为濒危，国家重点保护野生动物名录Ⅰ级，IUCN 定为濒危，CITES 附录Ⅱ。

识别特征。头部呈浅棕色，上体暗黄而杂有浅褐色，背中脊纹黑色，整体色较四川牛羚深，其躯和角的大小及弯曲度也较之小些，但鼻骨的隆起要发达些。

分布。在西藏分布于雅鲁藏布江中"大拐弯"江岸以东，以墨脱县以南的米什米丘陵为中心；云南分布于西北部的高黎贡、碧罗雪山及怒山的山地与怒江河谷，以及贡山、福贡、盈江、泸水、腾冲、保山和龙陵 7 个县市。

生境与习性。活动于 2200 米以上，常年活动于 3000～4000 米处。植被和水源丰富，有蒿草、蓼科的草类、箭竹呈草甸状，食物基地广阔。群栖，晨昏取食竹叶、草类，亦吃多种植物的嫩枝、幼芽，秋季常食籽实。秋季在高山草甸发情，次年春产仔。

种群现状。西藏分布海拔接近 3000 米；云南有 10 群，每群有 30～40 头，一些离群者接近 500 头，总计约 3500 头。

致危因素。主要是猎杀，西藏分布区每年捕杀 200 余头；其次为森林采伐。

现有保护措施。云南已建立了高黎贡和怒江保护区，西藏建立了墨脱和察隅两个保护区。

保护措施及建议。它们是横断山脉特产动物，十分稀少，应严加管理，制止捕猎，并与毗邻的印度、缅甸进行国际合作，才能有效地对其进行保护。

(4) 喜山羚牛(*Budorcas taxicolor whitei*)，英文名为 Bhutan takin。别名为牛羚、扭角羚、捷门呀(藏)、波谨(门巴族，珞巴族)及不丹羚牛。

濒危等级。红皮书定为濒危，国家重点保护动物名录 I 级，IUCN 定为易危，CITES 附录 II。

识别特征。体型较小，角较其他种粗短，角支园钝，鼻骨较短而更隆起，体色除额部有一黄斑和肩背部黄色鲜明外，皆为暗褐色，背脊纹暗褐色至黑色，栖息地较前述 3 种都高。

分布。属喜马拉雅山的特产动物，分布于西藏雅鲁藏布江中游以南及"大拐弯"以西的山区，西起加查县，向东经朗县、米林、林芝而达波密，向南有错美、错那、隆子、洛扎等县。国外见于不丹。

生境与习性。一般生活于 3500～4500 米处，有季节性迁移的习性，迁移当地多达 40～50 头一群，冬季结成大的聚集群，秋季交配，春末夏初产仔，多为 1 仔。

种群现状。平均每县约有 200 头，估计总数约有 2000 头。

致危因素。猎杀肉食，迄今难以制止，平均每年每县猎杀 20～120 头，总共每年约猎杀 500 头。

现有保护措施。应组织调查，建立保护区网，禁止猎杀，与不丹进行国际合作对其进行保护。

(5) 岩羊(*Pseudois nayaur*)，英文名为 Bharal blue sheep。别名为石羊、青羊、蓝羊。

濒危等级，红皮书定为易危，国家重点保护野生动物名录 II 级，IUCN 定为低危/接近受危，CITES 定为外入。

识别特征。体型中等，大小介于野山羊与野绵羊之间，雄角粗大，体重 35～80 公斤，体色青灰褐色略带蓝，肢前和肢侧有黑色纹。

分布。分布于我国西北和西南各省，国外分布于不丹、锡金、克什米尔。

生境与习性。栖息于 4000~5500 米的高原、高山、丘原的下裸岩与山谷间的草甸。喜群居,一般为数十只,多者在 100 只以上。冬季发情,次年 6~7 月产仔,正常产 1 仔。天敌有雪豹、狼、豺以及秃鹫等大型兽类及猛禽。

种群现状。尚无确切数量,主产于青海,估计有 120 万头,新疆估计有 1 万头,四川估计有 120 万头,西藏因有广大无人区,无法估计,但至少比各省都多。

致危原因。主要是猎杀,仅青海 1958~1989 年,每年有 10 万到 20 万公斤岩羊肉出口到德国。每年猎杀 1000~10000 头,不包括当地零星猎杀数。

饲养情况。当地人捕捉幼羔驯养繁殖,但规模小,动物园能繁殖,也是个别公园,数量少。

现有保护措施。各省都有保护措施,但缺乏管理。

保护措施及建议。应尽快建立野生动物狩猎协会,在林业主管部门的领导下,有计划地合理利用;应加强对种群现状及变化趋势进行研究,以便科学地保护和合理利用,再次控制家畜的数量。

(6)矮岩羊(*Pseudois schaeferi*),英文名为 Sichuan blue sheep。别名为小岩羊、杉木羊、矮山盘羊、绒那(藏)。

矮岩羊体型仅岩羊一半大,雄角粗壮,自头顶略向两侧伸出,角尖向后微向上,两角内侧各具一明显纵横,基较直,近角尖微向外侧扭转。它们分布于金沙江河谷、西藏江达、芒康、四川巴塘,主产于巴塘,为四川特产岩羊。矮岩羊活动于海拔 2400~4000 米一带的冷云杉林、高山灌丛、岩石间,较岩羊活动低,常在林间,居群小,小的群为 3~5 只,一般为 7~35 只,聚集群在 50 只以上,种群总计约有 7000 只。冬季发情,次年 4~5 月产仔。致危因素主要是猎杀,其次为森林采伐。饲养状况:尚无动物园展出饲养,当地也无人饲养。现有保护措施:已建立了巴圹竹巴笼保护区。建议将其列为国家 I 级保护动物,严禁捕猎。

1992 年《四川外向型经济文化丛书》编辑委员会邀请我参加《珍稀动物卷》的编写,我编写了《美丽的小熊猫》,并请外语系昝裕民译成英文。这本书有 135 页,计 24 幅小熊猫生活习性及相关的彩色照片。主要内容除前言外,首先介绍了发现小熊猫的传奇历史,其中依次介绍了它美丽的形态、奇特的生活习性、生活环境与活动方式、在分类上的地位。分析其是属美丽的浣熊类,或熊类,或大熊猫类,或独立一类,最终得出的结论是:独立一类,但与大熊猫有旁系关系,然后介绍了它们的饲养繁殖情况和生存现状以及未来发展的趋势。昝裕民按前述内容做英文翻译,置于中文之后。本书由四川成都的电子科技大学出版社出版(1992)。

1994 年 8 月,北京召开了第三届东亚熊类学术会议。此次会议的目的是让国内外同行了解中国熊类的研究和保护现状。马逸清先生是我国熊类研究专家,他与我于 20 世纪 50 年代认识并成为好友,他邀请我一起编写了《中国的熊类》一书。该书内容包括:第一部分为概论,研究简史、形态特征、演化历史、生态习性、分类系统和地理分布等;第二部分为各论,包括大熊猫(国际熊类专家组将它列入熊类,马逸清和我均属该专家组成员)、棕熊、亚洲黑熊、马来熊、懒熊、眼镜熊、美洲黑熊和北极熊等八种;第三部分为资源保护,包括东北区、西北区、西南区、中南区和中国的养熊业。另有三个附录,附录

1 为中国熊类分布区的自然保护区名录，附录 2 为全国动物园熊类统计(1986)，附录 3 为美国动物园熊类统计表(1989)。最后列出了国内外的 168 篇参考文献。该书于 1994 年由成都的四川科学技术出版社出版。

　　1998 年由中华人民共和国濒危物种进出口管理办公室组织，并得到林业部卿建华先生的鼎力支持，由我和省林业厅保护处处长胡铁卿一同编写了《中国熊类的保护和利用》一书。该书内容包括：前言；正文分十章，即研究简史、熊的形态、生理生化、熊的生态、熊的分类、熊的起源与演化、熊类资源及生态地理分化、熊的资源利用、熊的饲养与繁殖、熊的疾病与防治和熊的自然保护等；附录展示了中国熊类分布区的自然保护区。该书由海南国际新闻出版中心出版(1998 年)。

第四节　大熊猫的生物学研究

　　迄今为止，我已在校从事教学和研究工作 60 余年，前 30 年主要从事本科生的教育，并进行资源动物的收集调查，1974 年开始对大熊猫进行调查，除重点调查大熊猫，对同域分布的其他珍稀动物也有所重视，尽可能地(哪怕是蛛丝马迹)都调查到。1984 年招收研究生后，除教学，每届研究生的学位论文一般是其中一人以大熊猫为题，其他人以珍稀兽类或小型兽类为题。我带了脊椎动物资源与保护专业共 23 届，另有两个硕士研究生进修班，其中有 20 余人的学位论文是以大熊猫为题。因此，就这些同学所获得的资料和我在山野的所见所闻，汇集而成约 10 本书并出版，这些书概述如下。

　　第一次大熊猫调查，参加的人除林业职工，我们动物教学研究的同仁及 3 个班的学生也参加了近两年的调查工作。调查结束后，我编写了《四川省珍贵动物调查报告》，曾获得 1978 年全国科学大会奖，主管的林业厅嘱咐不能对外公开，只供内部参考。2004 年郑州海燕出版社组织编写《中国科学家探险手记》丛书，共 15 册，特邀我编写《追踪大熊猫的岁月》(图 5-6)(其他分册有《世界屋脊探行》《追寻冰川的足迹》《雪域湮没的残忆》《走进高原深处》《闯荡在莽莽林海》《南极圈里知天命》等)。该书从组建调查队开始，一直在探寻"如何培训人员到大熊猫产区各县去了解有哪些山林竹、为什么有""哪些山无、为什么无"等系列问题。我们考察的第一个县是汶川县(卧龙保护区就在这个县)，题为"走进大熊猫的家园"，记述了家园的风光、历史上的浩劫、熊猫家园的考察、牛头山扎营、草坡小分队考察、熊猫家园有多少。全书按县记录了 20 多段手记，重点包括：所到各县，首先了解该县的自然环境，历史上大熊猫生存在哪些山，状况怎样，现今又如何；然后组织地方上有经验者作为向导参加到我们的调查队，并根据各县山势的地形地貌，设计调查路线，逐一依山傍水进行调查，每座山的方位、坡度，植被竹林情况如何，熊猫爱在什么地方活动，哪些地方不爱去活动，与它们一起生活的地方有些什么动物，它们之间的关系是协调共栖、相互帮助，还是竞争、危害、天敌，现在生存状况，有哪些自然和人为因素影响它们的生态发展；最后得到调查结果，即大熊猫的数目、分布在哪些山和乡，并提出保护的对策建议。

图 5-6 《追踪大熊猫的岁月》

（1）2002 年，江苏少年儿童出版社特邀我编写了《追迹国宝》一书并出版，旨在向少年儿童介绍大熊猫在美丽的家园中如何生活，如何寻找好吃的竹笋、可口的青竹嫩枝幼叶、爱饮的清泉绿水，作息制度如何安排，怎样玩耍，怎么带它们的小宝宝等，让他们知道为什么国内外的小朋友都喜欢大熊猫。

（2）2005 年，上海科技出版社出版《寻踪国宝》。

（3）2008 年，凤凰出版传媒集团江苏科技出版社又邀我写了《寻踪国宝——走近大熊猫家族》一书并出版。该书与以上两本书不同，是从另一角度出发，介绍在无边无际的崇山峻岭、森林竹海中追踪大熊猫，深入到大熊猫的社会里，远距离地观察大熊猫独立而独特的生活方式，并对其心理、动作、信息进行描写，更以大熊猫的生活习性、种群状况、致危因素、在生物链中的作用、在生物学上的意义、保护措施及其进展等为切入点，揭示了动物-人-自然界和谐共存的生态文化的丰富内涵。

（4）2012 年，山东济南明天出版社出版了《科学家大自然探险手记·追踪大熊猫 40 年》一书。该书内容是从科普知识的角度出发，介绍了 40 年以来，我们从开始研究大熊猫，到调查大熊猫分布数量，进一步与国际合作研究，再到带领研究生在各大山系建立生态观察站进行生态学观察研究的纪实。

（5）1978～1979 年，我们在四川卧龙保护区建立了"五一棚"生态观察站，在 35 平方公里的范围内，对大熊猫的社群进行生态学研究（前几年主要是生态地理学的分布调查）。观察研究的内容是在指定的环境中，在各种生态因子的作用下，观察大熊猫是怎样适应的，用行为生态学的方法，详细观察记录它们的生活习性、食性及择食行为，不同季节的食谱组成，活动的巢域、核域及利用情况和昼夜节律，繁殖与育幼，同类间的社会关系与结构，同域分布的种间关系，协同共栖、竞争、天敌等。两年后进行了总结，整理出版了《卧龙自然保护区大熊猫、金丝猴、牛羚生态生物学研究》一书，于 1981 年由四川人民出版社出版，供下一步国际合作研究参考，以便进行更深入的研究。

(6) 1980～1985 年。1980 年 5 月，世界野生生物基金会代表团对卧龙保护区"五一棚"生态观察站进行了短期的观察后，确定基金会国际合作对大熊猫的基础研究仍然在"五一棚"。1981 年 1 月到 1983 年，我们主要在"五一棚"进行野外观察，收集资料，然后还参观了动物园，以补充野外无法收集到的资料，与在青川建立的白熊坪的研究进行对比。1985 年，我们完成了全部国际合作的研究，按照合作协议，根据研究成果所撰写的书，定名为《卧龙的熊猫》，中文版以我为第一作者在国内发行(四川科学技术出版社)，外文版《The Diant Pandas of Wolong》以 G. B.Schaller 为第一作者在美国芝加哥大学出版社出版。中文版署名为胡锦矗、G.B.Schaller、朱靖(中国科学院动物所)和潘文石(北京大学)；英文版署名为 G.B.Schaller、我及中文版其余署名人。中英文版内容一致。在研究中所采用的方法和技术均按国际上生态学所应用的手段和方法，内容主要是研究野生大熊猫的生态及行为，包括种群动态、移动、繁殖生物学、食性、觅食行为及对策。研究的目的是有利于保护和全面了解其生活史的诸方面。例如，要保护大熊猫，就必须弄清楚目前它们所遭受的各方面的干扰，以及这一物种延续下来需要维持的种群和最小数量，另外，还需要对出生率、死亡率、移动规律以及供养能力进行了解。从生物的角度看，大熊猫内在还存在着一些问题。分类学已讨论了一百多年，但我们还是弄不清它们的血缘关系到底与熊类更近还是与浣熊类更接近。在大熊猫生物学中最奇特的是它的食性。它们以竹为生，在哺乳动物中，专食某一种食物不足为奇，可是大熊猫保留着肉食动物所具有的简单肠胃，却过着特化的植物性生活。它们没有发生物理的或生理的特化，以消化吸收粗纤维和其他难以消化的植物材料，在进化中完全依靠竹子。事实上，它们完全受到竹子的制约，以致于它们的命运在一定程度上受到这种植物的摆布。它们的生存几乎在各方面受到食物的丰盛度、分布情况和营养价值的影响。而它们又是怎样适应的，这就是本书所解答的主要科学问题。

(7) 1985 年，应《我们爱科学》的邀请，我为该月刊写了《九万里熊猫故乡考察记》，从第 1 期到第 12 期连续登载，目的是为小朋友介绍我们 1974～1977 年在大熊猫分布的巴山蜀水的研究情况，带领小朋友认识并了解大熊猫，进而培养他们对大自然的热爱之情。

(8) 1989 年，重庆大学出版社特邀我给广大中小学生及社会读者写一本科普读物《大熊猫的生活奥秘》，介绍它们的历史、风姿神态、生活奥秘、过去和现在的分类地位与演化、饲养繁殖、国际上如何关注以及我国的保护措施。与此书相类似的是四川科学技术出版社邀请我写的《大熊猫》一书。

(9) 1990 年，北京举行了第十一届亚运会，《四川外向型经济文化丛书》编委会邀我编写《熊猫的风采》一书，以欢迎世界各地不同肤色、不同语言、不同民族朋友的到来。全书由我编写，内容与《大熊猫的生活奥秘》近似，只是更适合国外的读者，全书英文由我院外语系昝裕民译。

(10) 1990 年，四川科学技术出版社出版了《大熊猫生物学研究与进展》，该书汇集了从国际合作以后到出版该书前各届研究生发表的学位论文和我在这期间发表的文章，由魏辅文和我编辑而成。内容包括大熊猫的种群生态、个体生态、行为生态、生态地理等方面，同时还综合性地反映了 20 世纪八九十年代大熊猫生物学各方面的研究，最后附录介绍了 120 年来有关大熊猫研究的主要文献。该书的作者众多，汇集了我国兽类学界的老一辈，如我的老师夏武平教授，而更多的是历届的研究生，说明学术在发展，人才辈出。

(11) 1990 年，《大熊猫及金丝猴、扭角羚、梅花鹿、白唇鹿、小熊猫、麝文献情报》在四川科学技术出版社出版。该书是我校图书馆科学技术情报研究室根据 20 多年收集的资料整理而成，由该室的工作人员及我收集国内外有关文献，并注明每篇文献的作者、出版年代及内容，然后进行概述。例如，关于大熊猫的文摘包括：总论、古动物学、演化发展、细胞学、遗传学、形态学、生理学、生物化学、生物理学、生态学与动物地理学、分类学、应用动物学、保护与驯养、疾病与防治、科普与技术、历史记载及古文献与方法及其他，共 202 页，总计 1061 篇文献。

(12) 2001 年，国家林业局在全国组织有关研究珍稀动物的动物学工作者，编写了一套《中国重点保护野生动物研究丛书》，我被邀请并编写了《大熊猫研究》一书 (图 5-7)。全书的内容共分 9 章，包括大熊猫历史记载、形态习性、栖息环境、数量与分布、起源演化、饲养繁殖和保护管理等，为关心爱护大熊猫的人士提供全方位的信息，增强人们的保护意识，走出一条有中国特色的保护野生动物的发展道路。该书由上海科技教育出版社出版。

图 5-7　《大熊猫研究》

(13) 2008 年，我编写了《大熊猫的历史文化》，由北京科学文化出版社出版，全书共分 19 章，介绍了大熊猫的神秘身世以及成名的过程，诠释了大熊猫文化并揭示了其他社会文化现象。大熊猫文化是多方面的，既有精神的，也有物质的，既有政治的，也有经济的。大熊猫的象征性内涵极为丰富，除了精神和物质文化外，人们可以依据自己的生活、生产和社会活动的需要，塑造诸如书法、绘画、美术、音乐、舞蹈等多种类型的文化产品。大熊猫不仅是中国的国宝，更是世界的珍贵自然遗产。

(14)2016 年，正值我从教六十余年的西华师范大学七十年华诞，我根据多年从事大熊猫的研究工作，结合近年同学们对大熊猫研究的成果进行总结，汇编为《大熊猫传奇》一书，由科学出版社出版，全书内容包括大熊猫的起源、历史记载、生态环境、形态、生理、行为、遗传、保护区建设发展以及大熊猫在外交中的影响等方面，共分 17 章做了介绍，以供相关领域的科研工作者参考，亦是一部普及科学知识、倡导自然保护、弘扬生态文明的科普读物。

第五节　脊椎动物资源与保护

(1)《脊椎动物资源与保护》。我从 20 世纪 60 年代初开始调查研究四川省的资源动物，于 70 年代初开始着重调查研究大熊猫及其同域分布的其他资源动物。1997 年，中国生态学会与中国兽类学会在四川南充召开了一次学术会议，即脊椎动物资源及保护学术会议，出席会议的主要是一些年轻的动物学工作者，其中包括我 1984 年所招收的现就职于省外的历届研究生。因此，由我所指导且毕业后留校工作的首届研究生吴毅负责收集历届研究生发表的有关脊椎动物资源与保护的论文，汇集成册，取名《脊椎动物资源及保护》(图 5-8)，并由四川科学技术出版社，于 1998 年 2 月在学术会议前发行。

图 5-8　《脊椎动物资源与保护》

该书的序言由中国科学院动物研究所兽类学会会长夏武平前辈所作。内容包括三个部分：第一部分为大熊猫生态学研究，包括大熊猫的放归与保护、种群生存力分析、空间分布格局和生境选择等；第二部分为珍稀保护动物资源及保护，主要是介绍小熊猫、林麝、白头叶猴、金丝猴、藏马鸡等珍稀动物的种群密度、繁殖、行为、资源现状及保护管理等；第三部分为其他资源的保护管理，包括鼠类、翼手类及鱼类的年龄结构和资源管理等。

1998～2000 年，我连续招收了两届动物学硕士研究生进修，学员来自省林业局保护处及林业职工和一些保护区的工作人员，如卧龙青川唐家河、平武王朗、宝兴蜂桶寨等，以及成都动物园等的领导及职工。这个班的进修生毕业后，部分考上了博士生，绝大部分回原单位继续进行动物保护工作。一些保护区要进行综合科学考察，经学校同意，并由生命科学学院组织研究动物、植物等的有关教师，成立调查队，从 2003 年开始，对一些保护区进行了考察，我参与的有 4 个，并写了考察报告，由四川科学技术出版社出版。

（2）《四川小寨子沟自然保护区综合科学考察报告》。野外调查由西华师范大学动植物研究人员及相关专业的研究生组成科学考察队，于 2002 年对保护区进行全面调查，于 2003 年写成报告，报告分总论，自然环境，植被与植物资源，脊椎动物昆虫纲、大型真菌、旅游植物，自然保护区管理，自然保护区评价和自然保护区建议等内容。

（3）《四川冶勒自然保护区综合科学考察报告》。调查依然由上述有关研究所人员及相关专业的研究生组成科学考察队。1929 年，曾有美国的一支狩猎队到该保护区境内，猎取了大熊猫等珍稀动物。1993～1997 年，我们曾在这里建立了大熊猫生态观察站，后来中国科学院动物研究所的博士生均在这里进行研究，在以前的基础上再次进行综合考察。保护区位于横断山脉东缘，为川西南山地向川西北高原过渡的高山峡谷地带。区内植物垂直带谱明显，具有完整性和系统性特点；物种多样性也很高，拥有从低等到高等植物 1746 种；动物组成也很复杂，仅各类脊椎动物就有 290 种，其中属于我国特有的（大熊猫等）有 54 种，国家 I 级保护的有 9 种，II 级保护的有 38 种，可见其动物相对丰富度之大。内容共分 11 章，对动植物的自然环境、物种分类及分布、资源概况和保护区的管理、评价和建议等内容进行了全面介绍。该书于 2003 年由四川科学技术出版社出版。

（4）《四川小河沟自然保护区综合科学考察报告》。该保护区位于平武县西北，地处摩天岭与岷山之间，北与平武、王朗相连，西与松潘、黄龙相连，西南与平武雪宝顶等诸保护区相连，形成一个岷山山系北部保护区网，境内地质地貌古老，为四川盆地经横断山脉向青藏高原过渡的地带。1984 年起经过 3 次大熊猫调查，为我们 2003 年综合科学考察积累了大量资料，在此基础上，西华师范大学动植物研究所组织该所的教师和有关专业的研究生对其进行了科学考察。这里的地质地貌、土壤、气候、水文等自然要素，处于横断山脉与华中区的交汇地带；植物区系和动物区系，处于各山脉及古北界青藏区向东洋界西南区和华南区的交汇处，也是多个群域之间的复合过渡，生态系统层次十分丰富。生物多样性在不同层次均有所表现。就植物种而言，经观察，高等植物中蕨类植物有 22 科 66 属 158 种，裸子植物有 7 科 15 属 31 种，被子植物有 133 科 642 属 1570 种，总计植物有 162 科 723 属 1759 种（不含引种及栽培植物），若加上没有调查的低等植物藻类和真菌，估计有 2500 种以上。动物的物种多样性也很丰富，已知无脊椎动物中昆虫有 17 目 96 科 302 种，脊椎动物有 5 纲 27 目 104 科 291 属 517 种，占四川总数的 39.05%。其中，鸟兽特别丰富，鸟类有 331 种，占全省的 51.24%；兽类有 116 种，占全省的 49.36%。属于我国特有的陆栖脊椎动物多达 111 种，占全省的 50.92%，属于国家重点保护的 I 级鸟兽有 15 种，占全省 I 级的 78.95%，II 级有 53 种，占全省同级的 55.54%。该书于 2005 年由四川科学技术出版社出版。

（5）《青川唐家河国家级自然保护区综合科学考察报告》。该保护区地处四川盆地西北缘青川县西北角，为岷山山系与东北摩天岭的余脉，北接甘肃汶县白龙江国家级自然保护区。该保护区原有青川伐木场，于 1974 年调查之后迁移出，河谷村民也迁出，保护面积为 400 公顷。保护区建成后又经过第二次、第三次的大熊猫调查以及上海华东师范大学、四川西华师范大学和绵阳师范学院等校作珍稀动物调查和学生野外实习场所，所有这些调查、科研和教学活动，均为本次考察积累了大量资料，并以此为基础做了本次综合科学观察，调查后写出调查报告。该保护区不论物种（包含所含基因）还是生态系统的层次，都十分丰富。在 400 公顷的范围内，调查已知有大型真菌 51 科 150 属 434 种，苔藓植物有 46 科 96 属 176 种，蕨类植物有 32 科 65 属 192 种，裸子植物有 7 科 14 属 24 种，被子植物有 131 科 644 属 1596 种，总计有植物 267 科 969 属 2422 种（不包括引种和栽培植物），其中种子植物共有 1620 种，占四川省总数的 18.97%（含原重庆市）。陆栖动物占四川省总数的 38.41%，我国特有的陆栖脊椎动物共有 74 种，占全省的 33.94%。国家一级重点保护的鸟兽共有 13 种，占全省国家一级重点保护鸟兽总数的 68.42%；国家级二级重点保护的鸟兽共有 57 种，占全省的 57.58%。我国特有的珍兽有 46 只以上，金丝猴 1000 余只，扭角羚 800 余只，可见珍稀兽类之丰富。该报告于 2005 年由四川科学技术出版社出版。

第六章　科学研究靠人才，人才发展靠动力

我 20 世纪 50 年代从高校毕业分配工作，20 世纪 70 年代以前主要从事生物学系本科生的教学工作，并进行了有关方面的科学研究及资料收集；20 世纪 80 年代以后，主要从事研究生脊椎动物资源与保护专业的教学，并带领同学从事有关专业的科研。培养的人才在脊椎动物资源保护领域做出了卓越奉献，其中以第一届毕业生中的中国科学院魏辅文院士为代表。魏辅文的研究领域涉及大熊猫家族历史、食性特化和适应机制、繁殖策略与扩散模式、种群生态与遗传结构以及环境变迁和人为影响下大熊猫种群潜力等。研究成果发表在《Science》《Nature Genetics》《Nature》《Proceedings of the National Academy of Sciences of the United States of America》《Current Biology》《Molecular Biology and Evolution》《Trends in Microbiology》《Molecular Ecology》《Functional Ecology》《Proceedings of the Royal Society B-Biological Sciences》《Conservation Biology》《Molecular Phylogenetics and Evolution》《Biology Letters》等刊物上。南京师范大学的杨光教授获教育部"长江学者"特聘教授、国家百千万人才工程国家级人选暨有突出贡献中青年专家等人才称号，获得国家杰出青年基金，主要从事海洋兽类遗传资源的保护与管理、分子进化生物学与分子生态学、濒危动物生态学与保护生物学等研究。科研成果主要发表在《Nature Communications》《Systematic Biology》《Molecular Biology and Evolution》《Proceedings of the Royal Society B-Biological Sciences》《Conservation Biology》等国际著名或主流 SCI 刊物上。中国科学院动物研究所黄乘明研究员在 9 项国家自然科学基金的资助下，系统地研究了喀斯特石山环境的珍稀灵长类行为生态学和保护生物学。广州大学生命科学学院吴毅教授的 6 项国家自然科学基金和国际合作项目主要从事翼手类(蝙蝠)分类与系统演化的研究，发表了华南菊头蝠、泰国菊头蝠和施氏菊头蝠 3 个新种，马氏菊头蝠等中国或省的新纪录近 10 种。华南师范大学生命科学学院吴诗宝教授主要从事穿山甲资源调查与保护生物学研究，研究成果被世界自然保护联盟物种生存委员会用于全球穿山甲受危状况评估，被《Zoo Biology》《Folia Zoologica》《Biological Conservation》《Conservation Biology》等多种 SCI 源期刊论文引用。福州大学生命科学学院袁重桂博士主要从事野生动物人工养殖的研究，先后针对中华鳖、乌龟、南美白对虾、石斑鱼、河鲀、褐菖鲉和鳗鲡(4 种)等进行了大量的养殖现状和市场调查，同时在实验室开展了深入细致的生理生态基础研究，在此基础上，成功将这些物种的产业化养殖技术实现示范推广。西华师范大学生命科学学院郭延蜀教授在四川铁布自然保护区对四川梅花鹿的生境、生物学及其种群生态进行了系统研究，研究成果为四川梅花鹿的保护和管理提供了有价值的建议。西华师范大学生命科学学院院长、教育部新世纪人才张泽钧教授在大熊猫和小熊猫栖息地生态学研究方面进行了系统研究，研究成果揭示了影响野生大熊猫和小熊猫生境选择的生态因子，并探讨了空间尺度的影响。研究成果

被《Nature》《Science Now》《Science Daily》《Reuter》、BBC 及《Washington Post》
等国际媒体广泛报道。中国知名的"蝙蝠女侠"绵阳师范学院石红艳教授主要从事蝙蝠的
生理生态及分类研究，研究成果被中央电视台科教频道专题报道，并被邀请参加《中国兽
类志·兽纲·第二卷·翼手目》中的山蝠属所有种和鼠耳蝠属部分种类的编研工作。绵阳
师范学院生命科学与技术学院官天培博士对中国羚牛历史与分布现状、栖息地保护、繁殖
与行为进行了系统研究，研究结果为深入研究羚牛的食性、种群动态、食草与森林的相互
关系、垂直海拔迁移、家域变化的适应意义、繁殖策略和栖息地利用等方面提供了理论依
据。现开展脊椎动物资源保护研究的其他学生，还有中国科学院动物研究所国家优秀青年
科学家基金获得者聂永刚博士，中国科学院植物研究所周友兵博士，中国人民大学孟秀祥
教授，华中师范大学生命科学学院吴华教授、张洪茂教授，西华师范大学生命科学学院周
材权教授、胡杰教授、杨志松教授、周昭敏教授，乐山师范学院付义强教授等。在进化领
域，西华师范大学生命科学学院廖文波教授和绵阳师范学院生命科学与技术学院陈伟博士
以中国西南地区无尾两栖动物为对象，围绕其生活史和社会行为的一系列权衡机制和生态
适应，开展了较为系统和持续的研究。研究成果以第一作者或通信作者发表在《Molecular
Ecology》《Evolution》《American Naturalist》《Scientific Reports》《Oecologia》《Journal
of Evolutionary Biology》《BMC Evolutionary Biology》《Frontiers in Zoology》《Evolutionary
Biology》《Behavioral Ecology and Sociobiology》等刊物上。

这些人才在校期间所做的贡献已在前面有所叙述，毕业以后他们到全国各地从事本专
业的发展及人才的培养，其相关工作如下：
①大熊猫方面的研究；
②叶猴等灵长类方面的研究；
③梅花鹿方面的研究；
④海兽方面的研究；
⑤扭角羚方面的研究；
⑥穿山甲方面的研究；
⑦翼手类方面的研究；
⑧两栖爬行类方面的研究；
⑨水产动物方面的研究；
⑩资源保护与利用方面的研究。

一、魏辅文（南充师范学院 1984 年第一届硕士研究生）

忆胡锦矗先生二三事

2017 年底，我有幸当选了中国科学院院士。从开完座谈会回来，一个人静静地坐在
陪伴我已十多年的办公室里，周围的一事一物都显得那么熟悉、那么亲切。院士证书静静
地躺在办公桌上，方方正正的。在亲友、同事、学生们一波又一波的祝贺与赞誉逐渐沉寂
下来的时候，我思绪的翅膀伸展开来，飞回到了我学术生涯起步的地方——南充，往事又

点点滴滴地浮现在眼前。

　　20 世纪 80 年代前后的南充师范学院在国内享有较高的声誉。母校校园虽地处闹市，但学风纯正，为国家培养了大量优秀的基础教育人才。更重要的是，校园里有一批甘于寂寞、默默奉献的学术名家，胡锦矗先生无疑为其中翘楚。胡先生为四川开江人，在 20 世纪 50 年代后期自北京师范大学研究生班毕业后就扎根于现西华师范大学从事教学与科研工作，为我国大熊猫保护研究的重要奠基人。因先生在大熊猫生态与保护领域的突出贡献，西华师范大学曾被国外友人称为"中国的熊猫大学"。

　　1980 年，我考入南充师范学院生物系读本科。1984 年，我本科毕业后便师从先生从事大熊猫生态学研究，该年暑假在先生带领下深入王朗、唐家河等自然保护区大熊猫栖息地腹地开展调查工作。初到野外，内心不免充满了好奇和激动，暗暗期盼着能与传说中的"国宝"大熊猫来一次不期而遇的美丽邂逅。然而，这种兴奋很快就被单调而艰苦的野外工作消磨殆尽。大熊猫没遇见不说，蚊虫、蚂蟥、草蜱等的叮咬常常让人心烦气躁，牛羚、菜花烙铁头等的攻击也得时时提防。先生时年几近六十，在一般人看来正是等着退休、颐养天年的年龄。然而，先生仍日复一日地坚持带领我们在野外跋涉，辨识动物痕迹，讲授大熊猫生态学知识，教会我们如何阅读大自然这本"无字之书"，身体力行地向我们阐释着作为一名科研工作者在科学大道上的严谨、执着与坚韧。时至今日，与先生围坐在森林深处篝火边整理野外记录的场景仍历历在目，这成了我人生中最为珍贵的记忆之一。

　　研究生毕业后我留校任教，并先后顺利晋升讲师和副教授职称。1994 年，我考入了中国科学院动物研究所攻读博士研究生。在毕业前夕的多个夜晚，我曾夙夜难眠、犹豫踌躇着是否离开南充到北京谋图新的发展。先生是我科研道路上的引路人，栽培之恩与殷切期待自难相忘，但在北京的 3 年时间让我看到了把人生、事业向前推进的平台和机遇。然而，先生无疑是大度的、宽和的，对学生的塑造和提携总不遗余力。及至后来在科苑宾馆，先生面对吞吞吐吐、欲言又止的我微微一笑，轻声说道："小魏，你还是留在北京吧！"在那一刻，我如释重负，但随后马上被铺天盖地而来的无名的惆怅和忧伤所淹没——坐在我对面的先生虽仍精神矍铄，但两鬓早已斑白……

　　2001 年，我获得了国家杰出青年科学基金的资助。这年暑假，我邀请先生一道到蜂桶寨国家级自然保护区内考察建立野外研究基地，主要开展大熊猫和小熊猫两个同域分布物种的比较生态学研究。蜂桶寨自然保护区位于邛崃山系中段，山势险峻，是大熊猫模式标本的采集地。时值盛夏，山间潮湿多雨，山路泥泞不堪。原来计划是让先生在山脚下的招待所里等我们，但先生坚持要和我们一道进山。从大水沟保护站出发到青山沟，再到头道坪、二道坪、望天坡……先生拄着木棍，在蜿蜒、陡峭的山路上稳稳地留下一个又一个脚印。在坚持爬到最高点后返程之际，我们几个年轻人都疲惫不堪，先生似乎还意犹未尽，眺望着对面起伏绵延的山峰怔怔出神。我们没有惊动他——先生自 20 世纪 70 年代初开始野生大熊猫研究，在几十年的研究生涯中，足迹几乎遍布了野生大熊猫分布的每一片山水——他在回忆当年野外追踪大熊猫的峥嵘岁月吗？夏天山里的蚂蟥是极惹人讨厌的，在头道坪一个山窝里我们清理爬在腿肚子上的蚂蟥，"一根，两根，三根……"先生一边数蚂蟥一边看着腿肚子上的淋漓鲜血，哈哈一笑："我血压高，蚂蟥吸点血，正好可以帮助降血压呢！"后来我常想，也许正是先生这种豁达、乐观的生活态度，才使先生在野外研究中经历了常人不能想象的艰辛与磨难，推动先生翻越了人生一座又一座的高峰。

"桃李不言，下自成蹊。"先生几十年如一日执着于学术大道上的追逐与梦想，将野生大熊猫生态学研究提升到崭新的高度，有力地推动了我国大熊猫科学保护事业的发展。可以说，先生在大熊猫科学研究与保护事业上的贡献将会永载史册。自北京师范大学研究生班毕业之后，先生便一直扎根于偏远的四川南充默默耕耘，不迷恋权势，不受累于声名，在平淡中度过了一个又一个春秋，为国家、社会培养了一届又一届的优秀科技、教育与管理人才。先生之风，真乃"山高水长"。

不忘初心，方得始终。先生之为人、为事无疑是我终身之楷模，与先生相处的点点滴滴也将成为鞭策我在学术道路上不断前进的动力。在经历 30 多年的研究生涯之后，大熊猫这一憨态可掬的生灵早已融入我的生活，成为我生命中的重要部分。坐在北京窗明几净的办公室里，望着窗外雾蒙蒙的天空，有时我想，在大熊猫漫长悠远而跌宕起伏的八百万年演化历史中，我的人生能与之发生交汇，何其幸也！

但我更要说，此生能够成为胡先生的学生，并步入大熊猫科学殿堂，也乃何其幸也！

二、张泽钧（四川师范大学生物系 1996 年第十二届硕士研究生）

让科学研究密切服务于"国宝"大熊猫的保护事业

还记得在 1992 年那个炎热的初秋，在经历了大半天的长途汽车颠簸之后，我终于踏进了四川师范大学的校园，开始了我懵懂的四年大学生活。校园虽地处闹市，但环境清幽，一排排红墙绿瓦掩映于挺拔、整齐的香樟树林中，真乃"读书的好地方"矣！

虽早有耳闻学校在大熊猫研究领域独树一帜，但认识胡锦矗先生却源于 1995 年下学期进行的保送研究生面试。记忆中，胡先生平和亲切，短发根根簇立，有深秋的阳光从窗外透进来，一柱一柱地打在桌面动物头骨标本上。从专业知识到兴趣爱好，胡先生事无巨细地谈了很多，对我这个当年学识粗陋的青年后生而言，真有如沐春风的感觉。后来我常想，如果没有当年胡先生力顶压力坚持招收我读他的研究生，我现在可能正默默耕耘于川中丘陵地区一所偏僻乡村学校的三尺讲台之上。

我在读研究生期间参加了胡先生主持的四川省第一次陆生野生动物调查，并开始涉猎野生大熊猫生态学研究工作。在此期间，从东到西、从南到北，从海拔 400～500 米的成都平原到海拔 5000 多米的川西高原，足迹所至几乎遍布蜀中的山山水水。通过野外调查，我增长了知识，强健了体魄，磨砺了心智。我在研究生毕业后留校任教，在授课之余，于 1999～2001 年间断参加了全国第三次大熊猫调查。2002 年，经胡先生推荐，我考入中国科学院动物研究所，师从魏辅文研究员，攻读博士学位。

我主要从事大熊猫等濒危物种保护生态学研究，并一直得到胡先生和魏老师的指导与帮助。在大熊猫栖息地生态学研究方面，研究成果揭示了影响野生大熊猫生境选择的生态因子，并探讨了空间尺度的影响，提出了野生大熊猫偏好平缓坡度的"食物分布假说"，首次通过"边际值原理"检验了大熊猫对觅食斑块的利用。在揭示影响野生大熊猫种群发展的限制因子方面，发现野生大熊猫对产仔育幼洞穴有明显的选择偏好，其偏好洞口较小、内洞宽敞、隐蔽条件较好的洞穴类型，反映了其育幼期间对保温和安全的需要。研究发现，从晚秋到初春，佛坪自然保护区大熊猫食谱以竹叶为主，但竹茎成分及摄食多年生竹株比例逐渐增加，反映了环境中一年生、二年生竹株及绿叶可获得性的时间变化；大熊猫食谱随时间变更可导致个体体况下降及存活率降低。因此，季节性偏好食物资源的获得构成了影响野生大熊猫种群发展的另一限制因子。在此基础上，我提出了导致野生大熊猫种群内部"偏雌扩散"现象出现的"食物竞争假说"。

　　野生大熊猫目前被分割为 20 多个局域种群，多数局域种群内大熊猫个体数量少，生境破碎化严重，单靠各种就地保护措施并不足以维系种群的长期续存。在这种情况下，有必要采取人工干预措施以促进孤立野生大熊猫小种群的复壮。2002 年，我首次通过 Vortex 模型就圈养大熊猫放归对野生大熊猫小种群复壮作用进行了探讨，并比较了不同放归方式的效果；2006 年，就我国圈养大熊猫野化放归的条件与时机进行了全面、综合分析；2015 年，就栗子坪自然保护区生态适应圈内待放归大熊猫张想与该地野生大熊猫进行了系统比较，发现张想在食性、觅食对策与空间利用等方面表现出明显不同的行为模式。由此，该适应圈可能并没有达到使待放归大熊猫张想预先适应该地生态环境的目的。

　　小熊猫是现今食肉目动物中另一引人注目的动物，以竹为生，与大熊猫同域分布于川西高山峡谷中。通过在蜂桶寨自然保护区给野生小熊猫佩戴无线电颈圈，发现了该物种在食性、移动、家域利用及日活动节律、季节活动节律等方面的特征，填补了该物种生态生物学资料的诸多空白；发现同域分布的大熊猫、小熊猫具有不同的生境利用模式，两种熊猫在生境利用上的分割源于彼此生理生态需求之不同，而非源自种间竞争所导致的生态调整。

　　将研究目标与大熊猫保护需求紧密衔接是我多年来开展科研工作的一贯追求。因此，许多研究成果对促进野生大熊猫种群的有效保护具有较好的科学价值。关于大熊猫对原始林偏好以及森林采伐影响等的研究成果奠定了当代野生大熊猫就地保护的主要理论基础。关于通过放归圈养大熊猫个体复壮孤立小种群的研究成果促进了我国圈养大熊猫野化放归工程的实施。大熊猫粪便宽径与咬节平均长度之间回归方程关系的建立解决了大熊猫在食笋、叶季节因粪便内缺乏咬节而难以通过传统"咬节法"进行个体区分与数量统计的难题，并在全国第四次大熊猫调查中得到应用。张想与野生大熊猫之间的比较研究成果在"4·20"芦山地震后大相岭大熊猫放归生态适应圈规划与建设中被采纳。此外，多项研究成果在我国大熊猫国家公园边界划定、功能区划分及总体试点方案编制中得到采纳。

　　我已主持国家自然科学基金项目、科技部项目、国家林业局大熊猫国际合作资金项目、教育部新世纪优秀人才支持计划项目等达 20 多项。以第一作者或通信作者在国内外学术期刊发表研究论文近 60 篇，其中 SCI 期刊论文 20 余篇，出版著作 2 部。研究成果被《Nature》《Science Now》《Science Daily》《Reuter》、BBC 及《Washington Post》等海内外媒体广泛报道。现为《American Journal of Life Sciences》《兽类学报》编委，兼任世界自然保护联盟(IUCN)熊类专家组成员及物种生存委员会委员、保护国际保护地项目评审专家、中国兽类学会理事、中国生态学会动物生态专业委员会委员、国家林业局大熊猫保护管理咨询专家、全国第四次大熊猫调查专家技术委员会委员、四川省第二次陆生野生动物调查专家咨询组组长及四川省自然保护区评审委员会委员等。近年来，我荣获四川省科技进步奖(二等奖、三等奖各 1 次)、陕西省科学技术奖(三等奖)、陕西省林业科技奖(一等奖)及四川省第十一届青年科技奖；入选教育部新世纪优秀人才支持计划，并被评为全国"优秀青年动物生态学工作者"。

在写下这些文字的时候，蓦然发现已耳濡目染地感受着先生治学与为人的精神近 20 载。先生治学是勤奋的，姑且不谈十多年前年逾七旬时开展野外调查带领我们翻越海拔4000 多米的高山，而今仍坚持每天上午到办公室查阅文献并笔耕不辍。先生的成就是巨大的，是大熊猫生态学研究最为重要的奠基人，推动了我国野生动物保护事业的蓬勃发展，并为国家培养了一大批现在活跃于自然保护领域的杰出科研人才。

桃李不言，下自成蹊；先生之风，山高水长！

三、黄乘明(南充师范学院 1985 年第二届硕士研究生)

我和我的叶猴研究

我和每一位师兄师弟、师妹一样成为胡老师的弟子，成为"胡家军"的一员是我这一生中最荣幸的事。跟随着胡老师，我走进野生动物生态和保护的行列，在胡老师的教诲下，我的学术道路越来越宽阔。作为中国生态学会动物生态专业委员会秘书长，在每年主办全国野生动物生态与资源学术研讨会的过程中，我更有条件感受到胡老师的人格魅力。胡老师不仅为中国野生动物生态和保护培养出一大批人才，同时也为这个事业做出了巨大贡献。近九十岁高龄的先生，依然与弟子们切磋交流；依然站在野生动物生态和保护的第一线，让我们肃然起敬，正如 2016 年学校七十周年校庆大会上师兄弟说的，"先生不是父亲，胜似父亲"；先生的光辉形象"高山仰止"。

今天的先生依然思维敏捷、身体健康、耳聪目明，先生每天坚持锻炼，值得我们各位师兄、师弟和师妹学习。

(一)我与胡老师的缘分

我是胡老师的第二届硕士研究生，之所以选择胡老师是因为我的大学动物学教师张玉霞教授是胡老师在北京师范大学研究生班的同学。张老师是我最喜欢的大学老师之一，上课时经常提到我国的大熊猫和大熊猫研究，以及胡老师在中国大熊猫研究中的贡献。从那时起，胡老师的名字如雷贯耳，胡老师的研究和他在野外开展大熊猫研究的形象便在我的脑海里留下了深刻的印象。

大学毕业两年之后，经过充分的文化课准备，在张玉霞老师的推荐下，我参加了 1985 年的硕士研究生入学考试，成了胡老师门下的一名弟子。在还没有正式入学的暑假期间，我提前来到了南充，见到了恩师，参加了胡老师主持的唐家河大熊猫调查。一转眼，那是32 年前的事了，但是很多细节还历历在目。

当时的交通远不如现在发达，从广西桂林到四川南充没有直达车，要经过好多次换乘才能到达。广西的柳州是去往西南的火车中转站，所以，从桂林到柳州不到 200 公里，就得转往柳州至贵阳的火车，到了贵阳要换贵阳至成都的火车，最后再乘成都到南充的公共汽车。火车都是慢车，几乎站站停，柳州到贵阳，虽不过 600 公里的距离，但得跑上十几个小时。还好可以买通票，到了中转站，下一辆火车什么时间出发只能临时到车站售票窗口转签。长途火车上，一会有人下，一会有人上，一拨一拨地换人，于是到终点站旅客越来越多。都记不住到成都是什么时候了，两天两夜的时间人都是晕的。那时候从成都到南充的大巴要开行 12 个小时，想想现在动车才 2 个小时，怎么能比呀！好不容易搭上成都到南充的大巴，摇摇晃晃，晕乎乎地到了南充，从来没有过这么长的旅行，一下车就吐了，吐到肚子里都没东西可吐了，我至今记忆犹新。此后，我就再也不晕车了，"钢铁"就是这样练出来的。

第一次跟随胡老师到唐家河保护区调查大熊猫，心里特别兴奋。我们的调查队由四川省林业厅的李建国和 84 级研究生葛桃安担任队长，在唐家河的毛香坝、水池坪、白熊坪、小弯河、红石河、摩天岭进行调查。后来的水池坪成为葛桃安研究唐家河保护区羚牛的研究基地。

每个小分队有 4 人或 5 人，每天早出晚归，一会儿爬山，一会儿在河沟里穿行。第一天外出就总想着能见到大熊猫，结果爬了一天的山，下山时大家累得脚都发软，不听使唤了，最后连大熊猫的粪便都没见到。路上偶尔看到一些箭竹群和枯死的箭竹，据师兄们说，这些箭竹幼苗是新长出来的，有些只有一年龄，有些有二年龄。于是，我就特别在意，经过箭竹群时测量并统计了一年生、二年生的箭竹的情况，调查结束后，在师兄们的鼓励下，我把这些数据进行了整理，发表在西华师范大学学报上，这是我第一次写科研论文，发表出来后，心里特别高兴。

唐家河保护区的山体很大，行走在保护区里，周围静悄悄的，寂静得可怕。我一边走，一边想，要是以后我一个人出来做硕士论文该怎么办？随后的第二天、第三天的考察，我慢慢觉得不那么可怕了。第二年，也就是 1986 年，我在卧龙保护区做硕士论文，一个人在野外工作时并未再感到害怕，就是在唐家河这次调查中锻炼出来的。

跟着胡老师爬山还有一个更大的收获。刚到唐家河保护区，我还是 26 岁的小伙子，自认为身体好，体力好，总想冲在第一个。结果，跑快了一段，很快就累了，只好休息，歇一会才能恢复体力。这样跑一段，歇一段，休息的频率越来越高，人越来越累。而胡老师总是不慌不忙地走着，从来不歇息。最后，胡老师告诉我们爬山应慢慢走，可以不歇息，体力消耗小，能走更长的时间，更远的路。

记得在唐家河保护区调查的最后一天，是胡老师带着我们沿着小弯河爬到摩天岭。一路上，胡老师给我们讲述了这条古道的历史，让我第一次感受了胡老师渊博的历史知识。这是一条三国时代的古道，三国演义中魏国的邓艾将军就是从这条古道进入四川，最后消灭了蜀国。胡老师还带着我们走到了摩天岭的顶点——四川的唐家河保护区与甘肃白水江保护区的交界处，指着远方告诉我们那里是白水江保护区，我们处在两省交界。甘肃之所以有大熊猫分布，就是因为白水江保护区地处摩天岭的另一侧，故甘肃有幸成为中国仅有的大熊猫分布的三个省份之一。

再次回到唐家河自然保护区，回味这一切已经是时隔 26 年后的 2011 年。保护区经历了汶川大地震的破坏，县里有一些村被倒下的山体夷为平地，全村人几乎被埋在几十米深的地下。为了纪念在地震中逝去的人们，政府在当地建立了地震博物馆。当年跟着我们一块爬山的保护区小伙子，如今已经成为保护区管理局局长。

　　（二）我和叶猴研究

　　叶猴是一类以树叶为主要食物的灵长类动物，是我和我的团队研究的对象。

　　1988 年 7 月，硕士研究生毕业后，我回到了广西师范大学生物系。研究生期间以大熊猫为研究对象开展生态学的研究，回到广西就没有大熊猫了。于是，我面临着一次重要的选择，回到广西我该做什么研究？我整整徘徊了两年。在这两年里，我到学校附近的田野里观察过鸟类的群落多样性，记录留鸟、夏候鸟和冬候鸟的数量和种类组成，分析它们的区系，将观察记录整理总结发表在广西师范大学学报上。虽然这样的研究不需要项目和经费的资助，但是并没有太大的特色，也很难作为今后研究和发展的方向。

　　在胡老师的建议下，我开始关注广西特有的动物状况。在重庆没有划为直辖市之前，广西的生物多样性位于全国的第三位，拥有很多的珍稀特有动物种类，于是，我在这些特有动物中进行选择，寻找自己研究的对象和研究方向。

　　我第一次申报国家基金是硕士毕业后的第三年，即 1991 年，当时国家基金的资助仅有几万元，当然几万元在当时也是很多的，我们的工资收入才不足百元。申报的题目是《广西灵长类的研究》，现在看起来很幼稚，很空洞，其结果也可想而知。但是，方向是正确的。所以第二年我把范围缩小，把研究内容具体化，将题目改为《广西白头叶猴的生态学研究》，这一次一下子就获得了资助。当时在学校里引起了不小的轰动，也从此确定了我这一生的研究对象和研究方向。

　　到现在，我共主持了国家基金 7 项，参与国家基金项目 5 项，指导团队其他成员获国家基金 10 项，主持和参与国家林业局和广西林业厅、教育部、教育厅、自然保护区的项目多达 67 项，这奠定了我和我的团队的研究方向。同时，我也成为国家林业局和广西林业厅野生动物的专家。

　　2007 年，我被调到中国科学院动物研究所主持《国家动物博物馆》的设计、布展施工和开馆运行，又成为动物知识科普的专家。我也担任重庆自然博物馆、浙江自然博物馆、北京自然博物馆、天津自然博物馆等多家自然博物馆的布展咨询专家，也是多家重点实验室的学术委员会委员，多家自然博物馆的学术委员会委员。

　　广西的白头叶猴在全世界范围内只分布在广西南部面积不足 200 平方米的喀斯特石山地区，种群数量不足 1000 只，种群数量、分布和栖息地类型都很有特色，毫无疑问，这是广西野生动物保护的一张动物名片。包括白头叶猴在内的所有叶猴类动物均属于国家一级重点保护野生动物。

　　1. 叶猴的分类地位和系统演化

　　叶猴又称为 langur and leaf eater，属于灵长目猴科疣猴亚科，是叶食性灵长类的总称。形态结构上，特别是消化系统结构上，疣猴类灵长类有着与众不同之处，其牙齿可切割树叶，齿峰锐利；胃的结构膨大，为多室，其中一个室富集分解纤维素的细菌；盲肠大而长。这些特征是典型的植食性动物的特征。

分类上，疣猴亚科共有 9 个属 78 个种，其中非洲有疣猴属和红疣猴属，分别有 5 个种和 18 个种；亚洲疣猴有 7 个属 55 种，分别是叶猴属（*Presbytis*）17 种、长尾叶猴属（*Semnopithecus*）8 个种、乌叶猴属（*Trachypithecus*）20 个种、长鼻猴属（*Nasalis*）1 个种、白臀叶猴属（*Pygathrix*）3 种、仰鼻猴属（*Rhinopithecus*）5 个种和臀尾叶猴属（*Simias*）1 个种。疣猴亚科的种类起源于非洲，一部分滞留在非洲森林演化为现存的两个属，大部分疣猴亚科扩散至东南亚地区，在系统演化中获得了强烈的适应辐射，形成了 7 个属，沿着山脉和水系向北扩散，最北抵达中国重庆市金佛山地区，最北的种类为黑叶猴（表 6-1）。

表 6-1　疣猴亚科灵长类的分类和分布

疣猴分类	属	种组	种数
非洲疣猴	疣猴属（*Colobus*）		5 种
	红疣猴属（*Piliocolobus*）		18 种
亚洲疣猴	叶猴属（*Presbytis*）		17 种
	长尾叶猴属（*Semnopithecus*）		8 种
	乌叶猴属（*Trachypithecus*）	银色乌叶猴种组	6 种
		暗色叶猴种组	4 种
		黑叶猴种组	7 种
		戴帽叶猴种组	3 种
	长鼻猴属（*Nasalis*）		1 种
	白臀叶猴属（*Pygathrix*）		3 种
	仰鼻猴属（*Rhinopithecus*）		5 种
	臀尾叶猴属（*Simias*）		1 种

疣猴亚科中种类最多的当属乌叶猴属，依据亲缘关系划分为 4 个种组，分别是银色乌叶猴种组（包括 6 个种）、暗色叶猴种组（包括 4 个种）、黑叶猴种组（包括 7 个种）、戴帽叶猴种组（包括 3 个种）。

乌叶猴属的黑叶猴种组的 7 个种形成于上新世晚期，且是亲缘关系很近的异域分布物种。该类群的所有物种的毛色都很有特点，通体大部分是黑色，头部、臀部或尾部有不同程度的白色或金黄色。根据遗传和行为生态数据分析，黑叶猴种组分为北部族，包括黑叶猴（*T. francoisi*）、白头叶猴（*T. leucocephalus*）、金头叶猴（*T. poliocephalus*）；中部族，包括德氏叶猴（*T. delacouri*）；南部族，包括越南乌叶猴（*T. hatinhensis*）、老挝乌叶猴（*T.laotum*）和印支黑叶猴（*T. ebenus*）。可以看出，黑叶猴种组是乌叶猴属中扩散能力最强、分布最北的类群（图 6-1）。

图 6-1　黑叶猴(喀斯特石山叶猴之一，是叶猴分布纬度最高的种类)

除黑叶猴之外，该类群中的大多数种类均分布在极小的范围内。由于该类群物种分布的纬度不同(25°30′～17°10′N)，只有分布在中国重庆金佛山的黑叶猴的栖息环境属于亚热带湿润气候带，其余均生活在环境略有差异的热带潮湿气候带中。

此外，一个非常有意思的现象就是乌叶猴属的其他物种如银叶猴(*T.cristatus*)、暗色叶猴(*T. obscurus*)和戴帽叶猴(*T. pileatus*)，以及其他的亚洲疣猴通常都分布在热带雨林栖息地，只有黑叶猴组的 7 个物种分布在喀斯特石山环境，并适应了石山特殊的自然条件。黑叶猴组物种夜间栖息于石洞里或悬崖的平台上，故通常又把黑叶猴组的灵长类称为喀斯特石山灵长类或石山灵长类。系统演化显示，当黑叶猴组的祖先一路向北扩散时遇到了当地的喀斯特石山环境，在克服各种生存挑战后，成功适应了这样的环境，这个结果再次说明了乌叶猴属的黑叶猴组类群具有较强的适应能力和扩散能力，同时每个种的分布范围狭窄说明了物种形成的高度特异性。

2. 白头叶猴和黑叶猴适应喀斯特石山的对策

喀斯特石山环境(图 6-2)与东南亚雨林环境在温度、湿度、地质地貌、水文、土壤和植被方面均有着极大的差别。要适应这样的特殊环境，喀斯特石山叶猴需要有特殊的适应对策。

喀斯特石山环境地貌的植被，尤其与亚洲特殊的物种和高度特化的多样性有着密切关系。喀斯特石山环境地貌是一种非常特殊的地形，水流系统包括通透性很强和高可溶性的石灰岩。喀斯特地貌覆盖约 11% 的地球表面，如果包括地下水文系统，其面积超过地球面积的 14%。典型的喀斯特地貌为塔状形态，包括峭壁(60°～90°)，高度为 100～200 米的悬崖，各种哨壁和悬崖构成了一个个陆上石灰岩岛屿。喀斯特地貌的微气候条件变化很大且条块化，其土壤通常很薄、碱性大，除了大量钙和镁元素外，其他元素极其缺乏。在喀斯特石山环境中，雨水很快会顺着石缝流到地下成为地下水，因此导致地表缺水，但地下水丰富，地下水长期储存在地下、凉爽的岩洞里。喀斯特石山环境的植被结构和组成上也与其他环境的森林植被有着很大的区别，其根系十分发达，顺着石缝钻到地下吸收水分，其叶片可能含有次生有毒物质，以阻止被采食。

图 6-2　喀斯特石山环境(石山群与被开垦的山间平地)

一些类群似乎完全适应了喀斯特环境,要么嗜钙性,要么只在喀斯特石山生存,甚至只生活在某些洞穴,而另一些类群的形成和分化则是由于复杂和高度多样性的石山环境(如大量的悬崖和洞穴)中形成的异域分布而导致。如高度同域分布的几种蛤蚧(*Cyrtodactylus*)共同生活在一个洞穴里,但它们却占据着洞穴中不同的生态位。已有研究表明,因喀斯特石山环境拥有洞穴以及高度异质性和多样化的微环境气候,因而也可能成为冰期的物种避难所。

中国南部和东南亚的石山环境是地球上面积最大的喀斯特地貌,其形成的时间可追溯到寒武纪到第四纪。大面积的喀斯特地貌延伸覆盖了中国和越南边境地区,包括广西、广东西部、贵州南部、云南西南部和越南北部,成为世界上最大面积的纯碳酸盐基质的喀斯特地貌,并被认为是最典型的喀斯特石山环境的研究区域。

3. 白头叶猴和黑叶猴对喀斯特石山环境的适应对策

针对喀斯特石山环境的特点,白头叶猴和黑叶猴形成了一系列适应的生态习性、行为和生理的对策。这是动物适应环境最好的研究对象和研究结果。

(1)白头叶猴对水分的适应对策。喀斯特石山环境最大的一个特点就是严重缺少地表水。尽管当地的年均降水量大约为 2000 毫米,但是大量的雨水顺着石缝快速流到地下,形成发达的地下水系,加之石山表面土壤稀薄,几乎存不住水。因此,白头叶猴解决水分需求的方式当然不可能是直接饮用地表水,而是采用类似于沙漠动物适应沙漠环境的水分代谢方式适应这种局部严重缺水的喀斯特石山环境。对笼养状态下白头叶猴食物和食物含水量的测量分析表明,白头叶猴夏天需要采食 659 克的树叶,能从食物中获得 731 毫升的水分,冬天采食 749 克食物。笼舍中设置了水龙头,白头叶猴每天通过水龙头饮水 187.6 毫升(图 6-3)。野外跟踪观察研究发现,白头叶猴采取早出晚归的策略,清晨天不亮就离开过夜的石洞(图 6-4),爬到林子里的树冠层上,大量采食带有露水的嫩叶、嫩芽和嫩枝,以获得丰富的水分。

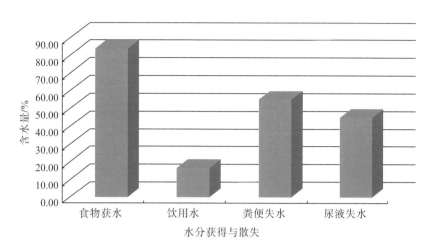

图 6-3　白头叶猴的水分代谢

图 6-4　生活在喀斯特石山环境的白头叶猴

　　到了深秋，嫩叶、嫩芽变成了老叶，空气中的湿度很低了，早上的树叶上也少了露水。此时的白头叶猴常常会冒着极大的风险下到石山群周边村庄的水坑喝水。现在，保护区管理部门在山上设置了水盆，以吸引白头叶猴到此喝水。

　　(2)白头叶猴的食物选择和食谱。白头叶猴的栖息地中，共分布有植物 213 种。据不完全统计，白头叶猴在一年四季中采食的 42 种植物包括植物的树叶、嫩枝条、花和果实等部分，采食种类占栖息地植物种类的19.71%。白头叶猴在不同的季节采食不同的食物或不同的食物部位，这与植物的物候有密切的关系，即不同的季节白头叶猴栖息地可提供的食物或食物的部位不同，另外，还与不同气候白头叶猴所需的食物有关。

　　白头叶猴的食物选择受到栖息地食物资源量与植物资源量的影响。在白头叶猴栖息地，白头叶猴选择的食物树种与栖息地植物的生物量有密切关系，这与植物所含的营养物质有密切的联系。从食物量的角度，白头叶猴在选择食物的过程中，通过采用选择食物量大、资源量大的食物的对策，节约在食物选择上花费的能量和时间。

在白头叶猴所选择的食物中，乔木植物有18种，占42.8%；灌木植物有11种，占26.1%；藤本植物有9种，占21.5%；草本植物有4种，占9.6%。

白头叶猴的食物选择系数由食物物种在食物密度的排列序位和白头叶猴对该食物的喜好序位所决定，白头叶猴对食物的选择系数等于食物的密度排列序位与食物的喜好序位缩小10倍。结果表明，食物的选择系数越小，食物排序在越前面，即选择系数越小，白头叶猴对该食物的选择机会越大。

黑叶猴采食90种植物，其中树叶占52.8%，果实和种子分别占17.2%和4.2%，但是10种植物占食谱的62.2%，其中只有2种食物的资源量位于栖息地植被的前十位，说明黑叶猴还不是简单地选择食物量大的植物作为食物。

（3）白头叶猴的栖息地选择和利用。喀斯特石山从垂直方向可以大致划分为山间平地（图6-2）、坡积裙、石山悬崖和山顶四部分，其中白头叶猴和大部分黑叶猴的栖息地中的山间平地被开垦为农耕地，种上庄稼，石山的坡积裙坡度小、土壤丰富、含水量高，生长着丰富的植被，是白头叶猴和黑叶猴觅食和休息的主要场所；而石山的悬崖峭壁上有很多天然石洞，一部分位于悬崖峭壁上部的石洞或平台，被石山叶猴选择为夜宿场所，石山叶猴长期使用的洞口和平台下方有大量的排泄物，成为石山叶猴的"门牌标志"（图6-5），黑叶猴同样也利用悬崖峭壁上的石洞或平台作为过夜的地点；石山的山顶极度缺少土壤和水分，植物也很稀疏，石山叶猴遇到危险时常常爬到山顶躲避。在人为干扰程度不同的栖息地，白头叶猴和黑叶猴对垂直栖息地片层的利用率还不同：人为干扰小，则猴群趋向于多利用坡积裙；人为干扰大，猴群更多利用山腰部分和山顶。

图6-5   石山叶猴的夜宿石洞和平台（下方很多排泄物）

（4）白头叶猴的运动方式。灵长类的运动方式大体划分为臂荡型、树上四足运动型、地面四足运动型、跳跃型和双足直立型。肢间系数是反映灵长类动物运动方式的指标，通过前肢和后肢的比例乘以 100%计算得到。其中，臂荡型肢间系数大于 100%，树上四足运动型、地面四足运动型和跳跃型的肢间系数居中，双足直立型的肢间系数最小。换言之，臂荡型的长臂猿上肢最长，下肢较短；双足直立型的人类上肢最短，下肢相对最长；而其余的灵长类肢间系数居中。

白头叶猴和黑叶猴等叶猴从运动方式上划分属于树上四足运动型、地面四足运动型和跳跃型，因此其肢间系数约为 76%，符合预期的类型，但是长期适应喀斯特石山环境的石山叶猴还形成了一种特殊的运动类型——攀爬悬崖，并占运动时间分配的 23%，这种运动方式需要前肢强有力的肌肉和骨骼系统的支持，这种适应是否在骨骼系统上产生适应性进化特征还有待于进一步的研究。

四、郭延蜀（南充师范学院 1985 年第二届硕士研究生）

四川铁布自然保护区四川梅花鹿的生境、生物学及其种群生态研究概述

我是南充师范学院 77 级本科生，怀揣着梦想，我于本科毕业后考上中国科学院植物研究所的硕士研究生，然而由于某些原因，后来调剂到南充师范学院跟随胡锦矗先生从事野生动物保护与动物地理生物学研究。胡老先生平易近人，待人真诚，博学多思，并且不吝赐教，是位很让人尊敬的良师。读研期间我深受先生教诲，受益颇多，对先生很是感激。我也不辜负胡先生教导，努力进取，表现优异，在先生的帮助下于研究生毕业后留校从事梅花鹿研究。再次感谢胡先生的帮助与悉心教导。

我国梅花鹿资源丰富而独特，具备探讨许多重大保护问题的基础条件，这也是我坚定研究方向的原因所在。目前，我所开展的主要工作包括九个方面。

（一）四川梅花鹿的生境

1. 栖息地的生态特征

四川梅花鹿主要栖息于海拔 2400～3850 米的针阔混交林，针叶林，次生落叶阔叶林，亚高山、高山灌丛草甸和林间灌丛草甸。它们对栖息地坡度的选择为10°～30°，过陡的山坡对四川梅花鹿的活动不便，而坡度较小的山麓地带多被开垦为农田，人类活动频繁，对其干扰很大。四川梅花鹿对栖息地坡向的选择不明显，只要有适当的植被组合配置及水源，无论在阴坡或阳坡均有较多的活动。

食物基地（灌丛草甸）、隐蔽地（针阔混交林、针叶林、次生落叶阔叶林、沙棘灌丛）、水源（小溪、山泉、山顶凹地积水）是四川梅花鹿生境组成的三要素。野外调查时我们注意到，分布区中有的草甸面积在 2 平方公里以上，虽然食物很丰富，但由于离隐蔽地和饮水地点太远，而没有任何四川梅花鹿活动的痕迹；有的山脊附近，虽然有很好的隐蔽地、丰富的食物，但缺乏水源，也不见它们活动的踪迹。我们对 6 个聚集群生境中各组成要素之

间的距离分别进行了观察测量,测量数据显示出四川梅花鹿典型生境中各要素之间的配置关系如图 6-6 所示。

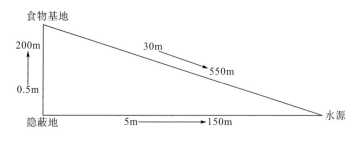

图 6-6 四川梅花鹿生境配置示意图

2. 生境的类型及对生境的选择

四川梅花鹿的生境可划分为五种类型。

(1)云杉、冷杉林-灌丛草甸-山顶凹地积水、山泉,分布于海拔 3100~3900 米;隐蔽地是阴坡的冷杉、云杉、箭竹等组成的原始针叶林;食物基地是山脊和阳坡的灌丛草甸;饮水地是山泉和山顶的凹地积水。

(2)云杉林、白桦林、山杨林-灌丛草甸-小溪、山泉,阴坡,海拔 2750~3200 米;隐蔽地是由云杉、青杆、箭竹组成的针叶林和由白桦、红桦、山杨组成的次生落叶阔叶林;食物基地是林间灌丛草甸或落叶林林缘;饮水地是小溪或山泉。

(3)油松林-灌丛草甸-农耕地-小溪,阴坡、阳坡的局部地段,海拔 2450~2750 米;隐蔽地是由油松、刺柏、箭竹等组成的针叶林;食物基地是林外的灌丛草地和农耕地;饮水地是小溪。

(4)白桦林、山杨林-灌丛草甸、农耕地-小溪、山泉,阴坡,海拔 2550~3300 米,阳坡的局部地段;隐蔽地是由白桦、红桦、山杨组成的次生落叶阔叶林;食物基地是林间灌丛草甸、落叶林林缘和农耕地;饮水地是小溪或山泉。

(5)沙棘灌丛-灌丛草甸-农耕地-小溪,隐蔽地是由沙棘组成的高灌丛;食物基地是灌丛草甸和农耕地;饮水地是小溪或山泉。

四川梅花鹿对五种生境类型的选择顺序是(2)、(4)、(1)、(5)、(3)。

(二)四川梅花鹿的社群结构和家域

1. 社群结构

根据野外观察,四川梅花鹿的社群可划分为五群。

(1)族群。由 1 只或 2 只年长的雌鹿统辖着 1~14 只成年子代雌鹿和一些亚成体及幼仔组成的大家族。族群的成员共同占据一个较固定的家域。最小的族群由 2 只鹿组成,最大的为 28 只。

(2)繁殖群。发情交配期,雄鹿通过角斗占有族群,形成繁殖群,并以此形式度过冬天，第 2 年 4、5 月解散。小的繁殖群仅 1 只雄鹿，大的繁殖群除 1 只主雄外，还有 1～3 只后备次雄。

（3）聚集群。9 月底至翌年 3 月，两个及以上的繁殖群聚集在一起所形成的群体为聚集群。同一聚集群中的繁殖群之间没有紧密的关系，时聚时散，但有相互重叠的较固定的活动范围。在正常情况下，不同聚集群间的活动范围不重叠。野外见到的最大聚集群有 86 只鹿，由 4 个繁殖群聚集形成。

（4）雄鹿群。由 2～4 只成年雄鹿、亚成体或两者混合组成的松散群体为雄鹿群，多见于 7～8 月。

（5）单雄。成体或亚成体雄鹿离群单独活动。每只成年雄鹿都有自己的家域，其家域与其在繁殖期所占有的族群家域是重叠的。亚成体雄鹿处于流浪期，没有固定的家域。

族群在产仔季节分散成核心群（由头鹿、1～10 只成年子代雌鹿和一些亚成体组成；产仔后期，由于有些母仔群返回，群中可出现幼仔）、母仔群（包括 1 只成年雌鹿、1～2 只幼仔或再加上 1 只亚成体）和单雌个体（成体或亚成体雌鹿离群在族群的家域内单独活动）。

4 月，天气转暖，食物基地开始扩大，雄鹿换茸季节到来，繁殖群逐渐解体为单雄和族群。5～7 月是产仔季节，这时临产孕鹿离开族群，母仔群数量日益增多，族群分散成核心群、母仔群和单雌。此时雄鹿新茸刚长出还没有骨化，行动特别小心，多单独活动。8 月，食物最丰盛，雄鹿茸已骨化，这时可见到雄鹿群、单雄，以及核心群、母仔群、单雌的族群。9～11 月，鹿发情交配，单雌和母仔群数量锐减，核心群增大，雄鹿通过角斗占有族群，形成繁殖群；繁殖群中的雄鹿可以是去年的原主或后备次雄，也可能是新来个体；繁殖群外还能见到独居的雄鹿；有个别母仔群由于雄鹿的进入而不再返回原族群，它们将发展成新的族群。冬季，食物基地面积减小，在食物丰富处，几个繁殖群不时相遇，形成松散的聚集群。

2. 家域

族群中的雌鹿终身留居在世继的家域内，雄鹿 2～3 岁时则被头鹿从族群中赶出，经过流浪期后，才建起自己的家域。族群的家域面积一般为 1.86～6.58 平方公里，雄鹿的家域面积为 2.69～4.85 平方公里。族群与雄鹿的家域往往是相互重叠的。族群家域面积的大小，不仅与栖息地内的食物状况有关，还与鹿群大小有关。

（三）四川梅花鹿的采食行为和食物组成

1. 采食时间

四川梅花鹿采食多在晨昏和午夜进行，三个采食的高峰时段分别是 18:00～20:00、1:00～3:00 和 6:00～8:00，采食的低谷出现在 22:00～23:30、4:00～5:00 和 10:30～15:00；下午开始采食的时间在冬季早于春季和秋季，而夏季最晚；上午结束采食进林休息的时间是冬季晚于春季和秋季，夏季最早。此外，根据野外观察，四川梅花鹿采食的时间还受到人类活动、天气状况的影响。在人类活动频繁的区段，下午开始采食和上午进林休息的时间各推迟和提前约两个小时,而夜间采食活动却有所延长,这在春季和夏季表现特别明显。阴雨天,采食时间上午可延至 11:00,而下午可提前到 2:30,在 21:30~4:30 停止采食。遇大雨、雪时,梅花鹿停止采食活动。夏季雨停后,就可观察到有梅花鹿在进行采食活动。但冬季大雪后,梅花鹿多在 9:30~15:30 进行采食。

2. 采食行为

四川梅花鹿终年在其家域内游荡,日行走距离为 0.5~1.5 公里。在游荡中,它们常滞留在食物丰富、人类干扰小的区域。春季河谷灌丛草甸的植物最先恢复生长,而冬末春初境内食物最为贫乏,为了获得食物,鹿群多由高海拔处向河谷、山麓移动,甚至进入农耕地;夏季由于食物丰富且分布均匀,加之此时正值雌鹿产仔、雄鹿换茸期,鹿群小而分散,山地灌丛草甸、林间灌丛草甸、亚高山灌丛草甸、河谷灌丛草甸、林缘的农耕地中都能见到它们采食的身影;秋季,鹿群的食物基地主要是亚高山灌丛草甸、山地灌丛草甸和林间灌丛草甸;冬季,海拔 2800 米以下食物贫乏,人畜干扰大,因此山体中上部能避风雪的林间灌丛草甸是梅花鹿最好的食物基地,其次为林缘的亚高山灌丛草甸和山地灌丛草甸。四川梅花鹿日采食路线规律性较强,黄昏时分鹿群由隐蔽地缓慢地移向较开阔的灌丛草甸或农耕地,黎明时又由灌丛草甸或农耕地返回隐蔽地。鹿群采食时,年长的雌鹿保持着很高的警惕性,一有异常发生,立即用鸣声报警,而其他梅花鹿闻警停止采食,抬头观望,一旦头鹿开跑,鹿群也随之逃向隐蔽地;如头鹿解除警报,开始采食,其他梅花鹿也随之继续进食。食物丰富时,四川梅花鹿在其食物基地里常常是缓缓移动,有选择地边走边吃;而冬季雪后,却常见它们饥不择食地啃食乔木、灌木的老枝和树皮,甚至用前蹄扒开地上的覆雪采食下边的枯草桩。

四川梅花鹿下颌有切齿,配合上唇的齿龈组成主要的采食结构。采食时,下颌的切齿和上唇的齿龈咬住植物的叶和茎,配合头部略前伸和向上的动作将食物切断并摄入口中。在采食乔木、灌木的叶和高草时,舌可伸出口腔帮助采食。采食 2 米以上的植株时,可见其前肢抬起,头颈伸长,仅后肢着地,将嫩枝叶衔入口中截断。初春,蚕豆下种后,还可见它们在农耕地里用前蹄扒开覆土采食蚕豆种子。它们的跳跃能力很强,能轻松地跳过1.7 米高的围栏,进入农耕地盗食农作物。

3. 食物组成及对食物的选择

四川梅花鹿一年四季主要以木本植物的芽、枝梢、嫩枝叶、花及花序、果,草本植物的茎叶、花和果实为食;采食的植物种类共计 212 种,其中乔木 13 种、灌木 65 种、草本植物 134 种,采食植物的种数约占栖息地植物总数的 24%;杨柳科、桦木科、蓼科、小檗科、蔷薇科、豆科、胡秃子科、忍冬科、菊科、禾本科、莎草科的植物是其食物的主要来源,这 11 科食物的总数占采食植物总数的 67%。

根据野外观察及对采食植物的采食频率和资源量的统计,将其采食的植物分为三类:大宗食物、应急食物、偶食食物。前两类植物共计 133 种,偶食植物约 79 种。

4. 水和特殊食物

通过野外观察，四川梅花鹿所需水的来源有河流、小溪、山泉的自由水，以及植物体上的露水、多汁植物含有的水分。10 月至次年 4 月，河流、小溪、山泉的自由水是梅花鹿唯一的饮用水源，此时它们几乎每天都要饮水。5～9 月，河流、小溪、山泉的自由水乃是梅花鹿重要的水源，但这时梅花鹿饮水的次数与其所利用的食物基地有关，阳坡山地灌丛草甸中的梅花鹿几乎每天都要饮水；而亚高山灌丛草甸和林间灌丛草甸植物体内含有较高的水分，清晨植物体上的露水也很多，在其中采食的梅花鹿一般 2～3 天才饮水一次。四川梅花鹿饮水多在夜间和晨昏进行，饮水地点随食物基地的改变而有较大的变化。

10 月至次年 4 月，四川梅花鹿还有舔土的习性，舔土的地点多在海拔 2700～3000 米这一范围内的一些土坎下面。由于经常舔食，在这些土坎下部形成了很多大小不等的小凹坑。舔土多在晨昏进行。体况消瘦的鹿舔土的次数远多于体况肥壮的鹿。

(四)四川梅花鹿的昼夜活动节律

1. 昼夜活动节律

将不同季节四川梅花鹿的昼夜活动资料以小时统计，综合绘制成图 6-7，可见其日活动有 3 个明显的高峰，分别出现在晨昏和午夜，白昼以休息反刍为主。四川梅花鹿的昼夜活动规律性较强，黄昏时分，陆续离开隐蔽地移向食物基地和水源，此后出现第一个活动高峰；午夜时分，在食物基地和水源地附近出现第二个活动高峰；黎明前，鹿一边采食一边缓慢地由食物基地和水源地返回隐蔽地，此时也就出现了第三个活动高峰，这个高峰持续时间约为 1～2 小时。夜间活动的两个低谷分别出现在 23:00～0:00 和 4:00 左右；白昼的低谷主要出现在 10:00～15:00。

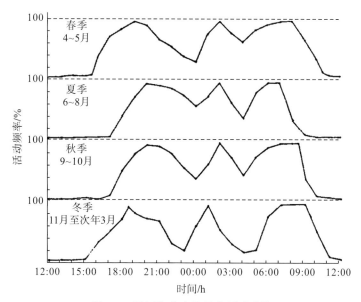

图 6-7　四川梅花鹿的昼夜活动节律

　　四川梅花鹿昼夜活动节律的季节差异较明显。从图 6-7 可知，下午开始活动的时间在冬季(15:00)早于春季(15:30)和秋季(16:00)，而夏季(17:00)最晚。上午开始进林休息反刍的时间在冬季(9:00)晚于春季(8:00)和秋季(8:30)，夏季(7:00)最早。第一个活动高峰：冬季出现在 18:30 左右，春季比冬季约晚半个小时，夏季和秋季出现在 20:00 左右。午夜时分的第二个活动高峰：冬季早于其他各季约 1 小时，出现在 1:00 左右。第三个活动高峰：春季为 7:00～8:00，夏季为 6:00～7:00，秋季和冬季分别为 7:00～8:30 和 7:00～9:00。四川梅花鹿白昼休息反刍的时间：夏季约从 9:00 一直持续到 17:00，而冬季从 11:00 开始仅持续到 15:00 左右。夜间的第一个活动低谷：冬季也早于其他各季约 1 小时。

　　2. 时间分配

　　对野外观察数据的统计显示：四川梅花鹿平均每天约有 52.07%的时间在活动，其中白昼活动仅占 5.28 %，晨昏和夜晚的活动占 46.79 %；每昼夜休息反刍的时间为 47.93%，其中白昼休息反刍的时间为 29.72%，晨昏和夜晚休息反刍的时间占 18.21%。

　　春季，梅花鹿活动时间最长(57.40%)，其中采食活动占 33.26%，移动(行走、小跑、奔跑)占 17.15%，其他活动(排粪、排尿、修饰、标记、嬉戏、争斗、追逐、饮水等)占 6.99%。白昼(9:00～17:00) 休息反刍的时间占 26.71%，而各种活动的时间占 6.62%；晨昏和夜晚活动的时间占 50.78%，休息反刍的时间占 15.89%。

　　夏季，四川梅花鹿活动时间最短(48.28%)，其中采食、移动和其他活动分别为 27.35%、15.12%和 5.81%。白昼(8:00～18:00) 休息反刍的时间占 37.65%，各种活动的时间仅占 3.02%；晨昏和夜晚活动的时间占 45.26%，休息反刍的时间占 14.07 %。

　　秋季，梅花鹿采食活动和移动的时间分别减少为 23.61%和 9.82%，为全年最低，包括性行为的其他活动的时间占 18.72 %。白昼(9:00～17:00)活动的时间占 3.61 %，休息反刍的时间占 27.74%；晨昏和夜晚活动的时间占 48.54%，休息反刍的时间占 20.11%。

　　冬季，梅花鹿采食活动的时间占 33.49%，为全年最高，移动和其他活动的时间分别为 11.23%和 5.74 %。全天的活动时间为 50.46%，其中白昼(9:00～17:00)活动的时间占 8.54 %，休息反刍的时间占 24.78%；晨昏和夜晚休息反刍的时间占 24.76 %，而活动的时间占 41.92%。

　　四川梅花鹿各类活动的昼夜时间分配随着繁殖周期和食物资源季节性的改变而变化。影响昼夜时间分配比例的因素为：梅花鹿的年龄、性别、繁殖状态、食物资源、天气状况、人为干扰等。我们在野外曾观察到一只约 13 岁的老年雄鹿在秋末冬初一天卧息的时间比例高达 87.26%。食物资源通过影响移动和采食时间引起梅花鹿昼夜活动时间分配的改变。早春河谷灌丛草甸的植物最先恢复生长，而冬末春初境内食物最为贫乏，为了获得食物，鹿群黄昏和夜间由高海拔处的隐蔽地移向山麓、河谷，黎明时又返回隐蔽地，从而使移动的时间比例增大；夏季、秋季境内食物量丰质优，梅花鹿采食的时间相对缩短，而冬季境内食物量少质差，梅花鹿采食的时间也就相应延长。大雨、雪可迫使四川梅花鹿停止正常的活动。对大雪天梅花鹿的活动频率统计结果显示，鹿群每天的活动频率仅为 8.42%～12.03%，大多数梅花鹿在隐蔽地的大树、灌丛下或岩坎、土坎下以卧息的方式度过大雨、大雪的坏天气。

人为干扰也会迫使梅花鹿终止正常的活动。放牧活动可迫使梅花鹿停止采食，并从食物基地逃向隐蔽地；或惊起正在一处隐蔽地中休息反刍的鹿群，迫使它们逃往另外的隐蔽地；开矿或修建工程放炮，会使鹿终日处于惊恐之中，对其正常生活产生严重的影响。

(五)四川梅花鹿的繁殖及遗传多样性

1. 四川梅花鹿的繁殖

性成熟期：在自然种群中，雌鹿的性成熟期为 2.5 龄，雄鹿为 3.5 龄。
发情期：四川梅花鹿的发情期为 9～11 月，10 月为发情高峰期。
妊娠期：四川梅花鹿的妊娠期在 230 天左右。
产仔期：5～7 月是四川梅花鹿的产仔期，产仔高峰期为 6 月。
产仔数：多产 1 仔，偶产 2 仔。
雄鹿的斗殴行为和争雌行为：雄鹿的斗殴行为发生在 8 月底至 11 月初的逐偶交配期。此期一过，它们彼此间都相安无事。一般情况下，1 只雄鹿霸占有 1～4 只成年雌鹿的小族群，在整个交配期它不允许其他雄鹿靠近该雌鹿，否则就要发生剧烈的角斗。有时 1 只强壮的雄鹿可占有 14 只雌鹿。当雌鹿数量大时，鹿群中往往有 1～3 只后备次雄。逐偶交配初期，主雄不允许次雄靠近发情雌鹿。中后期，主雄精力下降，而群中又不止 1 只雌鹿发情时，后备次雄则有交配的机会。

雄鹿和雌鹿在野外的最长寿命分别为 14 岁和 15 岁。雄鹿的最大繁殖年龄为 10～11 岁，雌鹿的最大产仔年龄为 11～12 岁。

2. 遗传多样性

对四川梅花鹿种群遗传结构(mtDNA 控制区序列)的分析结果表明：四川梅花鹿单元型多样性很低，17 个个体中仅发现 1 种单元型。

(六)四川梅花鹿的天敌

四川梅花鹿的天敌主要有豺(*Cuon alpinus*)、狼(*Canis lupus*)、豹(*Panthera pardus*)、猞猁((*Lynx lynx*)等大、中型食肉动物，近年这些动物在保护区内或已绝灭、或种群数量已很小，对四川梅花鹿种群没有大的威胁。但在铁布自然保护区中野狗数量较大，对四川梅花鹿种群有一定的影响。此外金猫(*Felis temmincki*)、艾鼬(*Mustela eversmanni*)对四川梅花鹿幼仔也有一定的危害。

(七)铁布自然保护区四川梅花鹿的种群数量与分布

经统计,1987 年铁布自然保护区有四川梅花鹿 413 只,分为 15 个群体(图 6-8,表 6-2),最大的为 86 只,最小的为 6 只。成年公鹿有 72 只,占 17.43%,成年母鹿有 206 只,占 49.88%。当年出生的幼鹿为 78 只,生态出生率为 37.86%。冬末春初是梅花鹿死亡的高峰期，冬季死亡的多是幼仔，而其他季节各种年龄死亡的都有。

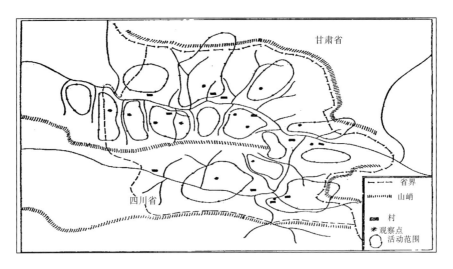

图 6-8　四川梅花鹿 15 个聚集群活动范围示意图

表 6-2　四川梅花鹿种群结构（1987 年）

鹿群编号	个体数	成♂	成♀	亚成♂	亚成♀	仔鹿
1	10	2	5	0	1	2
2	86	13	45	5	8	15
3	18	3	8	2	1	4
4	12	3	5	2	0	2
5	11	2	5	1	1	2
6	24	4	13	1	2	4
7	16	4	7	1	1	3
8	14	2	8	0	2	2
9	10	2	5	0	1	2
10	57	10	29	3	4	11
11	21	3	10	1	2	5
12	36	6	17	2	3	8
13	52	10	26	2	5	9
14	40	7	20	2	3	8
15	6	1	3	0	1	1
总数	413	72	206	22	35	78
占比/%	100.0	17.43	49.88	5.33	8.47	18.89

　　1997 年，该保护区有四川梅花鹿 16 群，群体大小分别为：15、129、7、5、68、43、28、32、51、21、35、67、27、55、46、43 只，合计 672 只。其中成体 337 只，约占 50.15%；♀:♂=2.68：1。

　　2006 年 10 月，野外调查数据统计结果显示：该保护区内有四川梅花鹿 900 余只，保护区周边地区有近 150 只，其中成体 635 只，约占种群总数的 60.48%，♀：♂=2.96：1。

（八）保护区梅花鹿食物蕴藏量与负载量

1987 年 2 月～2001 年 8 月，四川梅花鹿食物蕴藏量与负载量的野外调查结果表明：四川梅花鹿的食物基地可划分为亚高山灌丛草甸、亚高山森林灌丛草甸、高山灌丛草甸、河谷灌丛草甸 4 种类型，它们的食物生产力分别为 49.20 g/m²、48.09 g/m²、57.66 g/m² 和 39.13 g/m²（干重）；铁布自然保护区四川梅花鹿食物基地的总有效利用面积约为 37.79 平方公里，食物理论蕴藏量为 1989.44 吨，每头四川梅花鹿的平均日食量干重约为 3.61 千克。欧美学者认为，草食动物食物基地食物资源利用率为 30%时，可保持其食物基地的氮素平衡，食物利用率维持在 50%左右是适宜的载负指标。由此可测算出铁布自然保护区梅花鹿适宜的理论负载量约为 750 只，最大理论负载量为 1500 只左右。

1. 季节变化对食物蕴藏量与负载量的影响

保护区位于青藏高原的东缘，气候属大陆性山地温带半湿润季风气候，冬长夏短，干湿季明显，植物的生长期仅有 7 个月左右（4～10 月）。野外调查数据显示：春、夏、秋 3 季保护区中梅花鹿食物的生产力分别占全年的 29.21%、60.97%和 9.82%，夏季（6～8 月）不仅食物的生产力最高，而且食物的蕴藏量也最大；冬季（11 月至次年 3 月）植物停止生长，由于不断地消耗，冬末春初，梅花鹿的食物蕴藏量降至最低点。因此，2～4 月食物蕴藏量是决定保护区四川梅花鹿种群数量的关键因子之一。

2. 干旱对食物蕴藏量及负载量的影响

根据甘肃省迭部县气象站（距保护区仅 7 公里）提供的资料，铁布自然保护区的年平均降水量为 650 毫米，且全年 90%的降水量集中在 4～10 月。该区最大的年降水量（1978 年）为 753.4 毫米，最干旱年份（1982 年）降水量仅为 447.6 毫米。野外观测显示，干旱少雨对亚高山灌丛草甸和高山灌丛草甸中梅花鹿的食物产量都有较大的影响。1989 年年降水量为 509.5 毫米，亚高山灌丛草甸和高山灌丛草甸中梅花鹿的食物较正常年份（1988 年年降水量为 666.1 毫米）分别减产 4.53%和 2.12%；2000 年年降水量为 452.1 毫米，梅花鹿的食物更是比 1988 年分别减少 6.39%和 3.81%。食物的短缺必将使该保护区的负载量减小。

3. 放牧对食物蕴藏量及负载量的影响

近十多年来，在保护区内季节性放牧的家畜（牛、羊、马）数量在不断地增多，尽管牛、羊、马在采食植物的种类、部位以及对食物基地利用的生态位上与梅花鹿有一定的差异，但是它们毕竟要与梅花鹿争夺食物资源。保护区中家畜数量的增加，必然造成保护区对梅花鹿负载能力的下降。

1987～2006 年，保护区四川梅花鹿种群数量最低时仅 420 只左右（1987 年），最高时有 900 只左右（2006 年），平均约为 680 只。这表明：近 20 年来，保护区内梅花鹿的实际数量与理论适宜负载量较为接近。但考虑到各种影响因素，保护区内目前梅花鹿的实际负载量已超过了理论适宜负载能力，这一点应该引起管理部门的高度重视。

　　(九)保护区内的人鹿矛盾

　　四川梅花鹿是当地藏族群众的"神鹿"，自古以来都不准猎杀，任其自生自灭，宗教意识和传统文化对四川梅花鹿的保护起到了非常重要的作用。早在 20 世纪 80 年代后期，保护区内的藏族群众对梅花鹿损害庄稼这一情况就有所反映。近年来这种反映更加强烈，自 1993 年以来，在历届的县人民代表大会上这一问题都被作为议案提出，同时也向州和省有关部门多次反映，要求给予解决。调查统计显示，铁布自然保护区中约有占种群多年平均总数 20%的梅花鹿，每年秋末及春季经常到林间耕地或距林缘 60 米以内的耕地啃食冬麦、青稞、莜麦、油菜的青苗，刨食蚕豆的种豆，夏秋交替时盗食豌豆、蚕豆果荚中的新豆。四川梅花鹿的采食活动对保护区内上述 6 种农作物有一定危害，每年造成直接经济损失 3 万~5 万元，间接损失近 500 万元，近年来随着梅花鹿数量的增加，危害程度呈逐年加大趋势。但是，由于缺少基本的农田水利设施，干旱少雨也给铁布自然保护区内藏族群众的农业生产带来了巨大的经济损失，一些群众将这些损失也归结于梅花鹿是不恰当的。保护区内季节性放牧的家畜数量较大，牛、羊、马的食物生态位与四川梅花鹿有较大的重叠，保护区内很多地方梅花鹿冬季、早春的食物已被家畜在深秋吃光了，食物的短缺将迫使更多的梅花鹿去农耕地吃庄稼，造成人鹿矛盾进一步激化。而放牧家畜深入到保护区的核心区，也对四川梅花鹿种群的生态安全构成了严重威胁。

五、杨光(四川师范大学生物系 1990 年第七届硕士研究生)

从崇山峻岭到浩瀚海洋：我的科研之路

　　初次踏进南充师范学院的校园是在 1986 年的秋季。学校有着各种各样的迎新活动，加上适逢南充师范学院更名为四川师范学院，校名更改算得上学校发展历史上的重要事件，少不了要有一些轰轰烈烈的庆祝活动和热热闹闹的宣传报道。就是从那个时候的各种宣传和介绍中，带着膜拜和崇敬的心理，我得知了学校的标志性人物，也就是我后来的研究生指导教师——胡锦矗先生！

　　第一次见到胡先生，是在入学不久后学院组织的一次学术报告活动上。胡先生当时已是国内大熊猫研究领域的翘楚，在国际上也有很大的影响力。报告的题目已记不清，但当时的场景至今还历历在目。胡先生站在高高的讲台上，阶梯教室里过道上都挤满了学生，我是无数仰望着先生的大一新生中的一位。从《诗经》中的"如虎如貔""献其貔皮"，到白居易的《貘屏赞》；从曾经迷失在汶川的原始森林，几天里靠泥炭藓挤水煮饭，最终走出了绝境，到曾经依靠绑腿结成绳，荡过悬崖绝壁，在崇山峻岭追踪大熊猫的传奇经历，加上大熊猫憨厚温和的模样，让从小就有英雄情结的我，一下子就喜欢上了动物学。可以毫不夸张地说，我最终选择了动物学专业攻读硕士和博士学位，并最终选濒危动物保护生物学作为自己的研究方向，与在四川师范学院受到以胡先生为代表的一批动物学科老师们潜移默化的影响是密不可分的。

与胡先生最终结成师生情缘，还是在1990年大学毕业的那个夏季。通过了学校组织的研究生推荐与考试后，我终于跨入师门，正式成为胡先生的硕士生，终于可以近距离地聆听他的指导和教诲。印象中，胡老师从不会发脾气，大家都知道，要是谁惹他不高兴了，他顶多也就是板着脸自己生闷气。后来随着接触增多，我越来越理解了先生的宽容大度，严于律己，宽以待人。记得第一次安排我和袁重桂老师去卧龙"五一棚"出野外，他事无巨细地给我谈了很多，言语轻松和蔼，不经意间打消了我第一次参加野外工作的忐忑和彷徨。

我的硕士毕业论文是关于凉山山系大熊猫与两种食竹种群间动态关系的数学模型研究。这是我第一次开展大熊猫的野外调查和研究，野外工作是在条件非常艰苦的马边大风顶自然保护区内完成的。虽然由于野外观察条件恶劣、大熊猫种群数量稀少等原因，并没有在野外观察到任何活体大熊猫，但我和魏辅文、王维、周材权等师兄弟一道，克服了重重困难，收集了大量大熊猫食竹种群的动态监测数据，并在《生物数学学报》上发表了自己第一篇研究论文。坦率地说，现在回过头去看，这篇文章的方法、数据、结论和文笔都稍显稚嫩，但当时它的发表却真真切切地让我对从事动物学研究产生了兴趣，并一发不可收拾。

硕士毕业后我到南京师范大学生命科学学院周开亚教授的课题组继续攻读博士学位，看起来研究方向的变化很大——从陆地进入海洋！但实际上这个选择是顺其自然的。正是受到胡老师和西华师范大学在大熊猫研究方面的影响，我对濒危动物的保护研究产生了浓厚的兴趣，因此才会对研究素有"水中大熊猫"之称的濒危物种——白鳍豚的周开亚教授情有独钟。

进入博士生阶段，我的研究对象、研究区域、研究方向和研究手段等都出现了巨大的变化，但在胡先生指导下学习的濒危动物生态学、种群生物学和保护生物学知识仍对我后来的研究产生了不小的影响。比如，基于我在大熊猫野外种群调查时获得的知识与经验，我在瓶鼻海豚的种群数量调查中创新性地引入了截线抽样技术，并陆续被国内的其他海兽学工作者接受和推广使用；我应用研究生阶段学习的种群生物学知识，构建了第一个中国水域江豚的种群生命表；在野外研究中获得的种群结构知识与博士学习期间掌握的进化遗传学理论与方法，为我成功获得第一个国家自然科学基金项目"中国水域江豚种群分化和遗传结构的研究"奠定了重要的基础，如此等等，不一而足。

从攻读博士学位开始至今的二十多年时间里，我主要以中国水域的濒危鲸豚类为研究对象，围绕鲸类起源、进化、系统发育、对水生生境的适应机制、重要类群的遗传多样性以及濒危机制与保护管理对策等方向，开展了长期系统的研究，取得了一系列创新性发现，形成了鲜明的特色和独到的优势，部分研究成果在国际上产生了良好的影响。取得的重要创新发现包括：①通过系统发育基因组学分析，以较高的置信度揭示了鲸偶蹄目及近缘劳亚兽类高级阶元的系统发育关系与快速分化历史，并通过具有时间校正的系统发育重建，支持鲸偶蹄目的有效性并较好地解决了鲸类不同类群间的系统发育过程；②通过多种分子标记揭示了中国水域代表性鲸类具有不同的遗传多样性水平和系统地理格局，并发现鲸类在适应性标记MHC(major histocom patibility complex，主要组织相容性复合体)的变异水平与其他陆生哺乳动物相当，修正了此前一直认为的"海兽具有较低水平 MHC 基因多样性"的观点；③发现鲸类在次生性水生生活的起源及海豚类的快速辐射过程中，与大脑容量、先天免疫、食性等相关的基因发生了适应性进化；④在鲸类濒危机制与保护对策的理论与实践方面进行了有益的尝试，提出了对中华白海豚等物种的管理对策，推动了厦门、北海等水域中华白海豚保护区的建设和发展。

在从事上述研究的过程中，我先后主持了 2 个国家自然科学基金重点项目、1 个国家重点研发计划课题、6 个国家自然科学基金面上或青年项目、1 个教育部博士点基金优先发展领域、2 个香港海洋公园保育基金及其他各类课题超过 20 个。在《*Nature Commnunications*》《*Systematic Biology*》《*Molecular Biology and Evolution*》《*Proceedings of the Royal Society B‑Biological Sciences*》《*Conservation Biology*》等国际著名或主流 SCI 刊物作为通讯作者发表了超过 70 篇论文。相关成果曾获得 Nature Asia 的亮点推荐并得到 BBC、Science Daily、中央电视台、新华社等媒体的专门报道。我先后获得了国家杰出青年科学基金、教育部"长江学者"奖励计划特聘教授、国家百千万人才工程暨有突出贡献中青年专家、国务院政府特殊津贴、教育部新世纪优秀人才、霍英东青年教师奖、中国动物学会首届青年科技奖、江苏省"333"工程学术技术带头人、江苏省"青蓝工程"学术带头人等奖励或人才称号，并先后兼任了中国动物学会常务理事暨生物进化理论专业委员会副主任委员、中国生态学会动物生态专业委员会副主任委员、江苏省动物学会理事长和名誉理事长、中国兽类学会常务理事、国际生物多样性计划中国委员会委员、农业农村部濒危水生野生动植物种科学委员会委员、中国环境科学学会生态与自然保护分会理事、国家自然科学基金委员会动物学科专家评审组成员及《兽类学报》副主编和《*Integrative Zoology*、*Scientific Reports*》《动物学研究》等刊物的编委。特别值得提及的是，我已经培养了 60 多位研究生，包括博士生 20 多人，其中许多人已陆续成长为各自学科领域的佼佼者和所在单位的学术带头人或骨干，很好地体现了学术延续和师道传承。

回首往事，感慨万千。这么多年来，我不仅从先生身上学习创新科研并持之以恒，也学习他宽厚的为人，大度的心胸，与世无争、淡泊名利的修行。胡先生是学生心目中的丰碑，难以超越。正如去年陪同先生参加西华师范大学建校 70 年校庆晚会上我所讲的："高山仰止，景行行止，虽不能至，心向往之。"我们一定不忘初心，继续前行，继续在科学研究、人才培养和服务社会方面做出更大的成绩，以不辜负先生的教诲和期望。

六、官天培（西华师范大学 2004 年第二十二届硕士研究生）

浅谈中国羚牛保护与研究

羚牛，又名扭角羚，是分布在喜马拉雅山东段至喜马拉雅南麓的珍稀食草动物。由于羚牛体型大、似牛且群居，在历史上常常成为捕获效益较高的物种之一。羚牛也因此成为受到严重威胁的物种。在分类上，羚牛隶属于偶蹄目，牛科，羊亚科，羚牛属。全球共有指名亚种（*B. t. taxicolor*）、不丹亚种（*B. t. whitei*）、四川亚种（*B. t. tibetana*）和秦岭亚种（*B. t. bedfordi*）4 个亚种，是分布在我国西南地区——喜马拉雅的特产动物，IUCN 将其定为濒危，列在 CITES 附录Ⅱ中。然而，关于羚牛的研究报道是非常少的，一方面，羚牛仅仅分布在亚洲，受关注度和研究历史较短；另一方面，羚牛栖息在高山峡谷间，研究难度较大。在葛桃安师兄(先生首届研究生)研究的基础上，通过吴诗宝师兄的引导，我自 2005 年开始继续研究羚牛。下面简要阐述羚牛的研究与保护现状。

(一)历史与分布现状

最早的羚牛化石记录可以追溯到 500 万年前，羚牛头骨发现于山西榆社的上新世地层。可见，羚牛的历史分布要远大于现今的分布。在近代，作为一个独立物种，羚牛由 Hodgson 于 1850 年在印度阿萨姆的米什米丘陵最先发现，并命名为 *Budorcas taxicolor*，意思是体被紫杉色，像牛又像羊的动物。羚牛的现今分布区在北纬 25º10′～34º10′，东经 97º30′～109º30′。在中国境内，这 4 个亚种均有分布，其中秦岭羚牛和四川羚牛为中国特有。指名亚种的模式产地是印度阿萨姆米什米丘陵，在我国仅分布于雅鲁藏布江大拐弯江岸以东及西藏墨脱以南的米什米山地，往东延伸至云南的高黎贡山；国外见于缅甸东北部和印度阿萨姆。不丹亚种主要分布在中国西藏东南喜马拉雅山脉的东段、雅鲁藏布江流域大拐弯的西南部山脉及不丹境内。秦岭亚种分布在陕西南部秦岭山脉。四川亚种分布在四川西部及甘肃东南部，分布区跨越 6 个山系，四川与甘肃交界的岷山山系和四川邛崃山系是羚牛的主要分布区，四川的相岭山系、凉山山系、大雪山和沙鲁山系也有少量羚牛分布(图 6-9)。

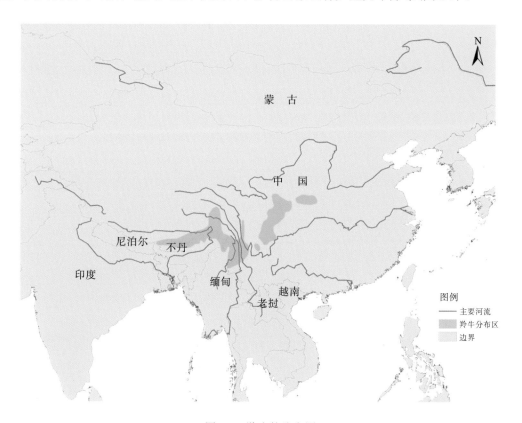

图 6-9　羚牛的分布图

羚牛不只在中国分布，但从发表的研究论文看，目前关于该物种的生态学研究和保护生物学研究基本上由中国学者完成。而中国学者的研究集中于四川羚牛和秦岭羚牛。四川羚牛的研究工作主要集中在岷山和邛崃。因此，以科学研究为目的的分布区调查仅仅涉及岷山北部，缺乏对整体分布的调查。中国政府推进的陆生脊椎动物调查也基本掌握了羚牛的分布状况。其中，四川羚牛的分布县减少了约65%，从34个县降低到12个县，可见保护该物种的紧迫性。

(二)栖息地与保护

羚牛的栖息地在人类交通建设和农业发展的过程中逐渐显现出斑块化和岛屿化。羚牛是其分布区内被严重盗猎的物种，因此许多分布区内的羚牛种群数量非常低，甚至消失，这是羚牛濒危的重要原因。在景观尺度上，羚牛需要高山峡谷，依赖于保护区以及森林植被。在局域尺度上，羚牛喜好较缓和的地形，需要有一定的海拔变化，并且需要林下有足够的植被作为其食物来源，亚高山草甸也可能是栖息地的必备要素之一。王小明等对唐家河自然保护区羚牛的观察认为，海拔2400米以上的亚高山针叶林和亚高山草甸是羚牛秋季的栖息地，亚高山针叶林是其夏季的栖息地，针阔混交和阔叶林是其夏初和春季的栖息地，海拔最低的常绿阔叶林是其冬季的栖息地。但我们对秦岭的研究都证实了大部分羚牛冬季生活在中海拔段的针阔混交林而非低海拔的常绿阔叶林。除岷山山系的研究外，邛崃山系的喇叭河自然保护区的羚牛在冬季和春季的行为节律是晨昏活跃，喜夜间活动，冬春季主要啃食幼树、灌木枝条、树皮等，并形成不同的社群，这些特征与岷山山系的唐家河观察结果相似。吴华等对冬春季节唐家河羚牛栖息地选择进行了比较研究，发现羚牛春季栖息地是具备海拔高、食物丰富、中上坡位、针阔混交林和郁闭度小于40%等特征的生境，而冬季栖息地是具备中等坡度、中等海拔、高大乔木等特征的生境。除以植被为主的栖息地选择外，也有研究仅利用地形参数量化羚牛栖息地特征，研究发现羚牛春季利用的地形更偏离峭壁或陡坡，坡度更缓和，海拔更低，明显偏离山脊，地形起伏程度较低。

(三)繁殖与行为

四川羚牛的行为研究始于乔治·夏勒对其的采食行为观察和吴诗宝对其的繁殖行为观察，他们分别发现羚牛的日间采食存在两次明显的晨昏高峰以及发情交配季节雄羚频繁高声鸣叫、嗅阴、卷唇、减少进食和休息，长时间追随雌羚，烦躁不安，活动频繁等行为建立和行为观察，并将这些行为谱应用到野外研究中。羚牛的行为谱分为日常行为和社会行为。

经笔者与葛桃安师兄的观察及总结，发现唐家河羚牛的日常行为主要包括移动、休息、警戒、取食、觅食、反刍、修饰、发声、排尿和排粪等；社会行为主要包括爬跨、嗅阴、卷唇、嗅尿和追随等性行为，威胁、警告、压迫、争斗、对峙和驱赶等攻击行为，相互修饰、玩耍等交往行为和舔角、嗅脸等其他行为。羚牛日间主要进行取食和觅食，且雌雄个体差异不显著。但与雌性相比，雄性用在活动上的时间比例更高。雄性羚牛在繁殖期的日间行为主要由采食构成，而休息、警戒和移动等行为次之，但采食行为与发情行为的时间投入是负相关的。雄性羚牛繁殖期的社会行为发生高峰期是 8:00～10:00 以及 15:00 以后，雌性个体的社会行为也伴随发生。传统的行为观察仅能获得羚牛日间的活动规律，但利用红外触发相机可以得到其全天候活动数据。李明富等对唐家河羚牛的冬、春日活动节律也进行了研究，发现羚牛在冬季和春季的日活动模式没有显著差异，每天都有 3 个活跃时期（凌晨、早上和下午）和 3 个紧随的不活跃时期。其中，冬季其日活动的最高峰出现在17:00～18:00，最低谷出现在日出前 3:00～6:00；春季其活动的最高峰出现在早上 6:00～7:00，最低谷出现在日出前 2:00～5:00。在春季，羚牛在上午活跃期的活动强度明显高于下午活跃期，而在冬季则相反。春季与冬季相比，羚牛上午和下午的两个活跃时间段都有提前，该现象的产生可能是由于不同季节气温和光照差异的影响。强烈的自然干扰对动物的行为研究也是有意义的。一项针对 2008 年汶川地震前后羚牛生存策略的研究也关注了羚牛的行为变化，分析地震前后短期内羚牛在家域、海拔位置和日活动距离方面的变化情况，作者认为地震没有对羚牛季节迁移产生重大影响。

（四）展望

羚牛的生态学研究起步较早，但后期发展缓慢，虽然已经取得了成果，但对该物种还缺乏系统和深入的认识。许多方面的研究深度不够，如对羚牛的食性、种群动态、食草与森林的相互关系、垂直海拔迁移和家域变化的适应意义、繁殖策略和栖息地利用等方面的研究还存在很多研究的空白，还需要更多的研究关注。

羚牛是西南山地生态系统中体型最大的食草动物，然而目前的诸多研究一方面关注点仅仅落在物种层面；另一方面，很多基础研究角度和学科单一，不能从系统的角度看待羚牛及其影响。许多基础研究不能直接应用于保护管理。因此，未来羚牛的保护工作需要借鉴更多科学研究成果，而科学研究也应当多向物种与生态系统的管理和保护角度倾斜。

七、吴诗宝（南充师范学院 1989 年第四届硕士研究生）

坚守信念做好穿山甲保护工作

满怀憧憬，我于 1989 年 9 月进入四川师范学院学习，师从胡先生。先生博学多思且平易近人，对学生不吝赐教，我收获颇多。毕业后我先后师从刘廼发教授、孙儒泳院士做博士和博士后研究，现为华南师范大学生命科学学院教授，兼任孙儒泳院士科研工作秘书，是华南师范大学珍稀濒危动物研究中心（校级科研平台）负责人。

目前，我主要从事动物学和生态学教学与科研工作，研究兴趣主要集中在珍稀濒危动物资源保护与持续利用、生态经济与生态系统管理（野生动物与自然保护区管理）、湿地生态（红树林湿地生态系统支持的海洋渔业）等领域。我已培养硕士、博士、博士后多名，毕业的硕士研究生中，6 成以上考取了国内知名高校的博士，先后主持过国家自然科学基金（面上）、中国博士后基金、广东省自然科学基金（面上、博士启动）、广东省社会发展重大科技专项基金、中国野生动物保护协会项目基金、国家林业局项目基金、广东省林业厅项目基金以及企业委托项目若干项，并在《Frontiers in Ecology and the Environment》《Mammalia》《Folia Zoologica》《Zookeys》《Zoo Biology》《兽类学报》《动物分类学报》《动物学研究》《生态学报》《自然资源学报》《应用生态学报》《应用与环境生物学报》《生物数学学报》《动物学杂志》《野生动物学报》等国内外学术期刊上发表学术论文50余篇，出版《中国穿山甲保护生物学研究》专著1部，参与《动物生态学研究进展》（王德华主编）、《生态学进展》（孙儒泳主编）、《中国大百科全书——兽类》（张知彬主编）等著作编写。在极度濒危动物穿山甲（Manis pentadactyla）保护生物学和迁地圈养救护研究方面取得了一定成绩。我先后4次接受国际保护组织邀请和全额资助参加穿山甲保护国际论坛并做主旨演讲，若干次接受 Lightbox（UK）、中国科学探险、经济日报、上海第一财经、南方周末、南方都市报、新京报、香港凤凰周刊、人民日报社健康时报、澎湃新闻、广州电视台、中国医药报等国内外20多家数字、平面、视频和网络媒体采访。世界自然保护联盟物种生存委员会穿山甲专家组主席 Chalender Daniel 博士，英国伦敦动物学会 Carly Waterman 博士、韩国 Woosuk 大学 Ju Young Sung 教授、广东省副省长陈云贤、恩师胡锦矗教授和刘廼发教授、宋延龄教授曾先后来到华南师范大学穿山甲研究基地考察指导。穿山甲研究成果被世界自然保护联盟物种生存委员会用于全球穿山甲受危状况评估，被《Zoo Biology》《Folia Zoologica》《Biological Conservation》《Conservation Biology》等多种 SCI 源期刊论文引用。

同时，我也从事对国家一级保护动物羚牛（Budorcas taxicolor）的生态生物学研究，主要贡献是首次揭示了羚牛繁殖生态学特征，编制了羚牛的生命表，用 Leisli 矩阵的方法研究了羚牛的种群动态，为羚牛野生种群的保护管理和合理利用提供了重要的科学依据，也为羚牛种群生态学进一步深入研究奠定了基础。现在，我又在国家林业局项目资金的资助下开展圆鼻巨蜥（Varanus salvator）种群生态学研究。生态经济是近几年才涉及的研究领域，我先后主持过"广东省红树林湿地生态系统服务价值评估"研究和"广东省重点湿地评审制度"编制，作为主要成员参加了孙儒泳院士领导的"广东省湿地生态系统服务价值评估"项目研究团队，曾先后到南非、新加坡、中国香港、澳门、澳大利亚进行科学研究或学术交流，多次参加国内外项目会议或通信评审、验收和成果鉴定以及政府决策咨询会议。是《Folia Zoologica》《生态学报》《兽类学报》《动物学杂志》《四川动物》《野生动物学报》等期刊审稿人，获甘肃省自然科学奖三等奖1项，现为 IUCN/SSC 穿山甲专家组成员、中国兽类学会理事、广东省自然保护区研究中心学术委员会委员、广东省野生动物保护协会理事、广东省动物学会理事、广东省生态学会理事。

大家都知道大熊猫很珍贵，但很少人知道，其实我国土生土长的中华穿山甲早在2014年就被世界自然保护联盟（IUCN）定为极度濒危，这也是我开始研究穿山甲的原因。

（一）穿山甲资源

穿山甲是名贵的中药材原料，是我国14种重要的药用濒危野生动物之一。由于乱捕滥猎和栖息地的破坏，其野生资源数量急剧下降，直至枯竭的边缘。对此，我国政府及国际社会对其给予了广泛的关注和重视。产于我国的穿山甲已被列为国家二级重点保护野生动物，并被《中国濒危动物红皮书·兽类》定为易危级（V），国际组织 IUCN 将穿山甲所有种列入 CITES 附录 II。穿山甲在全世界有 8 个种类，中华穿山甲是我国独有的，主要分布在南方，广东、广西和云南最多，浙江我也去过好几次，因为浙江也算是中华穿山甲的主要分布省份，我在杭州临安的山里就考察过穿山甲洞。这几年的数据很难统计，2000 年全国野生动物资源调查的结果显示，当时中华穿山甲种群数量在 6 万～10 万只，这看着很多，其实分散到各省就很少了。而这几年，我去广东的罗浮山、南昆山等保护区，已经见不到穿山甲的洞穴了。湖南省林业厅早些年的调查中，穿山甲的数量为零。据估算，20 世纪 60 年代到 2004 年，我国境内的穿山甲数量减少了 89%～94%，很多保护区已经连续很多年没有观测记录了。

（二）濒危原因

穿山甲濒危主要有三个原因：①利用过度，如食用及药用；②环境破坏；③外来种入侵。同时，与其自身因素也有关系。20 世纪六七十年代主要是当时的供销社采购，量很大，我在广东、云南等地做调查时，据一些山区的老猎户回忆，当时穿山甲一只卖 2 元钱，在那时也算贵了，而且很多，很好抓，一个猎户一个冬天能挖十几只。这些被收购的穿山甲是这些年来很多药厂所用甲片的主要来源。很多猎户说，穿山甲太好抓了，它们胆子很小，也没什么攻击性，被抓了就缩成一团。而一只穿山甲每年只生一胎，经不起这么抓。而食用穿山甲主要是 20 世纪 90 年代之后的事，当时穿山甲已经比较少了，大量靠国外进口或走私。总的来说，食用和药用的比例各占 50%，但是近几年，食用的比例超过药用。此外，环境破坏也是一个原因。

（三）保护措施

实现穿山甲永续利用要做到九点：①通过宣传提高人们保护穿山甲资源的意识；②停止对野生穿山甲资源的利用，加强栖息地保护，依法管理、科学放生；③组织力量对资源进行清查；④积极开展穿山甲野外生物研究，加大科技投入，依靠科技保护穿山甲资源；⑤建立穿山甲自然保护区，实施就地保护；⑥开展野生驯养，变野生为家养；⑦积极寻找穿山甲药物替代品，减少对穿山甲的利用；⑧保护穿山甲种群遗传多样性；⑨制定保护野生穿山甲资源行动计划。

八、吴毅（南充师范学院 1984 年第一届硕士研究生）

蝙蝠——导师的指引，终生的追求

我于 1977 年 3 月进入南充师范学院学习，就读于生物科学本科专业，于 1982 年获理学学士学位。在大学期间，我喜欢上了生物这门专业，为此我努力学习，怀着憧憬在 1984 年 9 月成为南充师范学院的研一新生，师从胡锦矗先生，学习动物学。胡先生为人和善，学识渊博，工作严谨且对我们不吝赐教，是位大家都很敬重的先生，我很感激先生，在先生的教导下我受益匪浅。1987 年 6 月毕业后，我留在西华师范大学(原四川师范学院)生物系工作，任课期间我不甘落后、继续追求梦想，一直努力进取，在 1993 年 4 月～1995年 3 月远赴日本，在日本广岛县立大学(后合并到广岛大学)和东京农工大学做访问学者。在先生及各位老师的鼓励下，我离开西华师范大学前往外地继续学习，梦想始终鼓励着我前进。1998 年 10 月～2000 年 4 月，我担任广州师范学院生物系教授、系总支书记；2000年 5 月～2005 年 4 月担任广州大学生物与化学工程学院教授、党委书记、硕士生导师；2005 年 5 月～2016 年 10 月担任广州大学生命科学学院教授、院长(或书记)、硕士生导师，并于 2008 年 10 月～2009 年 3 月成为京都大学客座教授以及日本学术振兴会特别研究员；2016 年 11 月至今担任广州大学生命科学学院教授、博士生导师。我一直记得胡先生的教导，没有胡先生，就没有现在的我，非常感激胡先生的教诲与帮助。

1987 年研究生毕业后，在胡老师的指点下，以卧龙的翼手类为起点，以形态学研究为基础，结合细胞学、生物统计学及分子生物学等手段，我重点对四川、广东和海南等省的菊头蝠和树栖蝙蝠坚持开展了长达 30 年的分类及物种多样性的研究。仔细回顾，我主要从 3 个方面进行了基础性的研究工作。近期的目标是将《中国动物志·兽类·翼手目(卷)》早日完成并出版。

1. 蝙蝠多样性及菊头蝠分类研究

获 4 项国家基金的资助，我对四川和海南等省的蝙蝠物种多样性(含核型)及菊头蝠分类开展了专项研究。我从细胞水平为蝙蝠分类提供基础资料，在《INT J BIO LSCI》和《兽类学报》上发表核型及相关论文 10 余篇，报道了 30 余种中国产蝙蝠的核型；结合形态、细胞和分子数据对大耳菊头蝠(*Rhinolophus macrotis*)、云南菊头蝠(*R. yunanensis*)等开展进一步分类研究，在国际唯一蝙蝠杂志《*Acta Chiropterologica*》发表论文 20 余篇，包括发表华南菊头蝠(*R. huananus*)、泰国菊头蝠(*R. Thailandensis*)和施氏菊头蝠(*R. Schnitleri*)3 个新种，以及马氏菊头蝠(*R. marshalli*)等中国或省的新纪录近 10 种。

2. 树栖蝙蝠的分类与标本资源库构建

近十年我以引进蝙蝠竖琴网为契机，重点对海南、广东和江西等地的管鼻蝠、彩蝠和扁颅蝠等树栖蝙蝠开展了研究，先后获 3 项国家基金资助，在《*Mammal Study*》等发表论文近 20 篇，其中包括华南扁颅蝠(*Tylonycteris pachypus*)的分类、哈氏管鼻蝠(*Murina harrisoni*)2 种中国新纪录，以及中管鼻蝠(*M. huttoni*)等 10 余种广东、江西等省的新纪录。初步建立了国内目前最完善的树栖蝙蝠标本资源库。为纪念胡老师对卧龙大熊猫研究的毕生贡献及感谢先生对本人的培养之恩，拟将一模式产地为卧龙的蝙蝠新种命名为——锦矗管鼻蝠(*Murina jinchui*，待发表)。

3. 搭建与日本、东南亚等国之间国际合作与交流的平台

以 1996 年夏天原田和松村博士等访问四川为起点，开启了我长达 20 多年与日本及东南亚蝙蝠专家进行的交流与合作，到 2011 年，广州大学作为中国的核心高校成员参与了

由京都大学主持的日本 JSPS "东亚脊椎动物物种多样性标本平台建设"项目，并于当年 8 月在广州召开了首届国际学术会议，构建了中日与韩国、越南、泰国等国家之间的国际交流平台，连续 5 年携研究生(每年资助 1 名)前往京都、河内和雅加达等参加国际交流或野外调查。

九、石红艳（四川师范学院生物系 1995 年第十三届硕士研究生 ）

学不完，但我要坚持效仿和传承

能师从大熊猫专家胡锦矗教授，是我一生最大的荣幸！老先生对工作的踏实和敬业，对科研的执着和严谨，对学生的爱护和宽容，对同事的关心和包容，一直深深地影响着我，并激励着我不断地奋进！

1991 年，我从一个边远山区考入四川师范学院，大学入学的第一学期，在电教室观看介绍生物系概况的录像时，就了解到自己就读的大学有一位著名的"熊猫专家"——胡锦矗教授。没想到 4 年后有幸成为这位大师的学生。第一次跟胡老师近距离接触是研究生面试时，我的面试问题已经回答完了，胡老师突然又问了我一个问题：咬鹃属于哪一目？我当时对这个鸟名没什么印象，因为后面有个鹃字，就毫不犹豫地回答是鹃形目。胡老师没有马上说我是否回答正确，他微笑着看着我，稍停顿了一会儿，才说："咬鹃不属于鹃形目，是咬鹃目，也有人把它归在鹃形目中，这在分类上有一些争议。"因为他给我讲解时一直是面带微笑，尽管我回答得不够好，胡老师给我感觉是我的回答也很有道理，所以我没有一点紧张的感觉。后来我翻了大学的动物学教材和笔记，都没有看到咬鹃目，才知道原来胡老师是在考我是否了解课本以外的知识。

本科毕业离校前，胡老师把我叫到他办公室，拿出几只老鼠标本，问我是否认识。不就是老鼠吗？有啥不认识的！我心想。"是老鼠，我们家周围多得很。"我回答道。"老鼠有很多种，这些不是一个种的。你仔细看看这一只，你见过的老鼠有没有像这只的？"他指着其中一只较大的说。我又扫视了一下几只标本，心想：还是老鼠嘛，没有什么特别呀！胡老师见我一脸的疑惑，他拿起其中一只，指着尾尖说："这只尾尖有一些较长的白色毛须，叫猪尾鼠，比较少见，在乌江一带有分布。你们家乡秀山可能会采到。我给你拿几个鼠夹，你暑假带回家去打老鼠，打到鼠后把皮剥了，用牙膏盒剪下来的纸板把皮撑开，晾干。"他拿出几张用硬纸片撑开的老鼠皮。"把头骨剪下来装在小纸盒里，或用纸包上。同一个标本的毛皮和头骨都写上同一个编号，碰到蝙蝠也抓，处理方法跟老鼠一样。"然后老先生又拿出老鼠夹，教我如何安放鼠夹，他先示范了一下，再让我试着安放。老先生特别强调，收鼠夹时一定先用竹竿捣一下夹子，千万不要用手直接去拿鼠夹。

胡老师的课都是排在下午第 3 节，因为研究生少，常常是两个年级一起上。我们 95 级与 94 级的几位师兄围着动物学实验室的一张黑褐色长方形大桌子坐，老师坐在靠讲台的一方，一本厚厚的黄皮教案放在旁边。胡老师讲课时喜欢把头稍稍歪着，和蔼可亲的脸上带着微笑，一边讲授一边用手比画着。他讲课总是滔滔不绝，表情也很丰富，一双炯炯有神的大眼睛，一会儿看着左边的学生，一会儿看着右边的学生，一会儿又看着对面的学生。

讲到激动之处他会直起身来，讲到重要之处便走上讲台在黑板上写下来。每次上课老师都是越讲越激动，越讲越兴奋！没有教材，我们必须不停地做笔记，常常写得手都软了。上课的教室在 6 楼，两边都是宽敞明亮的玻璃窗户，光线很好，所以白天上课一般不用开灯。胡老师一讲就是几个小时，有时想起来了就让我们中途休息几分钟。冬季天黑得较早，有好几次，胡老师太投入了，恨不得把他所有知识一股脑传授给我们。教室里光线渐渐暗下来，他一点都没有觉察到，仍然眉飞色舞地讲授着，当他走上讲台准备写板书时，才发现天色已晚，"怎么？天都黑了？忘了下课了，呵呵！"他笑着说。我们大家相视而笑！

研究生入学没多久，一天，一位师兄通知大家说，胡老师周末请我们研究生到他家吃饭。"老师请学生吃饭？"我当时觉得只有学生拜访老师，怎么会老师请学生吃饭？师兄说："要过中秋节了，胡老师给我们过节。"我是在农村长大的，没怎么见过世面，第一次到这样的大专家家里做客，我感觉特别拘谨。但见师兄们，一个个都好像习以为常了，他们不停地说笑着，还吓唬我们新生说，"师弟师妹，你们今天必须好好喝酒，酒量过不了关，在胡老师这里就不能毕业哦！"胡老师看着我们直笑，也没说什么。胡老师家房屋并不宽敞，也很简陋，是由两套门对门的一室一厅的小套房组成。客厅和饭厅分别在一个套房内。小小的饭厅里有冰箱、碗柜等，饭桌在靠窗一方。当时胡老师所有在校的研究生只有 8 个，满满地围了一桌。桌上摆满了我平时很难吃到的美味佳肴，有豆豉鱼、东坡肘子、炖鸡、凉拌菜、炒素菜。豆豉鱼和东坡肘子是胡老师的拿手菜，师母说胡老师提前一天就把所有的菜买好了，肘子也是事先炖好了的。后来我才慢慢知道，凡遇到中秋佳节、国庆节、元旦节、元宵节等节日，胡老师都会抽出时间提前买好菜，节日当天亲自下厨为我们准备一顿丰盛的午餐，并把家里的好酒拿出来给大家品尝。

我读的胡老师的第一本著作是《天府奇兽》，说实话，我高中时并不喜欢生物。因为在农村长大，不像其他同学有赵忠祥解说的《动物世界》伴随着成长，所以我对生物界的奥妙了解得并不多。读《天府奇兽》时，我才发现动物界那些奇妙的事太有趣了，尤其是猴子如何争夺王位，确定序位，如何组织采集食物。这部著作里的语言很美，不仅是部难得的生物专著，更是一部关于动物的文学著作，可供人们慢慢品味。书中对动物的描绘栩栩如生，如描写金丝猴面孔天蓝，犹如一只展翅的蓝色蝴蝶；小熊猫的耳内面为白色，背侧又近乎黑色，当翻开耳朵露出白色时，可辐射散热，盖上耳朵呈现黑色时，又可以吸收热量而升温，真是一副神机妙用的耳朵，小熊猫的四肢和大熊猫一样穿着粗短的黑色健美裤套，走起路来总是慢悠悠，懒洋洋的；大熊猫眼周围镶嵌着黑色的毛圈，好似带上了一副黑色的墨镜，耳朵又圆又大，黑得像是在头上装饰了两朵黑牡丹。更让我惊叹的是，书中大量引用了《尔雅》《诗经》《尚书》《山海经》《本草纲目》等古书经文里有关动物的描述，介绍了历史上发生的与动物相关的故事，可以想象胡老师的学识之渊博。

胡老师起初希望我去我的家乡武陵山开展啮齿类动物的区系研究。但是，专业课程学习一年后，胡老师让我跟着吴毅教授(胡老师的留校大弟子)做蝙蝠方面的研究。从此便开始了我的蝙蝠研究生涯。

从吴老师身上，我看见了胡老师做学问和教书育人的影子，严谨、细致、能吃苦、待人随和宽厚、和蔼可亲。研究生期间，我跟随吴老师做过四川翼手类多样性调查，跑过南充、阆中、广安、华蓥及达州等地。我的硕士毕业论文是《方山丘陵地区中华山蝠个体发育及生态学研究》，首个在国内采用标记重捕法对中华山蝠的个体发育及繁殖生态进行研究。

1998 年研究生毕业后，我来到绵阳师范高等专科学校(现绵阳师范学院)，至今一直在该校从事教学和科研工作。工作后我一边教学、一边参加"川西北大熊猫保护教育研究中心"的环境教育工作。同时，在两位硕士导师的鼓励、帮助和支持下，我在工作单位继续从事蝙蝠的研究，通过向学生和当地居民了解其洞穴分布情况，利用周末和寒暑假带着学生钻山洞，寻找那些暗夜的精灵。2004～2005 年，我去日本广岛县立大学访问学习了 1 年。2005 年春回来后，我受到"川西北大熊猫保护教育研究中心"环境教育研究工作的启发，申请到 WWF 小额基金项目"绵阳地区洞栖性蝙蝠的受胁现状及保护"。我对绵阳市周边的洞穴蝙蝠进行了较为全面的调查，并在大学生和洞穴开发经营者中做保护意识教育，宣传可持续发展理念，得到当地洞穴旅游经营者的认可，如今洞穴门口还展示有我们当初提供的宣传蝙蝠保护方面的知识。承蒙导师吴毅教授的信任，我被邀请参加国家自然基金重大项目《中国动物志·兽类·翼手目(卷)》编研，主要负责山蝠属所有种和鼠耳蝠属中的部分种类的编研。这些科研工作使我积累了比较丰富的蝙蝠研究的经验。我积极地将研究成果融入教书育人中和地方生态建设与保护中，得到了国内同行的认可。中央电视台科教频道于 2010 年对我的科研工作做过题为"蝙蝠女侠"的专题报道。

多年来，我坚持对中华山蝠通过标记重捕法和直接观察法进行数量监测，如今已标记中华山蝠近 2000 只，摸清了研究点的中华山蝠各个集群的年龄和性别组成以及季节变化。同时，通过几年的实验室饲养观察，我收集了中华山蝠幼蝠的声波及行为发育数据以及母蝠育幼行为数据。2013 年，我开始借用分子标记方法解决宏观生态学问题(自然基金青年基金项目：中华山蝠的婚配制度及其对环境的适应机制)，筛选了中华山蝠微卫星 18 对，并利用微卫星对研究地点的中华山蝠进行父权鉴定，发现中华山蝠存在混交现象(数据还未发表)。2016 年，我借用 Pinpoint-GPS 跟踪技术，开展了中华山蝠家域及觅食活动范围的研究。中华山蝠是典型的房栖性蝙蝠，是人类重要的伴生动物。随着城市化加快，环境的变迁无疑给这个物种带来了很大的影响，该物种对环境的变迁是如何适应的呢？这将是我今后要继续探索的问题。

胡先生说过一句话："保护大熊猫关键还是要提高人们的保护意识。"我工作的学校——绵阳师范学院，位于四川西北岷山东南麓。我校将环境教育融入师范生的培养是一大特色。我在做好蝙蝠方面的基础研究的同时，更重要的是携手身边的同事，以蝙蝠等身边动物的保护作为例子，在学生中做好环境保护教育，让我校"川西北保护大熊猫研究中心"老一辈提出的"三级辐射教育模式"得到更广泛的应用，让环境保护成为人们的习惯。

尽管我没有机会跟随胡老师跑野外，没有直接接受胡老师对我毕业论文的指导，但三年的研究生生涯是在先生身边度过的，先生的言传身教，深深影响着我。在生活和工作中我都在不知不觉地效仿先生，以先生做人的准则来要求自己，一直努力传承先生的精神！

在教书育人中，我一直努力做到以下几点：及时查阅文献，并教育学生要多查阅文献，让教学内容紧跟学科前沿；将环境教育融入教书育人中，通过多元化教育模式，将环境教育融入本科生的培养中，让学生具备环境保护理论知识和保护意识，学会开展环境教育的方法;一直在用"真心"教书育人,不断地探索教学教育方法,提高教学教育水平;积极参与教研教改,主持教改项目 3 项,曾获四川省政府教学成果"二等奖",主编教材 1 部,参编教材 2 部。2012 年我被评为我校首批"十佳教师"。

我不能做到先生那样的成就,但我努力要像他那样脚踏实地,不畏艰难,一直坚持自己的追求!我可能不会成为大教育家,但我要向先生那样爱自己的学生,将自己一生无私地奉献给教育事业;要教育自己的学生学习先生的大爱精神,让先生的精神永远传承!

十、袁重桂(南充师范学院 1984 年第一届硕士研究生)

可控生态水产精养技术开拓与创新
——导师的期望,淡泊名利造福社会的追求

1976 年 7 月~1978 年 2 月,我下乡到四川省剑阁县江石乡当知青,1978 年,我满怀憧憬来到了南充师范学院,就读生物科学本科专业,1982 年获理学学士学位;1982 年 3 月~1984 年 8 月,在四川省剑阁县合林中学当一名生物学教师。1984 年 9 月~1987 年 6 月读研期间师从胡锦矗先生,胡先生平和、亲切、博学多思,从专业知识到兴趣爱好,胡先生与我事无巨细地谈了颇多,让我颇为受益。在获理学硕士学位后,1991 年 3 月~1994 年 6 月,我于北京师范大学攻读生态学专业,在导师孙儒泳、胡锦矗的悉心教导下获理学博士学位。1987 年 7 月~2000 年 6 月,我主要从事动物生态学科研和教学工作,同时协助胡锦矗教授培养硕士研究生。在此期间,我在国内外相关学术刊物上发表有关动物生态方面的学术论文 10 余篇,并获学校颁发的"优秀青年教师证书"。2000 年 7 月至今,我在福州大学生命科学与工程学院,一方面从事"普通生物学""生态学"和"高级生态学"等本科和研究生的教学工作,任硕士导师;同时还主持科研团队,开展了以水产产业技术研究与开发为主的应用生态学工作。我主持了各级有关水产研发项目 13 项,以个人和通信作者的身份发表有关水生动物生理生态研究及应用技术研发与推广相关论文 50 余篇,同时还获得中国国家专利局颁发的发明专利 3 项和实用新型专利 3 项证书。

在 1994 年以前的 10 多年时间里,我主要从事野生动物生态、习性和资源保护的基础研究,涉及大熊猫、羚牛、林麝、矮岩羊、鼩鼱、小云雀、棕扇尾莺等多种野生动物,共发表学术论文和综述 20 余篇。自 1994 年 7 月获得博士学位以后,我把主要精力投入到以水产为主攻方向的应用生态学的研究和实践工作中,先后针对中华鳖、乌龟、南美白对虾、石斑鱼、河鲀、褐菖鲉和鳗鲡(4 种)等进行了大量的养殖现状和市场调查,同时在实验室开展了深入细致的生理生态基础研究。在此基础上,我把主要精力用在这些物种的产业化养殖技术的研发和示范推广中。主要研究发现和成果总结如下。

(一)开创性研发并成功示范推广"水产可控生态精养新技术(模式)"

经过 20 多年的努力,我以市场和水产产业调研为起点,先后针对多种水生动物在实验室小水体进行大量的生理生态对比养殖实验研究,优选其不同种类和不同生态因子的适

宜养殖条件，然后反复进行生产性养殖中试，最终开创性研发并示范推广了从养殖设施到生产管理的一整套实用型"水产可控生态精养新技术（模式）"。该养殖模式既不同于中国传统的"池塘养殖""水库网箱养殖"和"流水养殖"模式，因为这些养殖模式完全依赖自然生态条件，无法摆脱季节和气候变化造成的束缚和影响；也不同于目前引进国外技术的"循环水养殖"模式，因为这种模式需要高投入和高能耗、精密管理，养殖生产运行成本太高，不太适合中国市场对水产品消费的国情。我们自主研发的"水产可控生态精养新技术（模式）"的先进性理念和优越的生产效果主要体现在下述方面。

1. 可调控养殖生态环境，创造全年候养殖生产

对于绝大多数水生动物而言，在四季转换中，晚秋、冬季和初春季节因低温而极不利于食物的消化和吸收，盛夏季节又因高温极易诱发藻类暴发，缺氧而致养殖动物死亡；加之随机的恶劣气候变化侵扰（如强风、暴雨、寒潮、低气压等），也会影响水生动物的摄食、生长和生存。因此，在自然气候条件下，一年中适宜水生动物生长发育的综合生态环境只有约 3 个月，甚至更短。该技术是通过建设独创的"冬暖夏凉生态温室""高效合理的增氧系统"和"节能环保的水暖系统"等设施，同时合理利用清洁节能的空气能（或地热能）设备对养殖水体加温和控温，人为有目的地全方位调控养殖系统的生态环境因子（包括水温、光照、生物结构、溶解氧以及氨氮等水质状况），创造一个有利于养殖动物实现更加优越而稳定的全年候生长发育生态环境，避免季节和气候变化对养殖生产的影响，达到全年中养殖生物始终保持最佳生长状态，从而实现反季节、全年候养殖生产，可以大大缩短养殖生产周期，提高养殖成活率和饲料转化效率，降低养殖生产成本，同时提高养殖产品的品质和价值（如南美白对虾冬春季的价格往往是夏季的 3 倍以上）。

2. 走工厂化养殖管理，实现高密度养殖生产

通过建设独创的全套微循环水处理系统，包括有机悬浮物分离、氨氮生物降解和生物循环利用等环节；同时把生态理念引入水生动物养殖管理，调控养殖水体生态环境因子，建立养殖水体中养殖动物与浮游动物、浮游植物和分解性微生物之间物质转化良性循环的多样性水体生物结构，从而最大程度提高养殖水体的自净能力（食物网链转化机制）。如此，便可以在较高密度的养殖状况下（鱼苗 500～700 尾/m²，或成鱼 10～15kg/m²）实现少换水或不换水的节水、节能、高效养殖效果。经过多年中试和推广生产实践证明，养殖密度完全可以达到亩养殖水面 10 吨（1 万千克/亩）（1 亩≈6.667 平方米），是露天池塘养殖密度的10 倍以上。

3. 追求零用药目标，实现健康养殖生产

一方面，利用养殖水体多样性生物竞争抑制原理，限制有害微生物及寄生虫的快速繁殖（通过浮游动物及时摄食大量寄生虫卵）和爆发性增长；另一方面，利用完善的温室、控温和增氧设施，调控养殖水体生态因子，优化养殖环境，提高和稳定养殖生物消化和吸收能力，减少消化道疾病，从而达到养殖生产过程中极少用药（甚至不用药）的健康环保生态理念，充分体现养殖生产过程的生态防病抗病效应，实现为社会提供符合无公害水产品标准及国际市

场质检要求的养殖产品。经过多年中试和推广生产实践证明，与目前国内普遍采用的大换水或半流水精养池养鱼(以福建鳗鱼精养池养殖为例)相比，减少用药量99%以上。

4. 追求零排放目标，实现环保养殖生产

建立养殖系统水体多样性生物结构，利用生物间营养和能量流动网链关系，充分利用分解性微生物、浮游动物、浮游植物、水生高等植物(如浮萍、空心菜等，既是降解氨氮的高手，又是草食性鱼类的优质食物)以及虑食性和草食性鱼类等，及时转化养殖动物的排泄物、饵料残渣和代谢产生的氨氮物质(废物利用)，充分发挥和提高养殖水体自净能力，达到养殖水体稳定而良性循环，实现养殖生产过程少换水或不换水的管理理念，从而最终实现养殖系统对环境的零污水排放结果。

5. 节约型养殖理念，实现经济养殖生产

该技术通过建立完善的恒温、增氧设施，实现全年候和高密度工厂化养殖；通过建立养殖水体多样性生物结构和完善的全生态水处理系统，实现免换水和远离用药(抗生素和水体消毒)的健康环保养殖。经过多年中试和推广生产实践证明，该可控生态精养新技术与目前国内普遍采用的精养池养鱼模式(以福建鳗鱼精养池大换水养殖和山东多宝鱼精养池流水养殖为例)相比，可以实现养殖生产全程节约用水99%，节约能源80%，节约用地80%，节约饲料25%，节约劳动力50%，节约用药99%和节约生产时间50%，从而大大降低生产成本，提高经济效益。

总之，该技术充分体现了水产养殖模式的节约型(节水、节能、节工、节料、节地和节时)、健康型(极少用药，产品无药残)、环保型(无任何有害物往环境中排放)、经济型(降低了各个生产环节的养殖成本)的技术创新特色。该技术真正从养殖源头上解决了水产产业的药残、水资源和能源大量浪费、对环境的污染以及养殖成本高四大问题。该技术适合中国市场和消费国情，向水产养殖行业展示了一个既能降低生产成本，提高养殖密度，还能实现健康和环保的水产养殖新模式。按照该技术的管理操作，完全可以实现所养殖出的商品鱼无药物残留，符合无公害水产品标准及国际市场要求，可以为中国水产品出口扫清药残的障碍，将大大提高水产养殖行业生产的积极性，同时也会大大提高社会消费者对该行业的信任度。该技术的推广和应用，将具有现实和长远的经济、社会和生态意义。

(二)"水产可控生态精养新技术"在多种水生动物中的应用和推广

关于"水产可控生态精养新技术"在多种水生动物中的应用和推广，是分阶段进行的，针对每一种水生动物的每一次生产性养殖中试过程，都是对"水产可控生态精养新技术(模式)"的经验积累和技术完善。其突破性技术开发发现及成果主要归纳为四个方面。

1. 可控生态精养新技术在鳗鱼养殖产业中的应用

1)欧洲鳗幼鳗培育(从规格3240P至160P)突破性成果
2010年2月28日凌晨入池10.616万尾欧洲白仔鳗鲡苗，平均规格为3240P，总体重为 32.77 千克。经过 7 天，伤苗减少了 3532 尾，余下 102628 尾，平均分入两口 95 平方米的幼鱼养殖池，养殖密度约为 540 尾/平方米。投苗后 66 天(实际摄食 59 天)经福建省科技厅组织专家和养鳗企业技术人员进行现场验收，结果如下。

(1)高度节水养殖。两池白仔苗共计养殖水量为 126 吨[0.6 米深×(95+10)平方米/池×2 池]，投苗后 66 天共计排污耗水约 97 吨，平均日耗水量为养殖水体的 1.17%，与当时我国养殖鳗鲡白仔苗普遍日换水量(100%～150%)相比，节水量超出了 99%以上。

(2)节能低碳养殖。白仔苗养殖期间，全程应用空气源热泵水暖加温，平均每天耗电约 60 度，电费成本约为 36 元，与现有养鳗场用煤加温相比，降低加温成本 90%以上，省去了锅炉工工资和引风机耗电，也无须为煤灰、炉渣污染环境而发愁，同时实现了零碳排放。

(3)健康养殖。白仔苗养殖期间，全程进行过 3 次镜检，结果是鳃丝和体表黏液中均未发现鳗鲡常见的寄生虫，因此实现了白仔鳗苗养殖全过程 66 天完全没有使用过任何水体消毒和杀虫药物——零用药。实践证明，我们利用生物多样性竞争抑制原理，采用生态防病抗病机制成效显著。

(4)生长速度快，养殖周期缩短。鳗苗实际摄食 59 天，平均规格达到 160P，总体重为 701 千克(投苗时仅有 32.77 千克)，体重增加了 21 倍多。与当时我国养殖欧洲鳗鲡白仔苗达到相同规格普遍需要 85 天相比，养殖周期缩短了 30%。

(5)饲料转化效率高。鳗苗 59 天共摄食红线虫(漂洗滤水后投喂的)约 2130 千克，摄食人工配合白仔和特黑饲料约 210 千克，红线虫和人工配合饲料的转化效率分别为 23%和 90%。

(6)成活率高。除去殇苗后共计入池白仔苗 102628 尾，仅排水口的原因意外死亡 89 尾，全程养殖成活率为 99.91%。

(7)低成本经济养殖。全程因节水、节能、节工和省药，养殖周期缩短，饲料效率和成活率提高等，与目前我国养殖同种鳗鲡白仔苗普遍的费用相比，降低生产成本 25%以上。

2)欧洲鳗养成阶段突破性成果

关于欧洲鳗养成阶段的生产性养殖示范工作开展了超过 2 年(2010 年 6 月～2012 年 12 月)的时间，分不同规格、不同批次和不同季节分池养殖示范，可实现的主要技术指标如下：

(1)成鳗养殖密度可实现 10～15 千克/平方米(最大 1 万千克/亩)；

(2)养殖过程极少换水，与现有常规精养池流水式养殖方式相比，节水 99%以上；

(3)养殖过程极少用药(用药量、频率为现在常规精养池养殖的 1%以下)；

(4)商品鳗 100%符合国内外市场食品安全检测要求；

(5)养殖生产周期缩短 30%～40%；

(6)鳗鱼养殖成活率和商品率高于现在常规精养池养殖水平的 20%；

(7)总体养殖成本比现常规精养池养殖水平降低 25%以上。

2. 南美白对虾兑淡生态精养中试养殖生产示范

2002～2004 年约 3 年的时间，由我主持的 "南美白对虾集约化兑淡生态养殖产业技术"研发项目,已于 2004 年底完成并通过了福建省科技厅组织有关专家的成果鉴定。该技术经过中试生产验证,获得了成熟的全套养殖新技术,其技术成果体现如下。

(1)建立稳定的淡化养殖南美白对虾水体生物结构及微生态平衡体系。整个中试生产过程中,从虾苗入池至养成商品虾的约 120 天中,一直保持不换水(只有添加蒸发的水量),仅仅利用养殖水体中虾的代谢产物,直接培养水体中有益浮游动植物和分解性微生物,使之一直保持良性循环的养殖水体。也就是仅仅用一池子的水全程养成一池子虾,实现了高度节水型的养殖模式。

(2)中试生产试验实现了将海产的南美白对虾虾苗通过逐步淡化处理,使其整个生长过程完全在几乎接近淡水的环境中精养完成,养殖水体盐度为 0(即比重为 1.000)。这一研究的成功意味着海产虾养殖产业可以远离海岸,深入到广大内陆地区去。人们将不再为活虾长途运输所造成的高成本和死亡损失大伤脑筋,还可以避免因海岸污染、赤潮、台风等恶劣的海岸环境因素对生产造成的潜在的风险。

(3)中试生产试验完全实现了生态的健康养殖模式,即通过建立合理的水体生物结构,构成南美白对虾的天然防病抗病屏障。整个中试生产过程中,从虾苗入池至养成商品虾的约 120 天中,从未使用过任何抗生素和水体消毒药物(仅仅使用过 3 次不超过 15μg/g 浓度的生石灰以调节水质),商品虾经过福州市水产品质量检测站检测,完全符合无公害水产品安全要求。

(4)该中试生产试验验证并展示了一个科学而经济的生态养虾温室体系,包括温室及其合理采光和水体调温系统。该温室的科学性在于既能充分保温,又能适量采光以满足水体中光合浮游生物和细菌维持水体生态平衡,同时又能充分利用辐射热。生态温室养虾可以降低自然气候异常变化对生产的影响,减少生产管理对自然气候的依赖,还能在一年四季充分利用土地和虾池等固定资产资源,向市场提供反季节活虾。

(5)中试试验通过合理的物理增氧降氨以及生物调节来维持养殖水体中氧气、二氧化碳和氨氮的平衡,避免每日凌晨的水质恶化,从而突破提高单位产量的瓶颈难关,实现了亩产量 1250 千克商品虾的高密度工厂化养殖效果。

(6)通过制定合理的饲料投喂方式,采取定时定量措施,减少饲料浪费,提高饲料效率,实现了饲料系数为 0.95 的好成绩。

3. 海水鱼内陆(陆基)生态精养中试成效

该项目于 2001 年着手开展实验室生理生态的基础研究,在随后的 5 年时间里,先后开展了"石斑鱼工厂化生态养殖产业技术开发"和"海水鱼内陆地区无公害集约化生态养殖技术开发"等研发项目。除了 3 种海水石斑鱼(点带石斑鱼、赤点石斑鱼和青石斑鱼),还针对大黄鱼、牙鲆鱼、褐菖鲉、菊黄东方鲀、半滑舌鳎等开展了中试养殖生产,也已取得了初步成功,其中大多种类可以进一步总结完善其养殖规范管理细节,以成套技术向社会推广。

石斑鱼中试养殖已经实现的技术效果概括如下。

(1)实现了较高密度的养殖效果,即每立方养殖水体生产成鱼 5 千克,或每亩水面生产成鱼 1500 千克以上。

(2)缩短生长周期，即从鱼苗(规格 50 克/尾)养至成鱼(规格 500 克/尾)，生产周期约为 150 天，当年投苗，当年养成上市。

(3)生产成本降低，主要表现在：

①饲料系数低于 1.2 ，即养成 500 克成鱼只需饲料成本约人民币 4.80 元；

②不需加温，仅仅依靠大棚温室保温和利用辐射热实现当年 9 个月以上恒温养殖；

③不需用药，仅仅依赖合理的水体生物结构实现防病抗病的天然屏障；

④由于完全不用任何抗生素和其他治病药物，养成的成鱼和成虾品质优良，无药物残留，符合无公害水产品安全要求。

大黄鱼节水、健康精养试验进展。2011 年 3 月初购回海水 8 吨，稀释至约 16 吨，盐度约为 15‰；同时在连江下屿育苗场购回约 4000 尾规格约为 1.5 厘米的大黄鱼苗，分两个面积约 13 平方米的塑料移动鱼池试养，至 9 月 21 日为止，经过约 200 天的养殖，全程实现零换水和零用药的管理，鱼苗平均体长达到 15 厘米以上，平均体重达到 39.9 克，至少增重 800 倍以上，成活率达到 50%以上，生长效果大大超过了海区鱼排网箱养殖的效果。该试验为大黄鱼养殖产业开拓了内陆甚至城市集约化养殖模式的先例，其预示着海水鱼养殖将进入一个全新的产业模式，而且充分体现其资源节约型、产品健康型、生产环保型和成本经济型的技术特色。该技术的应用和推广，前景极其广阔，经济、社会和生态效应极其显著。

4. 中华鳖可控生态精养技术生产示范与推广成效

该项目主要工作开展于 1995 年 3 月～1997 年 6 月。应浙江省丽水地区行署的邀请，并受四川师范大学委派，我在浙江省丽水地区直接对主要 3 家企业(年产约 50 吨中华鳖规模)做全面技术推广。随后又在 4 年的时间里，在浙江、海南、陕西、四川、福建等不同气候类型的地区，实施推广规模化中华鳖养殖场的建设和生产技术管理，曾长期受聘于宁波天邦股份有限公司(现上市公司)担任技术顾问。这些经历既总结和验证了实验室理论研究结果，也获得了规模化生产实践的经验。其主要技术优势和特色表现如下。

(1)采用独特的冬季加温生态养殖方式，与国内普遍采用的黑暗或少光封闭式温室生产全然不同。生态养殖是具有开拓前景的新思维科学方法，在节约用水、提高商品鳖品质、提高温室单位水面产量、缩短生长周期、防病抗病、降低生产成本等多方面表现出独到之优势。

(2)快速养殖中华鳖，其生长速度大大超前于当时国内外的生长水平，稚鳖完全可以在约 7 个月的养殖时间内达到平均体重 500 克以上，作为商品上市，最大个体达 750 克以上，比野生中华鳖生长周期缩短了 4 倍。

(3)温室快速培育亲甲鱼，并实现在室外气温低于-10℃的情况下，使亲甲鱼在室内正常产卵繁殖。

后来我常想，如果没有胡先生的热切教导，我可能不会有如此成果。我已在心中赞颂恩师胡锦矗先生千遍万遍，本来这些话只是想自己默念一生，随时提醒自己实实在在做人做事，不要走错路，偶尔也以讲故事的形式告诉女儿你有一个值得敬仰的胡爷爷。这次，也不知是哪一个热心的师兄弟提议今年要搞一个《心中的感动——我与胡老师》文稿集，以庆祝恩师 90 周年诞辰，我正好让心里的密语流于言表，但语言的表达显得如此苍白无力。我非常担心，万万不要千篇一律地歌功颂德，空洞乏味地说道，言过其词吹捧，莫要玷污了恩师从来都淡泊名利的一世清白！我一想起恩师，总是告诫自己今生今世一定要以恩师为榜样，像恩师一样去为人做事，特别是生活和工作在这个充满争名夺利、弄虚作假的花哨世界里，倍加感受到恩师的高大和伟岸。我学不到恩师的撼世学术成就，也修炼不成恩师的大家风范，但我警告自己不要拿恩师做大树，抛开可以名利双收的阳关大道，选择了一条默默无闻的崎岖山路，我决意要为社会做一件对得起良心的事，我尽力而为，至于职称、名利，随风而去矣。新年伊始，给恩师电话拜年，谈及我所走过的路和我近期正在一步一步变为现实的一个渺小梦境，从恩师的语气里，我坚信这正是恩师对我的期望，我已经感受到了恩师正在我背后远远地对我欣慰地微笑，于是我又有了前行的勇气。

> 我心中的恩师如是：
> 音容笑貌慈祥永驻，
> 处事为人大智若愚；
> 专业知识才高八斗，
> 学术研究难得糊涂；
> 人生起伏荣辱不惊，
> 名利荣誉淡泊虹如；
> 普度猫熊辛勤一生，
> 桃李天下世人颂读。

十一、廖文波（西华师范大学 2003 年第二十一届硕士研究生）

坚定不移地做好科学研究

2003 年师从胡锦矗先生，在读研究生期间，我主要从事南充地区鼠型小兽的调查，如果我不认识野外采集的小型兽类，我会咨询胡先生，先生则不厌其烦地给我讲解，直到我完全理解为止。2006 年，在先生的推荐下，我考上了武汉大学的博士研究生，那时我家需要在高坪区购置商品房，我向胡先生请予援助，先生非常放心地借给我 2 万元。2009 年博士毕业，由于金融危机，工作难找，我希望回西华师范大学工作，但由于当年生命科学学院不需要新进动物学博士研究生，我被拒之门外。然而，先生为了让我能顺利进入西华师范大学工作，80 岁高龄的胡先生将我的简历亲自送到人事处刘利才处长手上，这样我才顺利进入了西华师范大学生命科学学院，成为一名西华师范大学的教师。先生的关怀让我如沐春风，终生难忘。

进入西华师范大学以后，我继续从事研究工作，以中国西南地区无尾两栖动物为对象，围绕生活史和社会行为的一系列权衡机制和生态适应，开展了较为系统和持续的研究。种群生活史的地理变异机理、精子竞争和脑形态大小进化三个研究领域，已经形成了较为完善的研究体系和研究特色。我立足于前期大量基础研究的积累，将目前工作重点转向于探讨一些关键的进化问题，研究成果的创新性逐年提高，发展趋势良好。迄今为止，我在国际、国内重要学术期刊上共发表论文 90 篇，含 SCI 论文 75 篇，其中第一作者或通信作者 74 篇，期刊包括：《Molecular Ecology》《Evolution》《American Naturalist》《Oecologia》《Journal of Evolutionary Biology》《BMC Evolutionary Biology》《Frontiers in Zoology》《Behavioral Ecology and Sociobiology》《Evolutionary Ecology》《Ecology and Evolution》和《Journal of Zoology》。论文总被引用 910 次，他引 456 次。鉴于所取得的学术成绩，我多次应邀在《Nature Communications》《American Naturalist》《Journal of Biogeography》《Journal of Evolutionary Biology》《PLoS ONE》《PeerJ》《Evolutionary Ecology》《Austral Ecology》《Oryx》《Biological Journal of the Linnean Society》《Behavior》《Herpetologica》和《生态学报》等期刊担任审稿人。近年来，我先后承担研究课题 18 项，其中包括国家自然科学基金项目 4 项、四川省杰出青年科学基金 1 项、人力资源和社会保障部项目 1 项以及四川省高校创新团队项目 1 项。以第一作者完成的学术论文《华西蟾蜍身体大小的海拔变异机制研究》被中国科学技术信息研究所评选为 2012 年度"全国百篇最具影响的国际论文"，1 篇学术论文入选"ESI 高被引论文"，3 篇学术论文入选"ESI 高被引扩展版"。我还获得 2011 年"全国优秀青年动物生态学工作者"、2013 年度"中国生态学学会青年科技奖"等称号，并在 2014 年入选四川省第十一批"四川省学术与技术带头人后备人选"，2016 年获得陕西省"百人计划"资助。自 2010 年被遴选为硕士生导师以来，我先后指导了 16 名硕士研究生，已顺利毕业 8 名。其中，指导的研究生中有 6 人获得国家奖学金。同时，我于 2016 年被内蒙古农业大学聘请为博士生导师，指导博士生 1 名。此外，指导本科生娄尚灵等同学的参赛作品《颠蛙的年龄结构和消化道的地理变异》在四川省第十二届"挑战杯"大学生课外学术科技作品竞赛中荣获一等奖以及第十二届"挑战杯"全国大学生课外学术科技作品三等奖。自参加工作以来，在年度考核中前后获得 2 次优秀，并先后被我校评为西华师范大学科研十佳(2011 年、2014 年、2016 年)、西华师范大学大学生课外学术科技作品暨创业计划大赛优秀指导老师(2013 年)和全国"挑战杯"优秀指导教师(2013 年)。

我国两栖动物资源丰富而独特，具备探讨许多重大生物科学问题的基础条件，这也是我坚定研究方向的原因所在，目前已开展的主要学术工作和科学意义如下所述。

1. 多角度揭示两栖类生活史特征的地理变异

随着气候变暖加剧，全球生态环境不断恶化，两栖类物种数量减少，甚至部分物种灭绝。对两栖类生活史特征的地理变异研究已成为国际热点。我的研究团队立足于生活史进化的基本理论，以中国西南地区无尾两栖类为研究对象，系统研究了沿海拔梯度的两栖动物的生活史对环境的响应机制。这些工作，为研究因两栖类环境适应性的差异而导致种群数量动态变化提供了新的理论证据，该系列研究成果发表在《Oecologia》《Behavioral Ecology and Sociobiology》等知名期刊上。

2. 两栖类交配系统进化

雄体的睾丸重和精子长度与环境变化和性选择压力密切相关。通常情况下，环境中雄体的竞争压力越小，其导致的强烈精子竞争将促使个体进化出更大的睾丸和产生更大的精子。围绕环境变化和性选择压力与睾丸和精子形态的关系，我开展了系统的研究工作，结果发现：两栖类的雄体间竞争与精子竞争之间存在显著的负相关关系，进一步分析发现，婚配制度明显影响雄体间竞争和精子竞争的权衡关系。该研究成果发表在进化生物学权威期刊《Evolution》上。

3. 两栖类脑形态大小的进化

认知假说和能量代价假说能够解释脑形态大小的进化。在同一类群的不同物种之间，脑形态大小不同，其差异性不仅与遗传因素有关，而且也与环境因素有关。研究环境因素与脑形态大小之间的关系对了解脑各部分的功能进化具有重要的意义。以 30 个两栖类物种为研究对象，利用分子系统回归分析方法研究了两栖动物脑容量与肠长度和其他器官大小的关系，结果表明：两栖动物脑容量与肠长度呈显著负相关，其符合"能量组织代价假说"；然而，脑容量与其他器官大小之间不存显著性负相关。该研究成果发表在进化生物学权威期刊《American Naturalist》上。

4. 两栖类遗传结构对环境变化的适应性

群体遗传结构是一个物种最基本的进化生物学特征之一，受变异、迁移、选择和遗传漂变的共同作用，同时还和物种的进化历史和生物学特性有关。群体遗传学在达尔文进化论中处于核心位置，它能够对自然选择等重要的生态和进化过程产生深远的影响，有助于加深对物种形成及物种保护的理解。研究环境因素与种群遗传结构的进化关系对了解种群分化具有重要的意义。因此，我对华西蟾蜍种群遗传结构与环境因子的进化关系进行了研究，结果表明：海拔和温度与同一物种不同种群的遗传分化程度密切相关。该研究成果发表在《Molecular Ecology》上。

胡先生平和从容，自 20 世纪 50 年代从北京师范大学研究生班毕业后就一直扎根南充，为中国大熊猫的保护事业默默奉献，"不为浮云遮望眼"，然则在跋山涉水、霜染两鬓之后，回首时已是遍野山花烂漫！我将以先生为榜样，坚定不移地做好科学研究，不辜负先生对我的培养之恩。先生之风，山高水长！

十二、陈伟（西华师范大学 2004 年第二十二届硕士研究生）

不忘师恩，潜心科研

"大家"，对于大多数人而言，是一个模糊而抽象的名词。但在遇到了我的导师胡锦矗先生后，"大家"这一名词，对我而言由抽象变为具体了。胡锦矗先生赋予了"大家"血与肉，具体而形象，可望又可及。胡锦矗先生是一个一生躬耕于大熊猫研究而又悉心培养我国动物学科研人才的良师益友。我的研究也源自胡老先生的启迪，在此由衷地感谢胡老先生对我的帮助及悉心栽培和教导。

2004 年，辞去了五年的中学教职后，我报名参加了全国硕士研究生的入学考试，几经波折，进入西华师范大学就读，幸运的是师从中国乃至世界著名的大熊猫研究专家胡锦矗先生。在年近八旬的胡老先生的指导下，我参与了其主持的国家自然科学基金项目"摩天岭大熊猫及其伴生动物的相互关系与保护对策"的部分研究。我研究的内容主要是从宏观生态学层面上开展唐家河自然保护区内斑羚和鬣羚栖息地选择。这为我以后在动物学领域的进一步研究和发展夯实了基础。

2008 年，在先生的大力推荐下，我参加了武汉大学的博士研究生入学考试，并成功进入了我国杰出的鸟类学家卢欣教授的课题组，攻读动物学专业的博士研究生。基于胡先生培养期间奠定的基础，我很快融入了卢欣教授团队的研究工作。在攻读博士期间，我主要从事青藏高原鸟类繁殖生态和两栖动物生活史两方面的研究工作，胡先生也时刻关心着我的学业和生活。

2011 年博士毕业后，我就职于绵阳师范学院生态安全与保护四川省重点实验室，并继续从事青藏高原两栖动物生活史适应与进化的研究。2015～2016 年，在国家留学基金委的资助下，我又前往澳大利亚悉尼大学的 Richard Shine 院士实验室开展两栖动物入侵生态和繁殖生态的研究，同时也学习了两栖动物寄生虫研究的相关知识和技术。回国后，在国家自然科学基金和四川省杰出青年基金的资助下，我带领自己的研究生和本科生，结合宏观生态技术和微观分子技术，采用野外观察和实验验证相结合的方法，继续坚持对高原两栖动物生活史的适应和进化研究，同时也着手开展更为广泛的两栖动物形态、行为、生理、保护、生态功能和寄生虫方面的工作。

截至目前，我已在《Journal of Evolutionary Biology》《Ecology and Evolution》等国内外期刊上发表科研论文 30 余篇，其中 SCI 收录 20 余篇，参编专著 2 部。这些成绩的取得均与研究生期间先生悉心的培养密不可分。虽然在科研上，我取得了一些阶段性的成果，但科研是一条只有起点、没有终点，需要不断创新前行的道路。在先生精神的指导下，我将不忘师恩，继续前行，潜心科研！